JN136917

大阪教育大学×日本数学検定協会
共同研究

Excelで学ぶ
教員のための教育データ分析

編著 若杉祥太

日経BP

はじめに

『Excelで学ぶ教員のための教育データ分析』をお手に取っていただき、心より感謝申し上げます。本書は、教育分野におけるデータ分析の重要性を確認し、その必要なスキルを身に付けるための1冊です。今日の教育現場では、データを活用することで生徒の学習成果を最大化し、教育プログラムの質を向上させることが可能になります。本書は、そのような教育改善の過程において、教員や教職を目指す学生が統計学の基本からExcelを活用した高度なデータ分析技術までを学ぶためのテキストです。

本書の主な特徴は、次の通りです。

1. 実際の教育現場に即したデータの活用

本書では、教育現場でよく見かける実際のデータに近いサンプルを使用しています。具体的なサンプルは、理論的な学習を超え、実際の環境でのデータ分析の実践的な理解を深めるために不可欠です。このサンプルデータは、次ページに記載したURLからダウンロードできます。読者の皆さんは、具体的なシナリオと実データを用いた分析を通じて、実際の教育課題に対する洞察を得ることができます。

2. 基礎から応用までの包括的な学習カリキュラム

本書は、Excelの基本操作からスタートし、データの整理、統計分析の基本、さらには「t検定」や「回帰分析」などの高度な分析手法まで、幅広くカバーしています。この段階的な学習プロセスにより、初心者から上級者まで、確実かつ体系的な知識の習得が可能になります。

3. 教育データ分析に特化した専門的な内容

教育分野特有のデータを用いた具体的な事例や分析手法が豊富に取り上げられており、教育現場で直面する実際の問題解決に役立つ実用的なスキルが身に付きます。これにより、教育プログラムの評価や学習効果の測定において、より精度の高い分析を行うことができます。

4. 直感的な図解と実践例

本書は、理論と実践のギャップを埋めるために、様々な図解と実践例を豊富に用いています。理論が実際のデータ分析にどのように応用されるかを直感的に理解できるように解説しました。

5. 多様な分析手法の網羅

本書では、基本的な統計値から、より複雑な統計的検定や分析手法に至るまで、多岐にわたる分析技術を紹介しています。この1冊で、読者の皆さんは様々なデータ分析のシナリオに対応できる多様なスキルを習得できます。

6. コラムを通じた実践的な学習

本書には、自由記述の分析、教学分析、データの利活用などに関するコラムが含まれています。これらは理論的な学習に加え、実際のアプリケーションにおける深い洞察を提供します。

7. データの倫理と運用管理に関する重要な指針

教育データ分析においては、個人情報保護やデータの適切な管理・運用が不可欠です。本書は、これらの倫理的および実務的側面をも包括的にカバーし、教育分野におけるデータ利用の責任と重要性を学ぶことができます。

本書には、教育の質を高め、学習成果を最大限に引き出すために必要な深い知識と実践的なスキルが詰め込まれています。皆さんにとってこの1冊が、教育データ分析の専門性を深めるための重要なヒントとなり、日々の教育活動における具体的な課題解決や改善策の策定に役立つことを期待しています。

また、教育現場で遭遇する様々なデータ関連の問題に対して、より効果的かつ効率的なアプローチを見いだすための洞察の獲得も、本書の目的の1つです。教育データ分析の重要性が増している現代、教育者としての皆さんの教育活動において、本書が実践的なガイドとなり、教育の未来を切り開いていく一助となることを願っています。

大阪教育大学　若杉祥太

教材ファイルダウンロードのご案内

本書で使用しているサンプルデータを含むExcelファイルを、
以下のURLからダウンロードできます。

https://nkbp.jp/kyoiku-data

CONTENTS

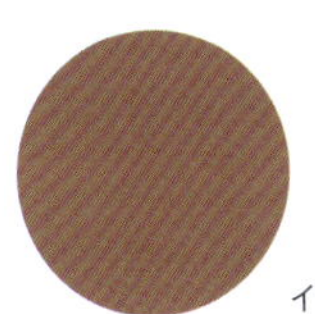

イラスト:emma/stock.adobe.com

第1章

教育データ分析と統計基礎

本章では、教育分野でのデータ分析に必要となる基本的な統計的概念と手法を解説します。統計学の基礎的な枠組みである「PPDACサイクル」や、教育政策や教育プログラムの策定、教育実践の評価におけるその重要性について理解しましょう。また、母集団と標本の違いを知り、どのようにして代表的な標本を選出し、信頼性と代表性を確保するかを学びます。さらに質的データと量的データの特性と基本的な扱い方を確認します。

お疲れさまです、百花先生。今日は教育データの分析について少し話しませんか? この知識は授業の準備や生徒の理解度把握にとても役立ちますよ。

はい、若杉先生。正直、データ分析はちょっと苦手でして、どのように取り組めばいいのかわからないんです。

わかりました。まずは、教育データの重要性とその分析の目的から始めましょう。教育データ分析は、生徒の学習成果や行動パターンを明らかにし、教育プログラムの効果を評価するために不可欠です。

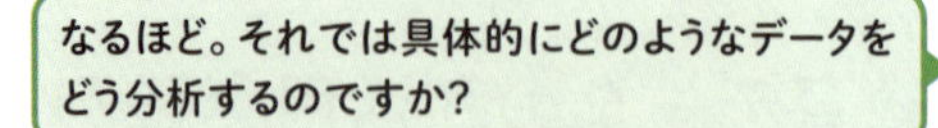

良い質問ですね。例えば、テストの成績や出席データを使い、母集団から適切な標本を抽出して分析を行います。これには、適切なサンプリング方法が必要です。そして、質的データと量的データを区別して、それぞれの適切な統計手法を選択します。

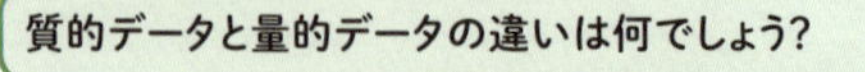

質的データは記述的なデータで、「何か」を表すものです。例えば、生徒のフィードバックや意見がこれに該当します。一方、量的データは数値で表されるもので、「どれだけ」や「どれだけ多いか」を示します。出席率やテストの点数などがその例です。

それぞれに適した分析方法を学ぶことが重要なんですね。これから学ぶのが楽しみです。ありがとうございます。

1 教育データ分析とは

そもそも「**教育データ分析**」とは、どのようなものでしょうか。教育データ分析とは、教育分野で得られる生徒の成績、出席記録、行動データ、教員の評価など様々なデータを収集、整理、分析、評価することです。それにより、教育内容や教育方法の効果を測定し、学習者の成果や進捗を追跡することができます。教育データ分析は、教育分野において非常に重要な役割を果たします。生徒たち1人ひとりが直面している学習の課題を明らかにすることで、その解決策を見つける手がかりを与えてくれます。

教育データ分析の目的は、教育データを用いて学習状況を把握し、問題を見いだしたり、教育の内容や方法における改善点を見いだしたりすることにあります。その改善により教育効果を最大化し、個々の学習者に適切な教育支援を提供することが最終的なゴールです。この分析には、記述統計学から始まり、推測統計学など、様々な統計的手法が用いられます。

読者の皆さんは、教育現場での経験や今までの学習経験から、全ての生徒が同じ方法や同じペースで学んだ結果、同じ理解が得られることなどないことはご存じでしょう。それぞれの生徒が持つ学習能力や理解度に対応するためには、個々の学習状況を理解し、それに基づいた指導支援を行うことが求められます。その理解を深め、効果的な介入を行うための新たな鍵となるのが教育データ分析であり、教員に求められる重要な能力の１つでもあります。

2 基本的な統計の概念

（1）統計学とは

統計学は、データから意味ある情報を抽出し、分析して解釈する科学です。これには、データの収集、整理、分析、評価・解釈、そして報告という一連のプロセスが含まれます。統計学は大きく**記述統計**と**推測統計**の２つに分類されます。

●記述統計

データを要約し、その特性を明確にするための統計的手法です。これにはデータの中心傾向（平均値、中央値、最頻値）を示す指標や、データの散らばり具合を示す尺度（範囲、四分位数、標準偏差）が含まれます。記述統計の目的は、データを簡潔に要約し、大量の情報を扱いやすい形にすることです。例えば、クラスの生徒の成績データを取り上げ、その平均、最高、最低、成績の分布などを計算することで、クラス全体の学習状況を把握することができます。

●推測統計

限られたデータ（サンプル）から母集団全体に関する推論を行う統計的手法です。これには標本からのデータを用いて母集団のパラメータを推定することや、仮説検定を通じて特定の仮説がデータによって支持されるかどうかを評価することなどが含まれます。例えば、ある小規模なサンプル群の生徒に新しい教育プログラムを適用し、母集団全体に対する効果を推測するために推測統計を使用することができます。

記述統計と推測統計の意味や特徴などをまとめると次のようになります。

種類	記述統計	推測統計
意味	データを要約し、その特性を明確にする手法	サンプルデータから母集団に関する結論を導く手法
特徴	データの中心傾向や散らばり具合を示す。大量のデータを簡潔に要約する	標本から母集団の推定を行う。仮説検定を含む。結果の一般化が可能
具体的な例	クラスの生徒のテストの平均点、中央値、最高点、最低点。出席率や成績の分布の描画	サンプルから得られた学習成果を基に全生徒の学習効果を推測する。新教材の効果の検証
用途	全体的なデータの傾向を把握したいとき。大規模なデータから基本的な情報を得たい場合	特定のサンプルから一般的な結論を導きたいとき。限られたデータからより広範な影響を評価したい場合
統計手法	平均値、中央値、最頻値、標準偏差、相関係数など	推定、検定、回帰分析など

(2) 母集団と標本の定義と特徴

母集団と標本は統計学における基本的な概念であり、データ分析の適切な理解と実践に不可欠です。これらの用語を正しく理解することは、教育データを含むあらゆる研究や調査でのデータ収集と解析において中心的な役割を果たします。下図がそのイメージです。

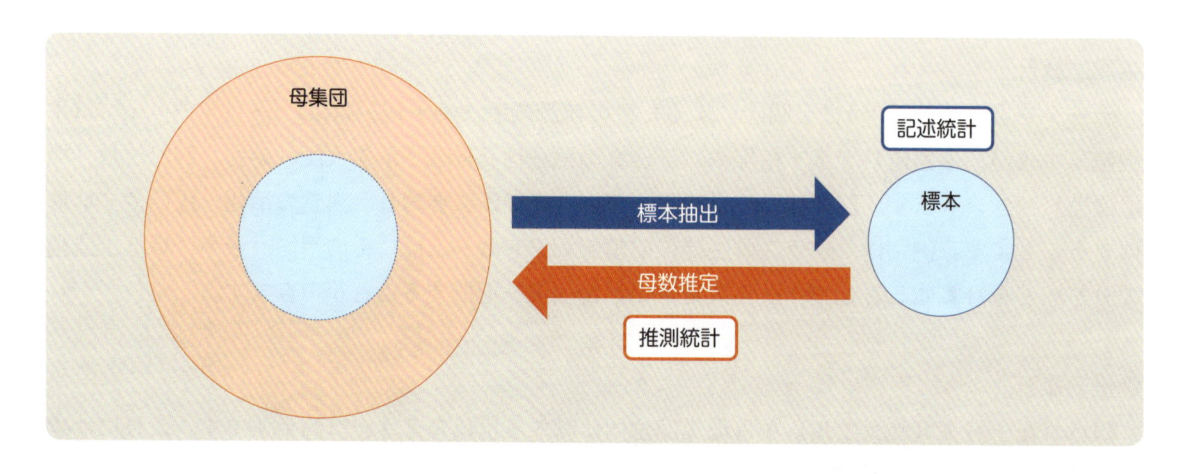

母集団とは、研究や調査の対象となる全体の集団のことを指します。これは、ある特定の特性を共有する全ての個体から成る全体群であり、研究・調査における疑問に答えるために必要な全てのデータを含みます。

例えば、ある学校の教育改善プログラムの効果を評価する場合、その学校の全生徒が母集団となり得ます。母集団は理論的には無限大であるか、非常に大きいため、しばしば全ての要素を直接調査することは不可能または非効率的です。

一方、**標本**はその母集団から選ばれた、比較的小さな代表グループです。標本は、母集団全体を直接調査することが現実的でない場合に利用されます。良い標本抽出方法をとることで、母集団の特性を正確に反映する標本が得られ、これによって母集団全体についての統計的な推測が可能になります。

例えば、全国の教育状況を調査する際に、ランダムに選ばれた数百の学校がその母集団を代表する標本として機能します。

母集団と標本の主な違いは、規模と範囲です。母集団は一般的に広範で大規模であり、標本はより限定された範囲を持ちます。また、標本は母集団から選ばれるため、標本の特性は母集団の特性を反映している必要があります。しかし、不適切なサンプリング手法やバイアスのあるデータ収集は、標本が母集団の特性を正確に反映しない原因となることがあり注意が必要です。

教育分野におけるデータ分析では、この２つの概念の理解が特に重要です。教育政策の効果、教育プログラムの影響、または教育方法の成果を評価する際、適切な母集団と標本の選定が研究の信頼性と妥当性を大きく左右します。母集団から適切に選ばれた標本を使用することで、全体の傾向を推測し、より一般化可能な結論を導くことができるようになります。教育研究や政策決定においてより効果的な意思決定が行えるようになります。

（3）質的データと量的データの定義と特徴

統計学において、質的データと量的データは、非常に重要な分類です。これらのデータの違いを正しく理解し、分析に適した手法を選択することは、教育分野に限らずあらゆる研究において必須のスキルとなります。

質的データは、属性やラベル、非数値的な特徴を持つ情報を指します。このタイプのデータは一般にカテゴリカルデータとも呼ばれ、具体的な数量を測定するのではなく、情報を記述するのが主な目的です。

例えば、教育研究において、生徒の性別（男性、女性）、彼らが最も好む教科（科学、数学、文学）、社会経済的地位（低、中、高）などは、全て質的データの例です。このデータタイプは数値として自然に表現されるものではありませんが、その特性を理解し分類することは、教育の現場や研究において非常に重要です。

したがって、分析や解釈を行う際には、これらの非数値的データをダミー変数に変換して統計モデルで扱える形にすることが一般的です。**ダミー変数**とは、カテゴリカルデータを数値の形式に変換したもので、統計的な分析やモデル構築においてデータを活用する際の架け橋となります。

量的データは、具体的な数量を示す数値形式で表現されるデータタイプです。このデータは実際に測定された値を基にしており、その性質上、数値計算や統計的分析に直接利用可能です。このようなデータは計量データとも呼ばれ、教育分野における研究や分析において非常に重要な役割を果たします。

量的データは、その性質に応じて連続データと離散データの2つのカテゴリに細分されます。**連続データ**は、理論的には無限の可能性を持つ値をとることができるデータで、身長や体重が例として挙げられます。これらのデータは任意の精度で測定することが可能で、通常は測定ツールの精度によってその粒度が決まります。

一方、**離散データ**は数え上げることができる値しかとらないデータで、具体的な数値で表される事象の数を示します。教育の分野では、例えばクラスにおける生徒の欠席日数や試験の得点などが離散データです。これらのデータは特定の整数値をとり、間の値を取ることはありません。

量的データを適切に分類し理解することは、教育データの分析を行う際に基本となるもので、データの性質に応じた適切な分析手法を選択するために不可欠です。これを通じて初めて、より精密なデータ分析と意味のある結果の抽出が可能になります。

それぞれのデータについてまとめたものが下記の表になります。

分類	質的データ	量的データ
定義	属性、ラベル、非数値的特徴を持つデータ	数値形式で表され、数量を示すことができるデータ
特徴	数値ではなく、カテゴリや性質を記述する。順序や比率が意味を持たない。非数値的なデータを数値化する場合、ダミー変数に変換されることが多い	実際の量を測定し、数値計算や統計分析が可能。連続データと離散データに分類される
例	性別、教科、血液型、進路希望、通学方法、部活動など	身長、体重、テストの点数、提出回数、出席日数など

性別

男性 48%

女性 52%

テストの点数

No	成績
1	67
2	84
3	51
4	77
5	62

質的データと量的データの選択および利用は、教育研究の目的や特定の調査課題に大きく依存します。教育研究において、例えば教育者がクラスの学習環境を評価する場合、生徒たちの感じ方や意見を把握するために質的データを収集することが一般的です。これにより、生徒の学習体験の質やクラスの雰囲気に関する豊かな記述的情報を得られます。質的データは、インタビューやオープンエンドのアンケート回答など、生徒の声を直接的に反映する形式で収集されることが多いです。

一方で、生徒の成績改善の効果を定量的に評価する場合は、テストの点数や数値化可能なパフォーマンス指標といった量的データが用いられます。これらのデータは数値として表され、統計的手法を用いて分析することで、教育プログラムや教育方法の効果を客観的に測定することができます。量的データによる分析は、成績の変化や進捗の具体的な測定を可能にし、数値を基にした明確な結果が得られます。

このように、教育研究でのアンケート調査に応じて適切なデータの種類を選択し、それに最適な分析手法を適用することが、教育研究の目的を達成し、信頼性の高い結論を導出するうえで非常に重要です。質的データと量的データのそれぞれが持つ独自の強みを理解し、適切に組み合わせて使用することで、教育研究の深みと精度を大きく向上させることができます。

3 統計的手法と統計的探究プロセス

(1) 様々な統計的手法

教育分野において、様々な教育データを深く理解し、その意味を解析するうえで不可欠となるのが統計的手法です。本書では、教育データ分析においてよく使用される統計的手法に焦点を当てて、その理論的背景と具体的な適用例を挙げつつ、詳細に説明していきます。

ここで、本書で取り上げる統計的手法を紹介しておきます。

統計的手法	説明	使用例
平均値	データの中心的な傾向を示す、全てのデータの合計をデータの数で割った値	生徒のテストの点数の平均を求める
中央値	データを数値の順に並べたときに、中央に位置する値	外れ値の影響を受けにくい中央の点数を求める
最頻値	データの中で最も頻繁に出現する値	最も一般的なカテゴリまたはテストの点数を特定する
標準偏差	各データが平均からどれだけ散らばっているかを示す尺度	生徒の成績のばらつきを評価する

※次ページへ続く

統計的手法	説明	使用例
標準化	平均が0、標準偏差が1となるようにデータを変換すること	異なるテストや測定値を比較可能にする
平均値の信頼区間	平均値がある確率で含まれると推定される数値の範囲	テストの点数の平均値が一定の信頼度でどの範囲にあるかを示す
移動平均	一定期間の平均値を連続的に計算して、時間の経過とともにデータの傾向を平滑化する	学期を通じての生徒の出席率の傾向を把握する
Z検定	標準正規分布を用いて、平均値が母集団の平均と異なるかを検定する	大きなサンプルサイズでのテストの平均点の比較
t検定	2つの平均値が統計的に有意に異なるかを評価する	小さなサンプルサイズのクラスでの指導前後のテストの平均点の比較
カイ二乗検定	カテゴリカルデータの観測頻度が期待頻度と有意に異なるかどうかを検定する	生徒の選択科目の好みが偶然かどうかを評価する
F検定	2つの標本の分散が統計的に等しいかを評価する	異なる教育方法が生徒の成績のばらつきに影響を与えるかを検討する
分散分析	3つ以上のグループの平均値が統計的に有意に異なるかを評価する	複数の教育方法が生徒の成績にどのように影響するかを分析する
相関分析	2つの量的変数間の関連性の強さと方向を測定する	生徒の学習時間とテストの点数の関連を調べる
回帰分析	1つまたは複数の予測変数と応答変数との関係をモデリングする	生徒の出席率が成績にどのような影響を与えるかを分析する
クロス集計	1つ以上のカテゴリカルデータの間の関係を分析するために、データを表形式でまとめる	異なる学年の生徒の科目別の成績分布を比較する
BIツール	ビジネスインテリジェンス（BI）ツールを使用して、教育データを視覚的に探索し、ダッシュボードを通じて洞察を提供する	学校の全体的なパフォーマンスを監視し、教育内容を評価するために使用する

（2）統計的探究プロセス「PPDACサイクル」

教育的な課題を明らかにしたり知見を得たりするために、教育データを統計的手法を用いて分析する際は、「**PPDACサイクル**」というプロセスをたどります。

PPDACサイクルは、統計的探究のプロセスを体系的に進めるためのフレームワークとして、広く利用されているものです。このサイクルは、「Problem（問題発見）」「Plan（調査計画）」「Data（データ収集）」「Analysis（データ分析）」「Conclusion（結論）」の5段階で構成されています。このプロセスを通じて教育データを分析していくことで、具体的な問題解決や効果的な意思決定につながる、データに基づいた行動を取ることができるようになります。

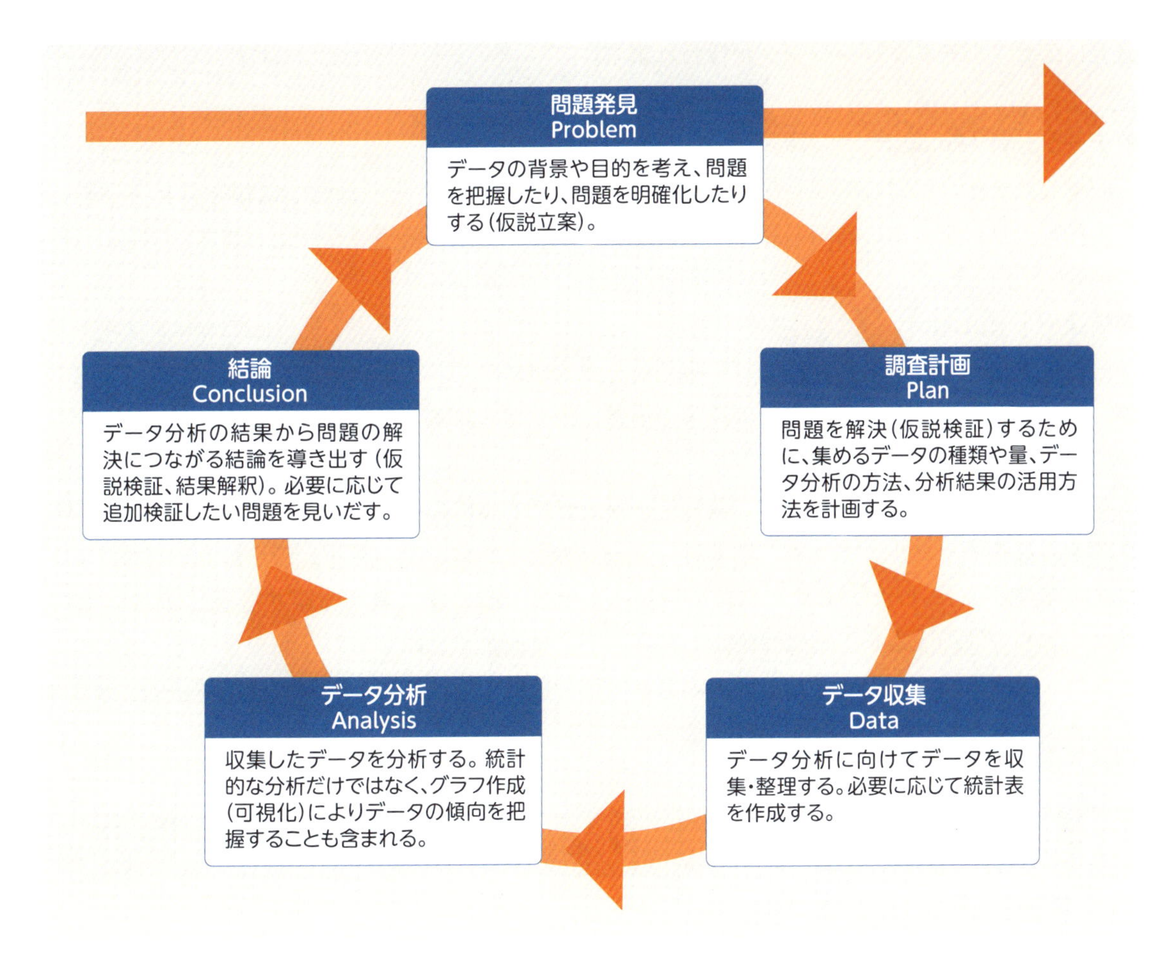

●問題発見（Problem）

探究の出発点となるのは、具体的な問題や疑問の特定です。教育現場では、この段階で生徒の学習成果に影響を与える潜在的な問題を識別し、分析の対象とする具体的な問題を定義します。

●調査計画（Plan）

問題が明確になった後、どのようにしてデータを収集するかの計画を立てます。この計画には、どのデータをどのように集めるか、調査の範囲、時期、必要なツールやリソースの確保が含まれます。また、どのようにデータが分析され、どの統計的手法が適用されるかもこの段階で計画されます。

●データ収集（Data）

計画に基づいてデータの収集を行います。このプロセスでは、アンケート、観察、テスト結果などからデータを得ることが含まれます。収集されたデータは後の分析のために適切に整理され、必要に応じてデータクレンジングが行われます。

●データ分析（Analysis）

収集したデータに対して様々な統計的手法を適用し、データから有意義な情報を引き出します。この段階では、データの傾向を探り、仮説をテストし、結果の妥当性を評価します。

●結論（Conclusion）

分析結果に基づき、研究課題に対する結論を導き出します。この結論は、教育プログラムの調整、新しい教育手法の提案、または政策の提言に役立てられることが期待されます。

このように、PPDACサイクルは、教育データを分析する際の手順を明確に示したフレームワークです。このサイクルに従って、教育者はデータの収集から分析、解釈までを計画的に行うことができます。また、PPDACサイクルを用いることで、データに基づく確かな意思決定が行え、教育内容や方法の成果を正確に評価し、必要に応じて改善策を講じることができます。このプロセスは、教育政策の策定や新しい教育内容や方法の設計にも役立ち、教育の質を継続的に改善するための一助となります。

4 教員に求められる統計的能力

（1）学校現場の現状と課題

統計的な能力を発揮するためには、何かしらのデータがなければ何も始まりません。そこで、「教育データ」の活用が現状でどのくらい進められているのかをまず整理しておきましょう。

学校現場における教育データの利活用状況と目指すべき姿などを、国がデジタル庁、文部科学省などと連携し、取りまとめたものに「教育データ利活用ロードマップ（2022年1月7日）」（以下、ロードマップ）があります。ロードマップによると教育データ利活用の現状は、「潜在的に支援が必要な家庭や児童が特定できない」「学校の様子が家庭からは十分分からない」「学校や自治体間のデータ同時の結びつきなし」などと指摘されています。

具体的な活用に関して、イメージしやすいところで考えてみましょう。生徒の学習状況を把握する方法として、伝統的に「平均点」が使われてきました。そのクラスの学習状況の定着度の中心的傾向を知る手段として使われています。例えば、10人のクラスの平均点が60点という中心的傾向を基に、授業改善を目的とした意思決定ができるでしょうか。

また、学校経営に関する例も考えてみましょう。学校教育法には、学校評価の根拠となる規定が設けられていて、学校教育法施行規則においても、保護者など学校関係者による評価の実施・公表に努めるように規定されています。多くの学校において、保護者へのアンケートを実施し、学校経営に対する評価を数値で表し公表されています。「あなたのお子さんは学校に満足していますか」という問いに80%が肯定的な回答をした場合、新たに何をすべきでしょうか。

学校現場において統計に使われているデータの多くは「定量データ」になっているように思われるかもしれません。学校には、「教師の勘」というものがある程度存在し、生徒の顔色が優れていないなど些細な変化を基に言葉かけを行うベテラン教員がいます。こういった「教師の勘」は、統計的能力ともいえるのでしょうか。長年の経験、何千人という生徒対応の中で、○○という特徴のある母集団は××といった傾向があると見いだしているともいえます。とすれば、広い意味でとらえると統計的能力があるといえるのかもしれません。

（2）教員に求められる統計的能力

では、教員はどのような力を身に付けておく必要があるのでしょうか。文部科学省は、2022年8月に「公立の小学校等の校長及び教員としての資質の向上に関する指標の策定に関する指針」を改定しました。指針に基づく教師に共通的に求められる資質の具体的内容は、以下のように示されています。

●「公立の小学校等の校長及び教員としての資質の向上に関する指標の策定に関する指針」に基づく教師に共通的に求められる資質の具体的内容

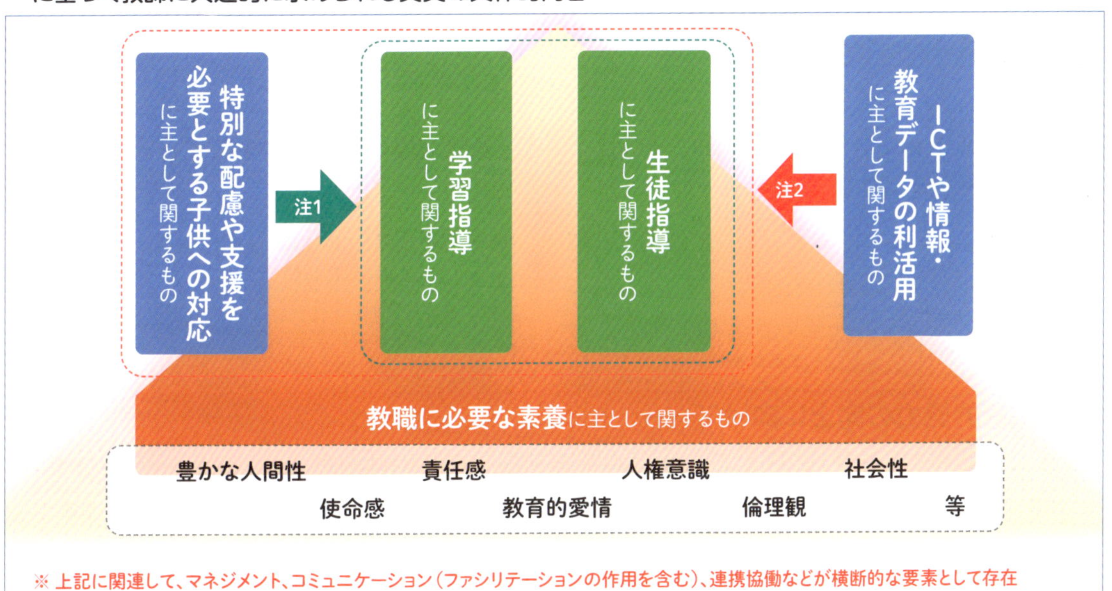

※ 上記に関連して、マネジメント、コミュニケーション（ファシリテーションの作用を含む）、連携協働などが横断的な要素として存在

注1）「特別な支援・配慮を必要とする子供への対応」は、「学習指導」「生徒指導」を個別最適に行うものとしての位置付け
注2）「ICTや情報・教育データの利活用」は、「学習指導」「生徒指導」「特別な配慮や支援を必要とする子供への対応」をより効果的に行うための手段としての位置付け

出所：文部科学省　https://www.mext.go.jp/a_menu/shotou/kyoin/mext_01933.html

そこでは、「個別最適な学び」と「協働的な学び」の実現に向けて、生徒などの学習の改善を図るために教育データを活用できるとし、「学習指導」「生徒指導」「特別な配慮や支援を要する子供への対応」をより効果的に行うための手段として教育データを位置付けています。教育に関するあらゆるデータを活用し、教育の充実を図ることが求められており、「教育におけるデータサイエンス」が今日の教員には求められているのです。

データサイエンスを行う者はデータサイエンティストと呼ばれます。データサイエンティスト協会は、データサイエンティストに必要とされるスキルをチェックリスト化した「データサイエンティスト スキルチェックリスト」を公表しています（2023年10月にVer.5を公表）。データサイエンティスト協会は、下記のように３つのスキル領域に分類しスキルチェックシートを定義しています。

ビジネス力 business problem solving	課題背景を理解したうえで、ビジネス課題を整理し 解決する力
データサイエンス力 data science	情報処理、人工知能、統計学などの情報科学系の知恵を 理解し使う力
データエンジニアリング力 data engineering	データサイエンスを意味のある形に使えるようにし 実装・運用できるようにする力

このスキルチェックシートを詳細に分類していき、教育現場の業務に置き換えた場合、次の４つの項目に整理できるのではないでしょうか。すなわち、データエンジニアリング力は「データ収集・保管・運用」、データサイエンス力は「統計・確率処理」や「データの読み取り・可視化」、ビジネス力は「教育改善立案・検証の方法」となります。従って、この４つの領域に整理して、統計的能力の向上を考えていきましょう。

（3）統計的能力の向上に向けて

（1）でも触れましたが、統計を行う際、「教育データ」がなければ何も始めることができません。そこで、まずは「データ収集・保管・運用」から始める必要があります。データ収集におけるキーワードとしては、「**個人情報保護**」「**情報セキュリティ**」が挙げられ、これらが確保されていることが大前提になります。個人情報保護法をはじめとするデータを取り扱う際の責任をまず押さえる必要があります。特に、学校では多様なデータを取り扱うからこそ、学校として何を目的にデータを収集するのかを、管理職を交え共通認識を持って進める必要があります。そのうえで、「分析に必要なデータは取得可能か」「取得可能な量・質で分析に堪えられるか」を統計的に考える必要があります。

次に、「統計・確率処理」です。本書の中で取り扱う、いわゆる技術的な処理能力がこれに当たります。表計算ソフトを使用した関数の活用や質的データの取り扱い、統計処理といった能力の育成を図る必要があります。

そして、「統計・確率処理」の結果として新たな気付きを得られた場合、それを誰かに伝える必要があります。それが「データの読み取り・可視化」です。生徒や保護者、学校の管理職の先生や場合によっては教育委員会など多様な相手に伝える方法が必要です。データやグラフから「メッセージ」を読み解く力や、動的なグラフ処理を活用するなどのプレゼンテーション力が求められ、何を強調して何を伝えることが必要かを習得する必要があります。

最後は「教育改善立案・検証の方法」です。これは前述した統計的探究プロセスを意味しますが、「データを活用して解決したい課題を発見すること」が最も重要で、また、その取り組みを検証し次につなげることも必要になります。

これら4つに関する能力を高めることが、教育における統計能力の向上には必要です。引き続き、本書でそれぞれの項目について学習を進めていきましょう。

第2章

平均値

教育分野でのデータ分析において、基本となるものが「平均値」です。本章では、その重要性と活用法に焦点を当て、平均値の基本的な概念と定義を解説します。Excelの「AVERAGE」関数を使用し、実際の教育データで平均値（平均点）を計算する方法を学びましょう。さらに、平均値の限界と注意点、特に外れ値の影響やデータの偏りが分析結果に与える影響についても学習します。

お疲れさまです、百花先生。先週は先生になって初めての定期テストでしたが採点は終わりましたか？ 平均点はどうでした？

はい、欠席者もいましたが無事に採点は終わりました。平均点は58点。65点あたりを想定していたので、ちょっと低めでした。

確かに少し低いかもしれませんね。平均点は簡単に求められてよく使われる値なのですが、実は平均点だけではテストの全体像を把握することはできないんですよ。

先生、それはどういうことでしょうか？

例えば、クラスの半分が非常に高い点数を取り、残りの半分が低い点数を取った場合、平均点は中間になります。しかし、それだけでは生徒たちの実際の理解度や学習のギャップは見えてきませんよね。

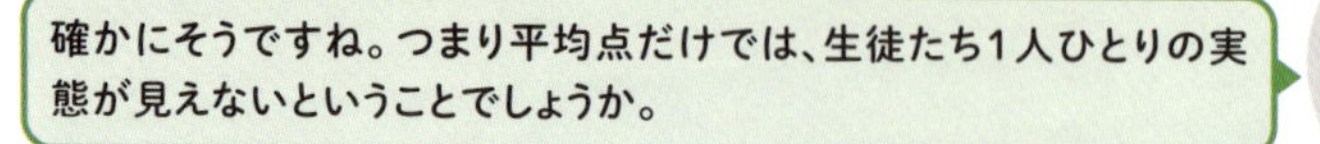

正解です。だからこそ、平均点以外にも中央値や最頻値を見ることが重要なんですよ。統計に苦手意識がある人も多くいますが、少しずつ勉強してくことが大切ですね。まずは、小学校でも習った平均値について復習しながら、データの特徴を把握することから始めましょうか。

ありがとうございます。頑張ります。

1 平均値とは何か

代表値は、データ全体の特徴を1つの数値で表したものであり、データの中心的な傾向を把握するために用いられます。その中でも最も基本的で、学校現場で用いられることが多い代表値が平均値です。

平均値は、データにおける中心的な傾向を表す統計的尺度の1つで、算術平均とも呼ばれます。教育データ分析では特に重要で、クラスの生徒のテスト結果や成績、出席率など、様々な教育関連のデータを分析する際に、クラス全体の平均的な状況を把握するために用いられます。

平均値は、データ内の全ての値の総和をその値の数（データ数）で割ることで算出されます。これにより、データ全体の「中心」として捉えることが可能になります。

一般に平均値の計算は、以下の数式によって行います。

$$\text{平均値(Mean)} = \frac{\text{全データの合計}}{\text{データの数}}$$

例えば、生徒のテストの点数が$x_1, x_2, \cdots, x_n$である場合、平均値は次のように計算されます。nはデータの数を表します。

$$\text{平均値} = \frac{x_1 + x_2 + \cdots + x_n}{n}$$

2 Excelでの平均値の求め方

Excelでは「**AVERAGE**」という**関数**を使って簡単に平均値を計算できます。Excelの関数は、よく使う計算やデータ処理を自動で行える機能で、数式に関数の名前を書いて利用します。関数名に続くかっこ内に**引数**（ひきすう）として、計算に必要な値やセル（範囲）などを指定して使います。

アベレージ
AVERAGE 平均値を求める

=AVERAGE(数値1, 数値2, …)

指定した数値やセル範囲に含まれる数値の平均値を求める

AVERAGE関数の場合、「数値1」「数値2」…という複数の引数をカンマで区切って指定できますが、セル範囲を1つだけ指定するのでもかまいません。例えば、セルA1～A10までの範囲にテストの点数が入力されている場合、その平均値は次のような数式で計算できます。

=AVERAGE（A1：A10）

この関数は、指定された範囲のセルに含まれる数値の平均値を返します。非常に直感的で、操作も簡単なため、教育データ分析における平均値の計算には最適です。

実際のデータを使って、Excelで平均値を求める操作をしてみましょう。

3 例題

02_平均値データ.xlsx

次のデータは、1年1組40名分の定期テストの結果です。テストの結果を基に、教員として成績処理の入門となる平均値を求めてみましょう。

	A	B	C	D	E	F	G	H
1	年	組	番号	氏名	中間	期末		
2	1	1	1	阿達 貴至	66	72		
3	1	1	2	足立 文恵	74	66		
4	1	1	3	伊藤 久美子	62	56		
5	1	1	4	岩田 ひろみ	57	55		
6	1	1	5	大塚 浩市	83	71		
7	1	1	6	大宮 達哉	42	41		
8	1	1	7	加賀屋 仁	60	19		
9	1	1	8	川野 龍	0	37		
10	1	1	9	木村 陽	69	61		
11	1	1	10	工藤 剛	52	29		
12	1	1	11	栗原 祥司	59	欠席		
13	1	1	12	黒澤 歩	20	10		
37	1	1	36	馬上 賢一	73	43		
38	1	1	37	望月 貴彦	21	7		
39	1	1	38	森下 陽輔	78	63		
40	1	1	39	山田 綾子	85	6		
41	1	1	40	渡辺 信彦	76	7		
42				平均値				
43								
44								

中間テストの平均値を求めたい

注意!

AVERAGE関数は、「ホーム」タブにある、「オートSUM」ボタンの右の「∨」をクリックして「平均」を選ぶことでも、数式を自動入力できます。ただし、表の中に空白があると、集計対象のセル範囲が正しく選択されないことがあるので注意してください。

4 Excel操作

前述の通り、Excelで平均値を求めるにはAVERAGE関数を使います。今回は中間テストの結果が入力されたセルE2～E41までの範囲が対象となるので、引数に「E2：E41」と指定します。

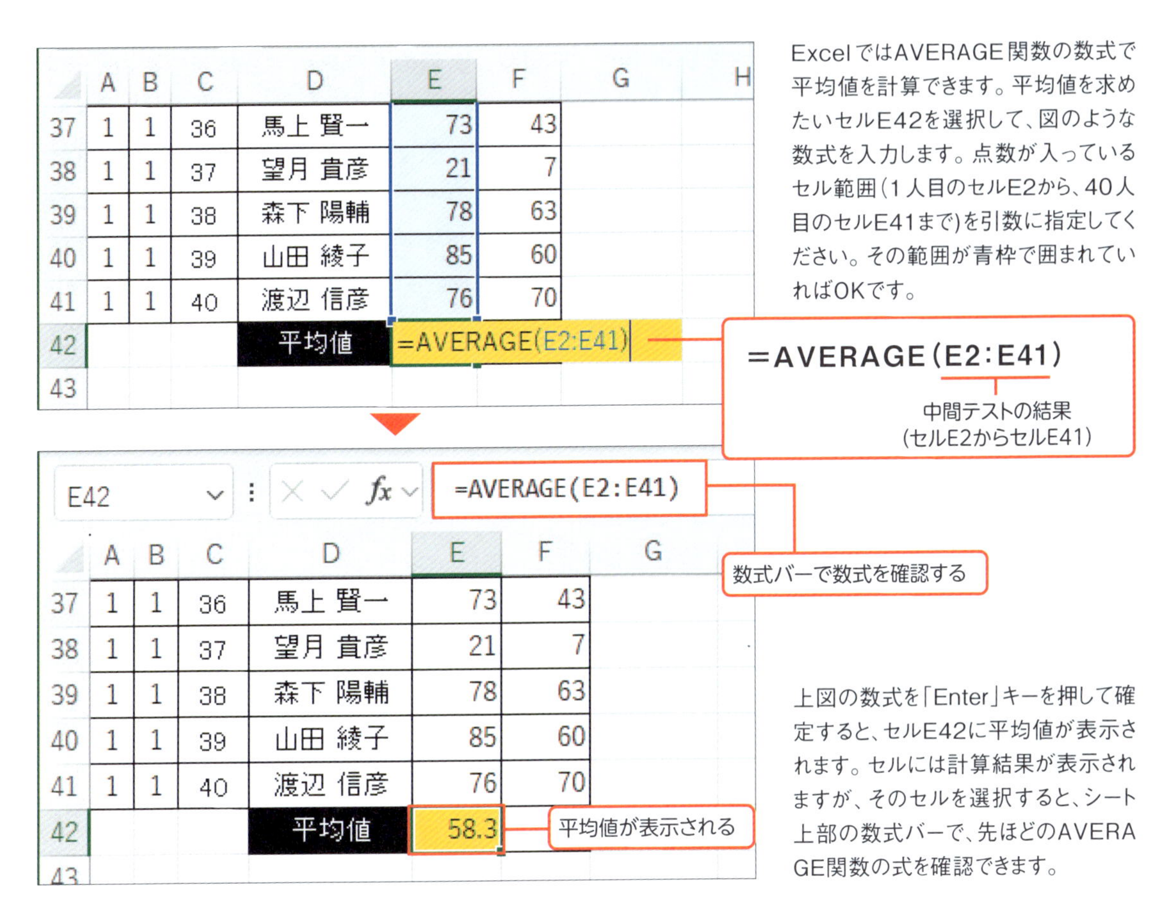

ExcelではAVERAGE関数の数式で平均値を計算できます。平均値を求めたいセルE42を選択して、図のような数式を入力します。点数が入っているセル範囲（1人目のセルE2から、40人目のセルE41まで）を引数に指定してください。その範囲が青枠で囲まれていればOKです。

上図の数式を「Enter」キーを押して確定すると、セルE42に平均値が表示されます。セルには計算結果が表示されますが、そのセルを選択すると、シート上部の数式バーで、先ほどのAVERAGE関数の式を確認できます。

5 解釈

平均値を求めることができましたか？ 今回の例では、このクラスの中間テストの平均値は、58.3点ということがわかりました。この結果を見て、教員であれば「ちょうどよい」「若干低い」などと考えるのではないでしょうか。

ここでは成績処理の基本である平均値を求めましたが、教育データ分析において平均値は重要な役割を担います。例えば、異なるクラスや学校、異なる学期間の成績比較において、平均値は一貫した基準となり、教育内容や教授方法の効果を評価するのに役立ちます。そこから、教育の質を向上させるための洞察を得ることができるでしょう。ほかにも、ある学期と別の学期の成績の平均値を比較することで、教育方針の変更が生徒の成績にどのような影響を与えたかを分析することができます。

しかし、平均値を用いる際にはいくつかの注意点があります。平均値はデータ内の全ての値を等しく扱うため、極端な値（**外れ値**）の影響を受けやすく、クラスの実際のパフォーマンスを正確に反映しない場合があります。例えば、大半の生徒が平均的な点数を取りながらも、ごく少数が非常に高いまたは低い点数を取っている場合、平均値は実際のクラスの学習状況を適切に示さない可能性があります。

また、平均値はクラス全体の成績の概観を得られますが、個々の生徒の成績や理解度のばらつきについては明らかにしません。そのため、平均値を唯一の尺度として用いるのではなく、次章以降で扱う「中央値」「最頻値」「分散」「標準偏差」などほかの統計的尺度と併用することが、より包括的でバランスの取れたデータ分析を行ううえで重要になります。

6 まとめ

以上、本章では平均値の概念と計算方法、Excelでの平均値の計算手順、平均値の解釈と教育分野での応用について学びました。平均値は教育データ分析において基本的かつ重要な尺度であり、クラス全体の成績や進捗の把握に役立ちます。

しかし、平均値だけではデータの全体像を把握することはできないため、ほかの統計的尺度と併用することが重要です。次の章では、データの代表値の1つである「中央値」について詳しく学びます。これにより、データの代表値をより深く理解し、教育分野でのデータ分析におけるその役割をより広範に活用することが可能となります。

練習問題 Practice

02_平均値データ.xlsx

先ほどの例題で用いた1年1組のテスト結果の表を使って、期末テストの平均点を求めましょう。中間テストと比べて、どんなことがわかるでしょうか？

	A	B	C	D	E	F	G
1	年	組	番号	氏名	中間	期末	
2	1	1	1	阿達 貴至	66	72	
3	1	1	2	足立 文恵	74	66	
4	1	1	3	伊藤 久美子	62	56	
5	1	1	4	岩田 ひろみ	57	55	
6	1	1	5	大塚 浩市	83	71	
7	1	1	6	大宮 達哉	42	41	
8	1	1	7	加賀屋 仁	60	19	
9	1	1	8	川野 龍	0	37	
10	1	1	9	木村 陽	69	61	
11	1	1	10	工藤 剛	52	29	
12	1	1	11	栗原 祥司	59	欠席	
13	1	1	12	黒澤 歩	20	10	
14	1	1	13	小林 貴之	59	49	
15	1	1	14	酒井 友則	69	63	
36	1	1	35	宮田 亮	79	49	
37	1	1	36	馬上 賢一	73	43	
38	1	1	37	望月 貴彦	21	7	
39	1	1	38	森下 陽輔	78	63	
40	1	1	39	山田 綾子	85	60	
41	1	1	40	渡辺 信彦	76	70	
42				平均値	58.3		
43							
44							

期末テストの平均値を求める

ワンポイント

期末テストの平均点を求める際に、11番の生徒がテストを欠席していることに気が付きましたか？ 実は、平均値を求めるAVERAGE関数は、この欠席と書かれているセルを無視して（0点として扱わない）、欠席者分を除いた生徒の点数を合計し、さらにその人数で割って平均値を求めています。もし欠席者や未受験者（文字列や空白）を0点として平均値を求めたいときには、「AVERAGEA」という関数を使います。

第3章

中央値

本章では「中央値」の定義と計算方法、教育データにおけるその応用について学びます。中央値とは、データを数値の大小に従って並べたときに、ちょうど真ん中に位置する値を指します。データの中心的な傾向を示すもう1つの重要な尺度です。この章では、中央値がなぜ外れ値（データの極端な値）の影響を受けにくい特性を持つのか、また平均値と比較した場合の中央値の利点と使用の流れについて詳しく解説します。

お疲れさまです、百花先生。この前調査した生徒たちの通学時間から、何か気付いたことはありますか？

通学時間のデータを集めたのですが、実は、どのように分析すればいいか悩んでいます。特に、生徒たちの通学時間の実態を正確に把握する方法が知りたいです。

なるほど、それなら中央値を求めることをお勧めします。中央値はデータの中央に位置する値で、外れ値の影響を受けにくいんです。そのため、生徒たちの通学時間がどのように分布しているかがより正確に反映されますよ。

中央値ですか？ いつもは平均値しか使っていませんでした。中央値のほうが実際の通学時間を反映しているということですね。

その通りです。平均値は全データの合計をデータの数で割るので、極端に長いまたは短い通学時間の生徒がいると、その影響を受けてしまいます。しかし、中央値はデータを半分に分ける値ですから、そうした極端な値の影響を受けにくいんです。

確かに、中央値を使えば、クラスの通学時間の偏りも理解しやすいですね。外れ値による影響を避けるためにも、中央値を使用してみます。

そうですね、ぜひチャレンジしてみてください。

ありがとうございます。大変参考になりました。

1 中央値とは何か

中央値とは、データの分布における中心的な傾向を示す指標の1つであり、データを小さい順に並べたときに、ちょうど中央に位置する値を指します。平均値とともによく使用されます。与えられたデータに含まれる値の数が奇数の場合、中央値は中央に位置する単一の値になります。一方、偶数の場合は、中央に位置する2つの値の平均値が中央値となります。

中央値は、データの分布が非対称である場合や外れ値が存在する場合であっても影響を受けにくいため、データの中心をより適切に捉えることができることから、データの傾向を理解するための重要な指標として用いられます。

中央値は、データを小さい順に並べることで求められます。例えば、テストの点数が「95、45、60、65、80、55、70」のように分布しているとき、まず小さい順（昇順）に「45、55、60、65、70、80、95」と並べ替えます。この場合、データの数は7つ（奇数個）ですので、ちょうど中央にくる値「65」が中央値ということになります。

また、「45、55、60、70、80、95」のようにデータの数が6つ（偶数個）の場合は、中央にくる「60」と「70」の平均値、すなわち「65」が中央値となります。

●データの数が奇数個の場合

95	45	60	65	80	55	70

⬇小さい順に並べ替え

45	55	60	65	70	80	95

中央にある値
「65」

中央値

2 Excelでの中央値の求め方

Excelでは「**MEDIAN**」という関数を使って簡単に中央値を計算できます。

メジアン
MEDIAN 中央値を求める

=MEDIAN(数値1, 数値2, …)

指定した数値やセル範囲に含まれる数値の中央値を求める

例えば、セルA1～A10までの範囲にテストの点数が入力されている場合、その中央値は以下のような数式で計算できます。

=MEDIAN（A1：A10）

この関数を使用することで、与えられたデータから中央値を計算し、データの中央に位置する値を調べられます。データの数が奇数の場合は中央の値を、偶数の場合は中央に位置する2つの数値の平均値がわかります。これにより、データの中央の値を簡単に迅速に、かつ求めることができるため、データの中心的な傾向を把握することが可能になります。

3 例題　03_中央値データ.xlsx

次の表は、1年1組の生徒、40名分の通学時間を調べてまとめたものです。この表を基に、平均値と中央値を求めましょう。また、求めた平均値と中央値を比較し、データの特徴を把握してみましょう。

	A	B	C	D	E	F	G
1	年	組	番号	氏名	通学時間		
2	1	1	1	阿達 貴至	30		
3	1	1	2	足立 文恵	45		
4	1	1	3	伊藤 久美子	60		
5	1	1	4	岩田 ひろみ	25		
6	1	1	5	大塚 浩市	35		
7	1	1	6	大宮 達哉	50		
8	1	1	7	加賀屋 仁	20		
9	1	1	8	川野 龍	40		
10	1	1	9	木村 陽	55		
11	1	1	10	工藤 剛	30		
12	1	1	11	栗原 祥司	45		
13	1	1	12	黒澤 歩	60		
38	1	1	37	望月 貴彦	30		
39	1	1	38	森下 陽輔	60		
40	1	1	39	山田 綾子	20		
41	1	1	40	渡辺 信彦	40		
42				平均値			
43				中央値			
44							

通学時間の平均値と
中央値を求める

4 Excel操作

前章で学んだ通り、Excelで平均値を求めるにはAVERAGE関数を使います。また、中央値を求めるにはMEDIAN関数を使うと先ほど紹介しました。通学時間が入力されたセルE2～E41の範囲が対象となるので、引数に「E2：E41」と指定します。

	A	B	C	D	E	F	G
1	年	組	番号	氏名	通学時間		
2	1	1	1	阿達 貴至	30		
3	1	1	2	足立 文恵	45		
4	1	1	3	伊藤 久美子	60		
5	1	1	4	岩田 ひろみ	25		
6	1	1	5	大塚 浩市	35		
7	1	1	6	大宮 達哉	50		
8	1	1	7	加賀屋 仁	20		
9	1	1	8	川野 龍	40		
10	1	1	9	木村 陽	55		
39	1	1	38	森下 陽輔	60		
40	1	1	39	山田 綾子	20		
41	1	1	40	渡辺 信彦	40		
42				平均値	43.5		
43				中央値	40		
44							

平均値を求めるセルE42には、AVERAGE関数の式、中央値を求めるセルE43には、MEDIAN関数の式を入れます。いずれも「E2:E41」のように通学時間が入力されたセル範囲を引数に指定します。

5 解釈

平均値と中央値は求めることができましたか？ 求めた結果、このクラスの通学時間の平均値は43.5分、中央値は40分ということがわかりました。この結果を見て、皆さんはどう考えるでしょうか。

まず、平均的な通学時間は43.5分であり、約44分かけて学校に通っている生徒が多いことがわかります。次に、中央値は40分であり、半数の生徒が40分以内に学校に着き、残りの半数が40分以上の通学時間を費やしていることがわかります。

結果として平均値が中央値よりも高いことは、生徒の中には比較的遠くから通学している者がいることを示唆しています。実際にデータを見ると、60分以上という非常に長い時間を通学に費やす生徒も数名存在し、それが全体の平均を押し上げていることがわかります。

このように平均値は外れ値による影響を受けやすいため、特定の生徒の通学時間が非常に長いまたは短い場合、その生徒が平均値に与える影響を考慮する必要があります。一方、中央値は外れ値の影響を受けにくいため、データが非対称に分布している場合や外れ値が存在する場合でも通学時間の「中央」に位置する生徒の状況を正確に捉えることができます。

そのため中央値を把握することができれば、例えば、通学時間が長い生徒には宿題や提出物の期限に柔軟性を持たせる、または早朝の補習を避ける、などの配慮をすることができます。また、通学時間が短い生徒には、早朝の教室を開放するなどにより、さらなる学習の促進を図るといったことも可能です。

ただし、中央値はデータの分布全体の詳細を表さないため、個々の生徒の通学時間のばらつきを理解するには不十分です。例えば、ほとんどの生徒が似通った通学時間の場合と、通学時間が広範囲にわたる場合でも、中央値は同じになり得ます。また、中央に位置しないデータの一部が変わるだけでは中央値は変わらないため、データの小さな変化を捉えるには適していませんので注意が必要です。

6 まとめ

本章では、中央値の概念と計算方法、そしてExcelでの中央値の求め方、さらに平均値と中央値の解釈について学びました。中央値は、データの中心を示す尺度として、特に外れ値の影響を受けにくい性質を持っており、クラスの代表的な通学時間や成績を示す際に非常に有用です。これにより、対象となる全生徒の状況を均一に捉えることができるなど、様々な状況の把握に役立ちます。

ただし、中央値はデータのばらつきを完全には表現できないため、データ分布の全体的な理解には、平均値や最頻値、分散といったほかの尺度と組み合わせる必要があります。次の章では、データの散らばり具合をより詳しく把握するための指標である最頻値について学びます。

練習問題 Practice

03_中央値データ.xlsx

　次の表は、例題で用いたのと同じ通学時間の一覧表に、通学距離のデータを追加したものです。通学距離の平均値と中央値を求めましょう。また、その結果からどのようなことがいえるかや、教員としてできることを考えてみましょう。

	A	B	C	D	E	F	G
1	年	組	番号	氏名	通学時間	通学距離	
2	1	1	1	阿達 貴至	30	5	
3	1	1	2	足立 文恵	45	10	
4	1	1	3	伊藤 久美子	60	15	
5	1	1	4	岩田 ひろみ	25	3	
6	1	1	5	大塚 浩市	35	7	
7	1	1	6	大宮 達哉	50	12	
8	1	1	7	加賀屋 仁	20	2	
9	1	1	8	川野 龍	40	8	
10	1	1	9	木村 陽	55	13	
11	1	1	10	工藤 剛	30	4	
12	1	1	11	栗原 祥司	45	9	
13	1	1	12	黒澤 歩	60	14	
14	1	1	13	小林 貴之	25	3	
15	1	1	14	酒井 友則	35	7	
16	1	1	15	笹川 伸久	60	12	
17	1	1	16	佐藤 志保	20	2	
34	1	1	33	水井 麻里子	60	12	
35	1	1	34	宮崎 賢一	20	2	
36	1	1	35	宮田 元	40	8	
37	1	1	36	馬上 賢一	70	13	
38	1	1	37	望月 貴彦	30	4	
39	1	1	38	森下 陽輔	60	12	
40	1	1	39	山田 綾子	20	2	
41	1	1	40	渡辺 信彦	40	8	
42				平均値	43.5		
43				中央値	40		
44							

通学距離の平均値と中央値を求める

ワンポイント

平均値はAVERAGE関数、中央値はMEDIAN関数で求められます。ここで、E列の通学時間については、例題ですでに平均値と中央値を求めています。それらの数式をコピーして流用することで、手早く数式を入力する方法もありますね。

第4章

最頻値

本章では「最頻値」の概念とその計算方法、教育データにおける応用について学びます。最頻値は、データ内で最も頻繁に出現する値を指し、データの一般的な傾向を理解するのに役立つ指標です。ここでは、最頻値がどのようにしてデータの分布や特性を示すのか、特に、分布が偏っている場合や質的データを扱う際の最頻値の重要性に焦点を当てます。最頻値を用いて教育現場で直面する問題にどう対応できるかについても解説します。

こんにちは、百花先生。最近の生徒たちの学習時間の状況はどうですか？ 最頻値も見ていますか？

最頻値ですか？ あまり気にしていませんでした。どんなときに役立つものなのですか？

最頻値は、データ内で最も頻繁に出現する値のことです。例えば、学習時間を調査した結果、その分布が偏っているときに、どの学習時間が最も多くの生徒に当てはまるかを示してくれます。これは学習パターンの傾向を把握するのに非常に便利ですよ。

なるほど。当てはまる生徒が最も多い学習時間を知るために使えるわけですね。でも、最頻値だけで全体を理解することはできますか？

実際、最頻値だけでは全体像を把握するのに不十分です。最頻値はデータの一面を示すにすぎず、平均値や中央値と組み合わせて使用することで、よりバランスの取れたデータ分析が可能になります。

それぞれの指標が異なる側面を照らし出してくれるわけですね。次回の分析では、最頻値も考慮に入れてみます。ありがとうございます。

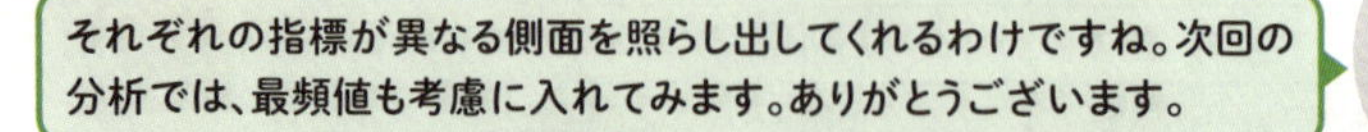

ぜひそうしてください。そして、最頻値は質的データの分析に特に有用です。例えば、生徒たちが最も好む授業活動やよく使う学習資源など、数値化しにくい情報の分析に役立ちますよ。

質的データにも応用できるんですね。それはまた新しい視点です。早速いくつかのデータで試してみたいと思います。

1 最頻値とは何か

最頻値は、代表値の1つで、与えられたデータ内で最も頻繁に出現する値のことです。データの一般的な特徴を捉えるために使用されます。

例えば、生徒たちのテストの点数や課題の提出状況、学習活動への参加頻度など、様々な教育データの分析において最頻値を求めれば、クラス内で最も頻出する共通した成績や行動特性などを明らかにすることができます。

また最頻値は、データに外れ値や偏りを含む場合でも、それらの影響を受けにくく、データの一般的な特性を表すことができます。そのため、最頻値の活用は多岐にわたり、様々な教育データの中で頻繁に出現する値を捉え、実態をより正確に把握したいときによく用いられます。

2 Excelでの最頻値の求め方

最頻値を求めるためには、与えられたデータ内の各値の出現頻度を調べ、その中で最も高い頻度を示す値を見つけます。最頻値が1つだけの場合、Excelでは「**MODE**」または「**MODE.SNGL**」という関数を使って求めることができます。

モード・シングル
MODE.SNGL 単一の最頻値を求める
=MODE.SNGL(数値1, 数値2, …)
指定した数値やセル範囲の中で、最も多く出現する値を調べる

例えば、セルA1～A10の範囲にテストの点数が入力されている場合、その最頻値は以下のような数式で計算できます。

=MODE.SNGL（A1：A10）

なお、最頻値が複数ある場合、MODE.SNGL関数ではそのうちの1つしか表示できません。複数の最頻値を求めて列挙したい場合は、「**MODE.MULT**」関数を用います。

モード・マルチ
MODE.MULT 複数の最頻値を求める
=MODE.MULT(数値1, 数値2, …)
指定した数値やセル範囲の中で、最も多く出現する値を調べる

この関数は、「配列」という仕組みを使って、複数の最頻値を返します。そのため、数式を「**配列数式**」として入力する必要があります。それには、出力先としてセル範囲を選択したうえで、

=MODE.MULT（A1：A10）

のように数式を入力し、「Ctrl」キーと「Shift」キーを押しながら「Enter」キーを押します。

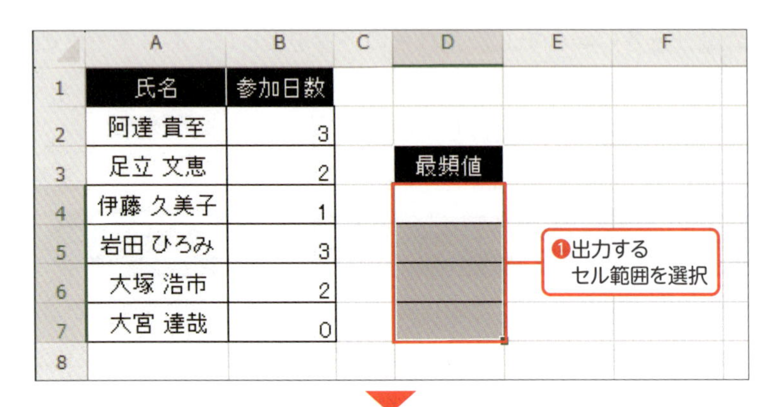

MODE.MULT関数で複数の最頻値を求めるには、あらかじめ最頻値を出力するセル範囲を選択します（❶）。何個あるかわからないので、多めに選択するとよいでしょう。

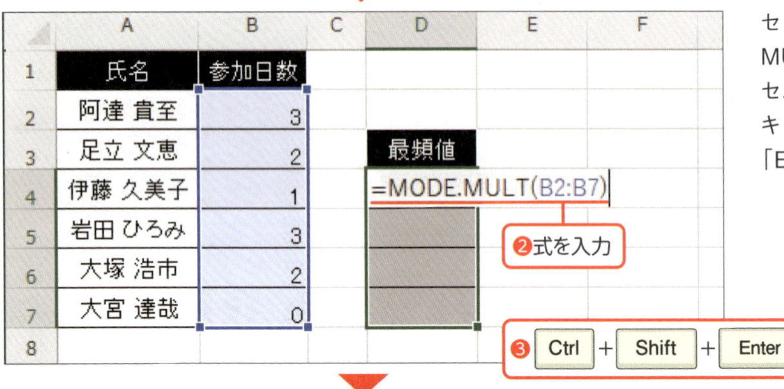

セル範囲を選択したままMODE.MULT関数の式を入力すると、先頭のセルに入力されるので（❷）、「Ctrl」キーと「Shift」キーを押しながら「Enter」キーを押します（❸）。

D4 {=MODE.MULT(B2:B7)}

	A	B	C	D
1	氏名	参加日数		
2	阿達 貴至	3		
3	足立 文恵	2		最頻値
4	伊藤 久美子	1		3
5	岩田 ひろみ	3		2
6	大塚 浩市	2		#N/A
7	大宮 達哉	0		#N/A
8				

❹式が波かっこで囲まれる

❺2つの最頻値が見つかった

配列数式として確定され、式の前後に波かっこが付きます（❹）。その式は、選択していたセル範囲全てに入力されます。最頻値の数だけその結果が表示され、残りのセルには「#N/A」と表示されます（❺）。

すると、数式が配列数式として確定され、

{=MODE.MULT（A1：A10)}

のように全体が波かっこで囲まれます。この波かっこが配列数式の印です。選択していたセル範囲には同じ数式が入力され、最頻値が表示されます。

3 例題 04_最頻値データ.xlsx

次のデータは、1年1組40名分の試験前日の学習時間を調査した結果です。この結果を基に、学習時間の平均値、中央値、最頻値を求めましょう。また、求めた値を見て、データの特徴を把握してみましょう。

	A	B	C	D	E	F	G
1	年	組	番号	氏名	学習時間		
2	1	1	1	阿達 貴至	120		
3	1	1	2	足立 文恵	150		
4	1	1	3	伊藤 久美子	90		
5	1	1	4	岩田 ひろみ	120		
6	1	1	5	大塚 浩市	150		
7	1	1	6	大宮 達哉	120		
8	1	1	7	加賀屋 仁	90		
9	1	1	8	川野 龍	120		
10	1	1	9	木村 陽	100		
11	1	1	10	工藤 剛	180		
12	1	1	11	栗原 祥司	100		
13	1	1	12	黒澤 歩	150		
39	1	1	38	森下 陽輔	60		
40	1	1	39	山田 綾子	90		
41	1	1	40	渡辺 信彦	60		
42				平均値			
43				中央値			
44				最頻値			
45							

学習時間の平均値、中央値、最頻値を求める

4 Excel操作

前章までで学んだ通り、平均値はAVERAGE関数、中央値はMEDIAN関数で求められます。そして、最頻値を求めるにはMODE.SNGL関数を使うと先ほど紹介しました。学習時間が入力されたセルE2～E41までの範囲が対象となるので、いずれも引数には「E2：E41」と指定します。

	A	B	C	D	E	F	G
1	年	組	番号	氏名	学習時間		
2	1	1	1	阿達 貴至	120		
3	1	1	2	足立 文恵	150		
4	1	1	3	伊藤 久美子	90		
5	1	1	4	岩田 ひろみ	120		
6	1	1	5	大塚 浩市	150		
7	1	1	6	大宮 達哉	120		
8	1	1	7	加賀屋 仁	90		
9	1	1	8	川野 龍	120		
10	1	1	9	木村 陽	100		
11	1	1	10	工藤 剛	180		
12	1	1	11	栗原 祥司	100		
37	1	1	36	馬上 貴一	100		
38	1	1	37	望月 貴彦	90		
39	1	1	38	森下 陽輔	60		
40	1	1	39	山田 綾子	90		
41	1	1	40	渡辺 信彦	60		
42				平均値	115		
43				中央値	100		
44				最頻値	90		
45							

平均値を求めるセルE42にはAVERAGE関数の式、中央値を求めるセルE43にはMEDIAN関数の式、最頻値を求めるセルE44にはMODE.SNGL関数の式を入れます。いずれも引数には「E2:E41」のように学習時間が入力された範囲を指定します。

5 解釈

例題のデータを分析した結果、生徒の試験前日の学習時間は、平均値が115分、中央値が100分、最頻値が90分となりました。この結果からわかることをいろいろ考えていきましょう。

まず、平均値が115分であることは、生徒全体を通じて、学習に2時間近くを費やしていることを示しています。しかしながら、平均値は外れ値（極端に長い、または短い学習時間）の影響を受けやすい点に注意が必要です。

一方、中央値が100分であることは、極端に長い、または短い学習時間を除いたクラスの中心的な学習時間が100分であることを示しています。中央値が平均値よりも低いことから、今回のデータの場合、長時間学習をした何人かの生徒によって平均が引き上げられている可能性があると考えられます。

また、最頻値が90分であることは、最も多くの生徒がこの時間を学習に費やしていることを意味します。つまり、クラスの中で最も一般的な学習時間が90分であると解釈できます。

このように、平均値、中央値、最頻値を求めることで、試験前日に生徒がどの程度の時間を学習に費やしていたか把握することができ、実際の試験の点数との関係を見て今後の指導や学習計画の参考にすることができます。

特に本章で学んだ最頻値は、与えられたデータの中で最も一般的な値（今回の場合は学習時間）や行動を示すために、何が「典型的」であるかを理解するのに役立ちます。また、外れ値の影響を受けにくく、極端な値が結果をゆがめることが少ないため、実際の一般的な傾向をより正確に反映します。

加えて最頻値は、数値データだけでなく、カテゴリ型の質的データにも使用できるため、例えば一番人気のある部活動やよく選ばれる昼食メニューなどを特定するのにも役立ちます。

しかしながら、最頻値だけでは、与えられたデータの全体像を捉えるのには限界があり、複数の最頻値が存在する場合や、最頻値が極端に大きい場合は、ほかのデータの重要性が見落とされがちになるので注意が必要です。

また、与えられたデータに最頻値がない、または複数ある場合、これをそのデータ全体の代表値として用いることは困難です。例えば、全ての生徒が異なる点数を取ったテストでは最頻値を特定できません。そのため、複雑で多様性のあるデータでは、最頻値は分析を誤らせる可能性があります。全体のパターンや傾向を理解するには、平均値や中央値といったほかの尺度を組み合わせて検討する必要があります。

6 まとめ

本章では、最頻値の概念、その計算方法、Excelでの最頻値の求め方について学びました。最頻値は、データ内で最も頻繁に出現する値を指し、特定のデータがどれだけ一般的または目立つかを把握するのに特に役立ちます。この尺度は、クラスで最も一般的な成績、通学時間など、生徒たちの行動や成績のパターンを明らかにすることに有効です。最頻値はデータの散布に関する直感的な理解を提供しますが、複数の最頻値が存在する場合や、データの分布が均一で最頻値が明確でない場合には注意が必要です。そのため、最頻値をほかの尺度、特に平均値や中央値と組み合わせて使用することで、より包括的なデータ分析が可能になります。

次の章では、データの分布や散らばり具合をより深く理解するための重要な尺度である「標準偏差」に焦点を当て、その計算方法や教育分野での応用について詳しく学びます。

練習問題 Practice

04_最頻値データ.xlsx

次の表は、例題で用いた学習時間の調査結果に、試験前日の睡眠時間を加えたものです。この結果を基に、平均値、中央値、最頻値を求めましょう。また、求めた値を見て、データの特徴を把握してみましょう。

	A	B	C	D	E	F	G
1	年	組	番号	氏名	学習時間	睡眠時間	
2	1	1	1	阿達 貴至	120	7	
3	1	1	2	足立 文恵	150	6	
4	1	1	3	伊藤 久美子	90	8	
5	1	1	4	岩田 ひろみ	120	8	
6	1	1	5	大塚 浩市	150	6	
7	1	1	6	大宮 達哉	120	6	
8	1	1	7	加賀屋 仁	90	8	
9	1	1	8	川野 龍	120	7	
10	1	1	9	木村 陽	100	6	
11	1	1	10	工藤 剛	180	5	
12	1	1	11	栗原 祥司	100	8	
13	1	1	12	黒澤 歩	150	6	
14	1	1	13	小林 貴之	90	8	
15	1	1	14	酒井 友則	100	6	
30	1	1	29	原田 智子	120	7	
31	1	1	30	樋口 恵美子	150	6	
32	1	1	31	平山 雅代	90	8	
33	1	1	32	松原 麻樹	100	7	
34	1	1	33	水井 麻里子	150	6	
35	1	1	34	宮崎 賢一	90	8	
36	1	1	35	宮田 元	120	7	
37	1	1	36	馬上 賢一	100	5	
38	1	1	37	望月 貴彦	90	8	
39	1	1	38	森下 陽輔	60	7	
40	1	1	39	山田 綾子	90	8	
41	1	1	40	渡辺 信彦	60	9	
42				平均値	115		
43				中央値	100		
44				最頻値	90		
45							

睡眠時間の平均値、中央値、最頻値を求める

コラム❶
column

代表値とデータの分布

1 代表値

下の図は、クラスの生徒40人分のテスト結果（得点）を昇順（低い順）に並べた棒グラフです。これまで、平均値、中央値、最頻値について学んできましたが、このようなデータの全体像を表す指標を「**代表値**」といいます。実際にこのグラフの得点を分析すると、平均値51点、中央値55点、最頻値65点でした。

このような場合、どの値が代表値となるでしょうか。データの特徴を把握するときには、データの分布を考え、どの値がふさわしい代表値かを検討する必要があります。

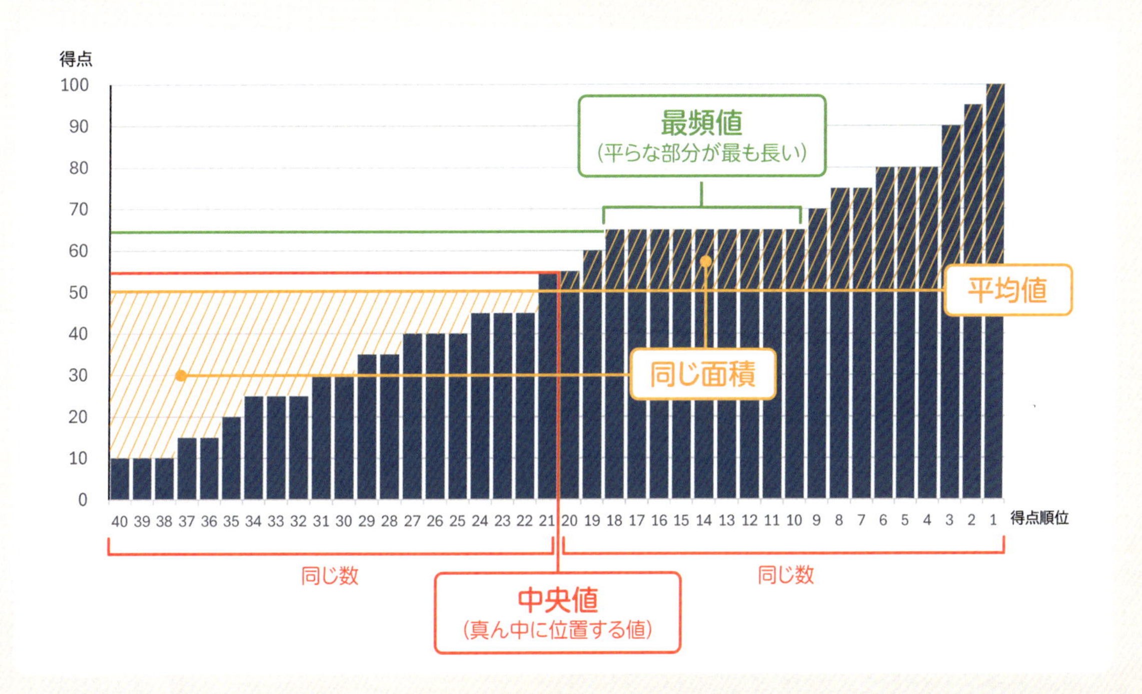

2 データの分布と使い分け

データの分布を考えるとき、次ページ図Aのように、外れ値の少ない、多くのデータが中間の値の周辺に固まっている「**正規分布**」に比較的近いデータの場合は、おおむね平均値が中央値や最頻値に近い値を取ります。一般にこのようなデータ分布の場合は、平均値が一般的なデータの傾向を示すのに適しています。しかし、外れ値によって平均値がゆがむ可能性もあります。

図Bのように、左に偏ったデータ分布では、平均値は中央値や最頻値よりも高くなります。教育データでこのような分布が見られる場合、テストの難易度が高いため、点数の低い生徒が多い一方で若干名の良い点数の生徒がいる状況を示すことがよくあります。この場合、中央値が平均値よりも代表的な傾向を示す尺度として適しています。

図Cのように、右に偏ったデータ分布では、平均値は中央値や最頻値よりも低くなります。これは、テストの難易度が低いため、点数の良い生徒が多い一方で若干名の低い生徒がいる状況を反映していることがあります。この場合も中央値が代表的な傾向を捉えるのに適しています。

ここまで読むと、最頻値はどのようなときにデータの特徴を示す代表値となるのだろうかと思った人もいるのではないでしょうか。最頻値については、データの中で最も多く出現する値であり、データの典型的な値を表します。そのため、図Aの正規分布に近いときはもちろん、データの散らばりが大きいときにも最頻値を用います。この場合、平均値や中央値がデータの典型的な値を表していない可能性があるためです。ほかにも数値ではなく、種類で表されるデータ（カテゴリカルデータ）については、平均値や中央値を計算することができませんので、最頻値がデータの特徴を示す代表値となります。

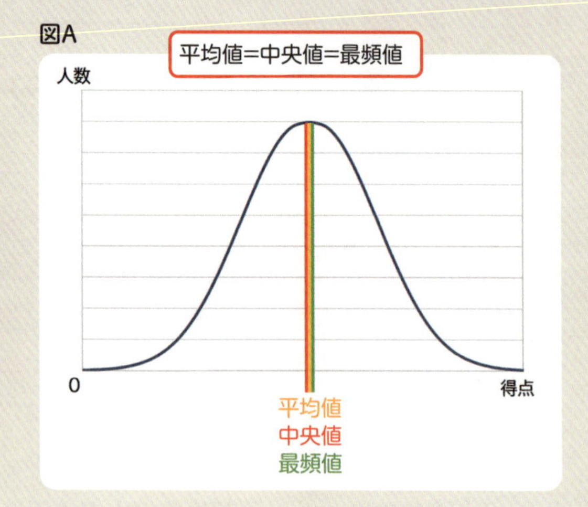

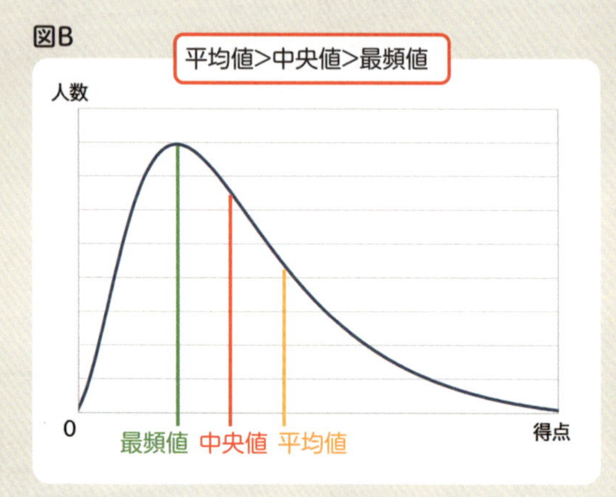

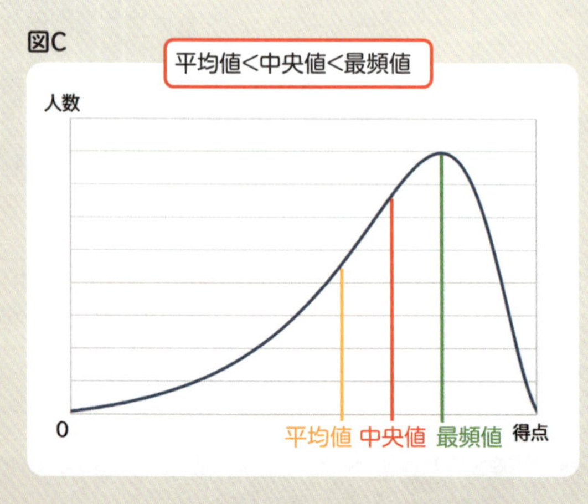

このように、代表値はデータの特徴を概観するために用いられますが、全ての情報を捉えるものではないため、データのばらつきや形状も捉える必要があります。具体的にはデータの分布を視覚化する「**ヒストグラム**」（第16章参照）を作成することで、データの分布の形状を明確に示し、データの全体的なパターンや傾向、特に偏

りや異常値の有無を確認することができます。

また、極端な例ではありますが、ヒストグラムを作成することで下図のようなデータの分布が明らかになることがあります。このような場合は、代表値として最頻値は適しておらず、平均値や中央値もデータの特徴を示しているとはいえません。

実際にこのようなケースでは、それぞれのデータ群（データ分布の山）の中で代表値を求めるようしましょう。ほかにも、よりデータの特徴を理解するためには、後ほど学ぶ分散や標準偏差、四分位数といった他の統計量も考慮することが求められます。

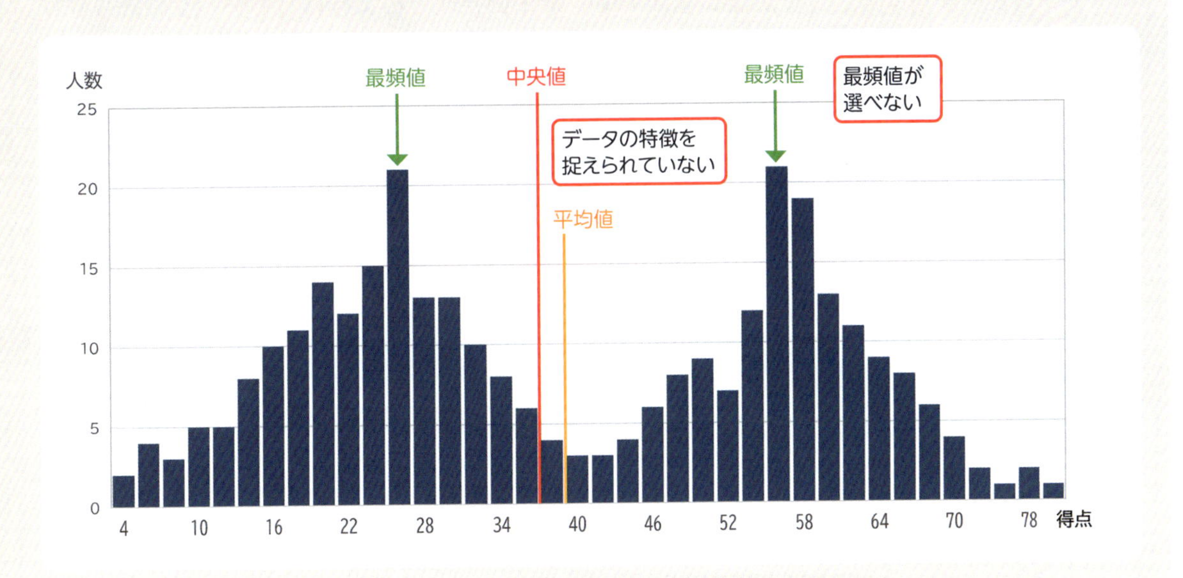

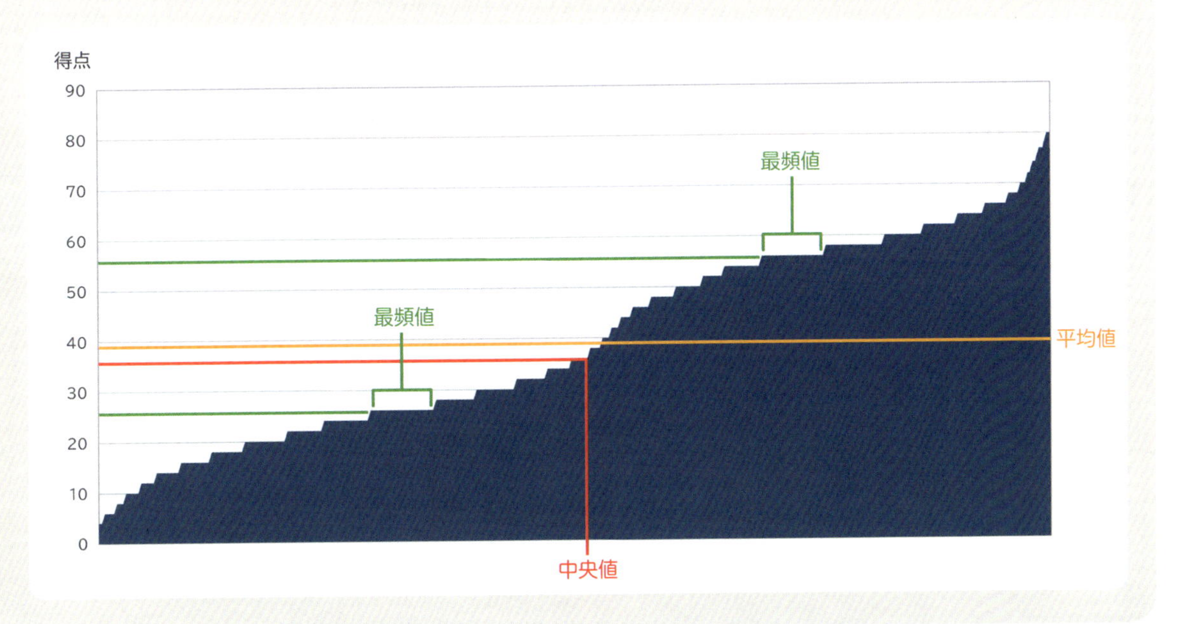

第5章

標準偏差

本章では「標準偏差」の概念と、教育データにおける応用について学びます。標準偏差は、データ内の値が平均からどの程度離れて分布しているかを示す尺度で、データのばらつきや一貫性を理解するうえで非常に重要です。標準偏差がどのようにしてデータの散らばりを量的に表すのかを正しく理解し、その計算方法を身に付けましょう。成績分布の分析や学習成果の散らばりを標準偏差を用いて評価する方法についても解説します。

お疲れさまです、百花先生。成績データをもっと深く分析するために、標準偏差を使ってみたことはありますか？

標準偏差ですか？ 聞いたことはありますが、実際に使ったことはないですね。どんなときに役立つんですか？

標準偏差はデータのばらつきを示す数値で、成績が平均からどれだけ散らばっているかを教えてくれます。例えば、全員がほぼ同じ点数ならばらつきは小さいですが、点数が大きく分かれている場合はばらつきが大きいですよ。

なるほど。それで標準偏差が大きいクラスは、個別のサポートが必要な生徒がいるかもしれないということがわかるんですね。

正解です。また、標準偏差を理解することで、テストの難易度が適切だったかも評価できます。難しすぎると標準偏差は大きくなりがちです。

それはとても便利ですね。データ分析に標準偏差を取り入れることで、より具体的な教育改善策を考えることができそうです。使い方をもっと学びたいと思います。ありがとうございます。

実際に標準偏差を計算してみると、数値だけでなく、その背後にある生徒たちの学習状況も見えてきます。データを通じて生徒1人ひとりに最適なサポートを提供できるようになるといいですね。

本当にそう思います。標準偏差を活用して、生徒のニーズにもっと寄り添った指導を心がけたいと思います。早速、試してみますね。

1 標準偏差とは何か

標準偏差（SD：Standard Deviation）は、教育データ分析において不可欠な統計的指標の1つで、クラス内の生徒の成績や行動などのデータが平均値からどれだけ散らばっているかを示します。

具体的には、標準偏差はデータ内の値が平均からどの程度離れて分布しているかの平均的な距離を量的に表します。この指標を通じて、教員はクラスの学習成果の一貫性や均一性を理解し、個々の生徒の進捗状況をより深く把握することが可能になります。

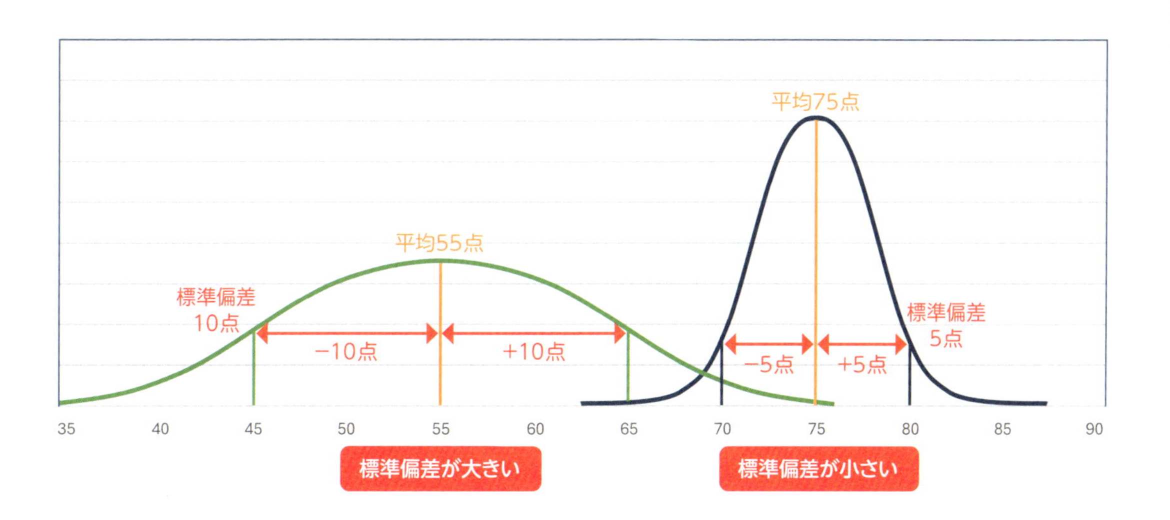

また、データが正規分布になっている場合は、平均値を中心として次の規則性を持ちます。

平均値±1SDの範囲 ➜ 全データの約68.27%が含まれる
平均値±2SDの範囲 ➜ 全データの約95.45%が含まれる
平均値±3SDの範囲 ➜ 全データの約99.73%が含まれる

これを応用したものが、学校教育でいう相対評価（集団に準拠した評価）です。相対評価では、集団の成績分布の位置関係により評価が決まるため、次ページの図のように正規分布曲線に基づく5段階評価や10段階評価が用いられています。

2002年から相対評価ではなく、絶対評価が用いられていますが、模擬試験などでも用いられる**偏差値**は、この相対評価の考え方が取り入れられています。

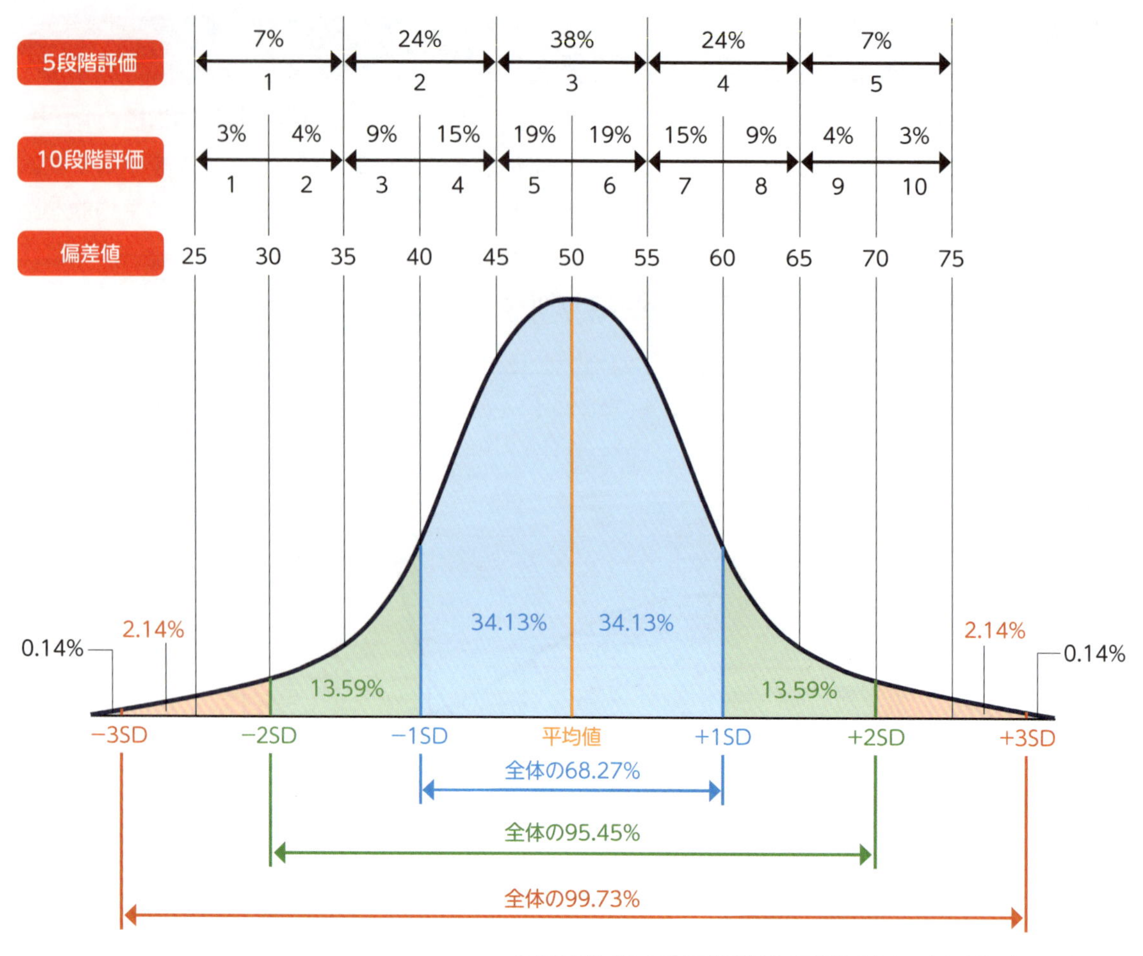

※標本平均 50、標本標準偏差10の正規分布となるよう変換した正規分布図

標準偏差の計算は、以下の数式によって行います。

$$S = \sqrt{\frac{1}{n}\sum_{i=1}^{n}(x_i - \bar{x})^2}$$

S:標準偏差
n:データの数
x_i:各データの値
$\bar{x}$:データの平均値

まず、与えられたデータの全ての合計を値の総数で割り平均値を求めます。次に各データと平均値の差（**偏差**）を求め、その差を2乗します。さらに、偏差の2乗の合計をデータの数で割り、偏差の２乗の平均（**分散**）を求めます。最後に、分散の平方根を取ることで標準偏差を求めることができます。

2 Excelでの標準偏差の求め方

Excelでは、標準偏差を簡単に計算できる関数が2つ用意されています。与えられたデータが標本である場合、すなわち**標本標準偏差**（不変分散の平方根）を求めるには「**STDEV.S**」関数を用います。一方、与えられたデータが母集団全体を表している場合、すなわち**母集団標準偏差**（分散の平方根）を求めるには、「**STDEV.P**」関数を用います。

スタンダードディビエーション・エス
STDEV.S 標本の標準偏差を求める
=STDEV.S(数値1, 数値2, …)
指定した数値やセル範囲のデータを母集団全体と見なして、標本標準偏差を求める

スタンダードディビエーション・ピー
STDEV.P 母集団の標準偏差を求める
=STDEV.P(数値1, 数値2, …)
指定した数値やセル範囲のデータを母集団全体と見なして、母集団標準偏差を求める

例えば、セルA1～A10にテストの点数が入力されている場合、標本標準偏差は、

=STDEV.S（A1：A10）

という数式で求められます。この関数は、データの各値からその平均を引いた差の2乗の平均を求め、それをデータの数(N)から1を引いた値で割り、最後にその平方根を取ります。これにより、データが平均からどれだけ散らばっているかを測ることができます。セルA1～A10に50、60、70、80、90、60、70、80、90、100という点数が入力されている場合、上記のSTDEV.S関数式は、約15.81と計算されます。

また、セルA1～A10にテストの点数が入力されている場合、母集団標準偏差は、

=STDEV.P（A1：A10）

という数式で求められます。この関数は、データの各値からその平均を引いた差の2乗の合計をデータの個数(N)で割り、その平方根を取ります。これにより、母集団の実際の標準偏差が求められ、全体のデータのばらつきを正確に反映します。先ほどと同じデータで計算すると、上記のSTDEV.P関数の式は、15と計算されます。

3 例題

05_標準偏差データ.xlsx

次の表は、高校入試に関する約2000人分のサンプルデータです。本例題では、合格者に絞ってあります。このデータを対象に、各教科点数の平均値と（母集団）標準偏差を求めましょう。

また、求めた平均値と標準偏差の結果を見て、データの特徴を把握してみましょう。

	A	B	C	D	E	F	G	H	I	J
1	項番	中学校	合否	英語	国語	数学	理科	社会	合計	評定
2	1	吹田市　第五	合格	50	39	90	88	90	357	44
3	2	吹田市　南千里	合格	90	50	27	53	59	279	39
4	3	吹田市　青山台	合格	89	67	11	48	82	297	44
5	4	淀川区　新北野	合格	88	50	50	49	81	318	40
6	5	豊中市　第十七	合格	87	52	41	37	58	275	42
7	6	吹田市　南千里	合格	86	76	81	83	76	402	45
8	7	箕面市　第四	合格	86	53	30	43	55	267	39
9	8	吹田市　佐井寺	合格	85	38	41	42	80	286	38
2077	2076	豊中市　第六	合格	21	63	36	53	56	229	40
2078	2077	茨木市　北	合格	21	69	33	51	62	236	38
2079	2078	淀川区　新北野	合格	21	64	19	42	57	203	35
2080	2079	吹田市　佐井寺	合格	17	69	46	81	61	274	36
2081	2080	豊中市　第十七	合格	16	56	34	60	58	224	34
2082			平均値							
2083			標準偏差							
2084										

平均値と標準偏差を求める

4 Excel操作

まずは英語の平均値と標準偏差を計算しましょう。セルD2082にはAVERAGE関数の式、セルD2083にはSTDEV.P関数の式を入れます。どちらも引数にはセルD2～D2081を指定します。平均値が「52.82」、標準偏差が「11.23」と表示されたら、同じようにほかの教科も計算します。英語について計算したセルD2028とセルD2083をコピーするのが簡単です。

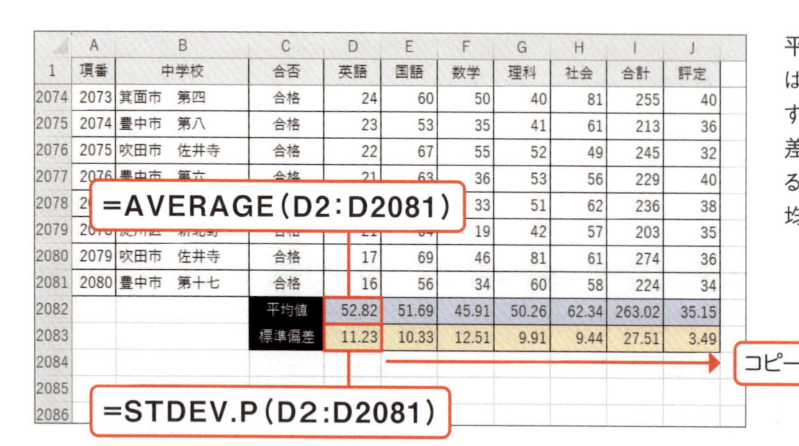

	A	B	C	D	E	F	G	H	I	J
1	項番	中学校	合否	英語	国語	数学	理科	社会	合計	評定
2074	2073	箕面市　第四	合格	24	60	50	40	81	255	40
2075	2074	豊中市　第八	合格	23	53	35	41	61	213	36
2076	2075	吹田市　佐井寺	合格	22	67	55	52	49	245	32
2077	2076			21	63	36	53	56	229	40
2078						33	51	62	236	38
2079						19	42	57	203	35
2080	2079	吹田市　佐井寺	合格	17	69	46	81	61	274	36
2081	2080	豊中市　第十七	合格	16	56	34	60	58	224	34
2082			平均値	52.82	51.69	45.91	50.26	62.34	263.02	35.15
2083			標準偏差	11.23	10.33	12.51	9.91	9.44	27.51	3.49
2084										
2085										
2086										

平均値はAVERAGE関数、標準偏差はSTDEV.P関数の式で計算できます。図の式で英語の平均値と標準偏差を求めたら、その式を各列にコピーすることで、各教科および合計などの平均値と標準偏差も求められます。

ワンポイント

分析結果の桁数を揃えるには？

標準偏差を求めると11や11.2など様々な桁数で表示されたと思います。小数点以下の桁数は、分析の文脈やデータの性質によって異なりますが、基本的には元のデータの精度に合わせて決定します。ただしデータが整数で表されている場合でも、標準偏差は小数で表されることが一般的です。また、論文などでは心理学系は小数点第1位、工学系は小数点第2位まで求めることが多いなど様々であり、実際には分析対象に依存するため絶対的な決まりはありません。ほかにも、データのばらつきをわかりやすく伝えるために、標準偏差は平均値と同じ桁数(例えば、平均値が100.0の場合、標準偏差は25.25)まで求めるという考えもあります。

セルに表示する桁数は、Excelの「ホーム」タブにあるボタン(右図)のクリックで、簡単に増やしたり減らしたりできます。

5 解釈

例題の平均値と標準偏差は求められましたか？ 平均値は、生徒の試験結果の全体的な傾向を示しているのでしたね。今回の場合は、合計点の平均値が263.02点、この数値を5教科で割ると1教科平均値が約52.60点となります。各教科の平均値を見ると、社会の平均値が62.34点と最も高く、数学の平均値が45.91点と最も低くなっています。そのため、平均値だけ見ると、例えば、社会の難易度が低く（生徒の理解度が高い）、数学の難易度が高い（生徒の理解度が低い）と考えることができます。

一方、各教科の標準偏差は、その平均値からどの程度散らばっているかを示しています。最も平均値の高かった社会の標準偏差は、9.44と生徒たちの得点が比較的平均点近くであることを意味しています(平均値±9.44に約7割の生徒の得点がある)。しかしながら、最も平均値の低かった数学の標準偏差は、12.51と生徒たちの得点に散らばりが大きいことを意味しています（平均値±12.51に約7割の生徒の得点がある）。つまり、数学については、生徒たちの理解度に大きな差があることを示唆しています。

今回は高校入試の結果（サンプル）を基に、平均値と標準偏差を求めました。その結果、データの特徴や散らばりを知ることで、試験結果や難易度、学習方法、指導方法などについて様々な考察を行うことが可能になります。しかしながら、標準偏差は、データ数（量）に影響を受けやすい指標のため、極端にデータ数が少ないときや、データの分布が正規分布から大きく逸脱している場合は、正確にデータの散らばりを表していないこともありますので注意が必要です。

6 まとめ

本章では、標準偏差の概念、その計算方法、そしてExcelでの標準偏差の求め方について学びました。標準偏差は、平均値からのデータのばらつきを表す統計的尺度であり、クラスの成績や学習成果の一貫性を評価するのに重要です。テストの点数における標準偏差が大きい場合、個別の注意や追加の支援が必要な生徒がいることを示唆しているかもしれません。一方で、小さな標準偏差は、生徒たちの成績が比較的均一であることを意味します。標準偏差は、特に外れ値の影響を受けるため、全体像を正確に理解するには平均値やほかの尺度と組み合わせて使用することが大切です。次の章では、異なる尺度間での比較を容易にするための「標準化」について学びます。この手法によって、異なるテストやクラスの成績を公平に比較し、教育分野でのデータ分析の正確性をさらに高めることができます。

練習問題 Practice

05_標準偏差データ.xlsx

例題と同様の高校入試2000人分のサンプルデータです。今度は不合格者に絞ってあります。各教科点数の平均値と（母集団）標準偏差を求めましょう。また、その結果を、例題で求めた合格者の平均値・標準偏差と比較し、特徴を把握しましょう。

	A	B	C	D	E	F	G	H	I	J	K
1	項番	中学校	合否	英語	国語	数学	理科	社会	合計	評定	
2	1	吹田市　南千里	不合格	68	52	40	33	39	232	30	
3	2	淀川区　宮原	不合格	67	37	35	42	54	235	32	
4	3	茨木市　東	不合格	65	43	20	37	62	227	36	
5	4	豊中市　第九	不合格	64	28	48	18	45	203	33	
6	5	箕面市　止々呂美	不合格	64	35	27	38	48	212	35	
7	6	豊中市　第八	不合格	63	36	39	36	66	240	34	
8	7	箕面市　第五	不合格	63	38	35	46	64	246	32	
9	8	豊中市　第十五	不合格	61	44	40	41	64	250	34	
10	9	豊中市　第八	不合格	61	36	28	52	53	230	28	
11	10	茨木市　東	不合格	61	17	20	20	44	162	26	
12	11	豊中市　第一	不合格	60	31	50	53	43	237	36	
13	12	箕面市　第五	不合格	60	39	49	51	53	252	33	
14	13	豊中市　第八	不合格	60	22	23	43	51	199	38	
15	14	豊中市　第十五	不合格	59	40	40	37	51	227	38	
16	15	箕面市　第五	不合格	59	39	37	25	46	206	30	
17	16	吹田市　竹見台	不合格	59	44	36	38	70	247	34	
18	17	茨木市　天王									
19	18	豊中市　第九									

L	M	N	O	P	Q	R	S	T	U
		英語	国語	数学	理科	社会	合計	評定	
合格	平均値	52.82	51.69	45.91	50.26	62.34	263.02	35.15	
	標準偏差	11.23	10.33	12.51	9.91	9.44	27.51	3.49	
不合格	平均値								
	標準偏差								

平均値と
標準偏差を求める

ワンポイント

散らばりの把握には分散ではなく標準偏差!?

データの散らばりを把握する際に分散ではなく標準偏差を用いる理由は主に、標準偏差がデータの散らばりをより直感的に理解しやすいためです。具体的には以下のような理由があります。

●単位の一致

分散は、各データの値と平均値の差(偏差)を2乗して平均したものです。この2乗のプロセスにより、分散の単位は元のデータの単位の2乗になります(例:メートルのデータの分散はメートルの2乗)。そのため、直感的に理解しにくく、データの散らばりを元の単位で考えることができません。しかしながら、標準偏差は分散の平方根を取ることで計算され、結果として得られる単位は元のデータと同じになります。これにより、データの散らばりを元のデータと同じ尺度で直接比較可能になります。

●解釈の容易さ

標準偏差は、平均からの平均的な距離を表します。これは、データの値が平均値からどれくらい離れて分布しているかを示す直接的な尺度であり、データの散らばり具合を理解するのに直感的でわかりやすいという利点があります。

●統計的手法との整合性

標準偏差は多くの統計的手法や確率分布(特に正規分布)で中心的な役割を果たします。データが正規分布に従う場合、標準偏差はデータの特性を表すのに非常に有効で、データの約68%が平均から1SD(標準偏差)以内に、約95%が2SD以内に存在するという性質を利用できます。

第6章

標準化

本章では、「標準化」のプロセスとその重要性、特に教育データ分析における応用例を学びます。標準化は、異なる尺度や単位を持つデータを共通の基準で比較可能にするために行われるデータ変換プロセスです。ここでは、与えられたデータの平均を0、標準偏差を1に調整する標準化の方法を解説します。標準化を通じて、教育者は異なるテストや評価基準の間でも生徒の成績を公平に比較し、分析することが可能になります。

こんにちは、百花先生。データ分析の際に、標準化を活用したことはありますか?

標準化ですか? 正直、あまり使ったことがないです。

標準化は、異なるデータを比較可能にするために非常に役立つ手法です。データから平均を引いて標準偏差で割ることで、どのデータも同じ尺度で比較できるようになります。これにより、異なるクラスや年度間での生徒の成績を公平に比較することが可能になります。

なるほど、それなら複数年度の成績や異なるテスト結果を分析する際にも使えそうですね。

その通りです。標準化により、異なる条件下でのデータも平等に扱え、特に教育方法や内容の効果を横断的に評価する際に重宝します。

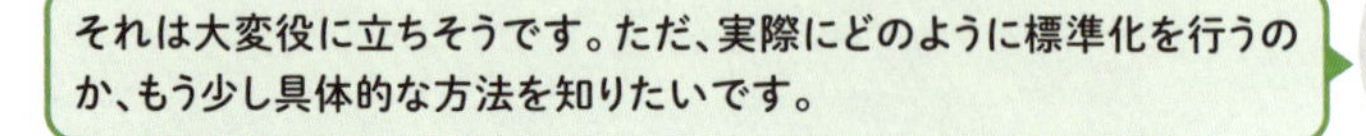

それは大変役に立ちそうです。ただ、実際にどのように標準化を行うのか、もう少し具体的な方法を知りたいです。

標準化の基本は、各データの値から全体の平均を引き、その結果を標準偏差で割ることです。この計算により、生成された新しいデータの平均は0、標準偏差は1になります。データ間の比較が容易になり、特に異なる条件下での成績や能力を比較する際に有効です。

わかりました。標準化を使うことで、より公平で詳細な分析が可能になるんですね。自分のクラスのデータで試してみたいと思います。

1 標準化とは何か

標準化（Standardization：z-score normalization）は、異なるクラスやテストの成績を公平に比較するために非常に役立つ統計的手法です。簡単にいうと、異なる試験や測定基準から得られた成績などの教育データを共通の尺度（基準）に変換することで、クラスや学年を超えて公平かつ一貫性のある方法で比較できるようにする手法です。具体的には、全ての教育データの平均を0、標準偏差を1の標準正規分布に従うように調整します。

標準化を行うには、各テストの平均値と、成績がどれだけバラついているか（標準偏差）を計算します。次に、各生徒の点数からテストの平均値を引き、その差を標準偏差で割ることで、標準化された**z値**を求めます。数式で表すと以下のようになります。

標準化された値：$z = \frac{(x-\mu)}{\sigma}$

x：個々のテストの点数　μ：平均値　σ：標準偏差

2 Excelでの標準化の方法

Excelでは「**STANDARDIZE**」関数を使ってz値を簡単に計算できます。

スタンダーダイズ
STANDARDIZE 数値を標準化する

=STANDARDIZE(x, 平均, 標準偏差)

平均値と標準偏差を基に、x を標準化した値を求める

例えば、セルC3にある値を、セルC13の平均値、セルC14の標準偏差を基に標準化したz値は、以下のような数式で計算できます。

= STANDARDIZE（C3, C13, C14）

もちろん、関数を使わずに、前述の公式を用いて計算することもできます。その場合は、

=（C3−C13）/ C14

のような数式で計算できます。

計算によって得られたｚ値は、その大小により対象のデータが平均からどれくらい離れているかがわかるほか、同じように標準化したほかのデータと比較することができます。

ｚ値	解釈
$z < -2$	平均よりもかなり下（下位2.5%）
$-2 \leqq z < -1$	平均以下（下位16%）
$-1 \leqq z < 0$	平均よりやや下
$z = 0$	ちょうど平均
$0 < z \leqq 1$	平均よりやや上
$1 < z \leqq 2$	平均以上（上位16%）
$z > 2$	平均よりもかなり上（上位2.5%）

3 例題

06_標準化データ.xlsx

次の表は、ある学校の保健室へ来室する生徒で特に時間数が多い生徒10名のデータです。表には、来室回数と来室した際の合計の滞在時間が示されています。標準化を用いて、この10名の特徴を把握してみましょう。平均値と標準偏差は、AVERAGE関数とSTDEV.P関数ですでに求められています。

	A	B	C	D	E	F
1		標準化前				
2		生徒名	来室回数	滞在時間		
3		佐藤 志保	11	380		
4		志賀 智哉	8	130		
5		関口 正俊	7	150		
6		高田 宏輔	12	230		
7		高橋 さつき	6	200		
8		武田 麻衣子	14	480		
9		立石 知美	11	250		
10		田中 実希	8	700		
11		谷川 明日美	2	70		
12		中西 香織	12	120		
13		平均値	9.10	271		
14		標準偏差	3.39	185.60		
15						

来室回数と滞在時間を標準化して、各生徒の特徴を捉えたい

=AVERAGE(D3:D12)

=STDEV.P(D3:D12)

4 Excel操作

まずは関数を使わずに数式で計算する方法でｚ値を求めてみます。ここでは、元表の右側に同じ体裁の表を作成し、G列に来室回数のｚ値、H列に滞在時間のｚ値を計算しましょう。

セルC3の来室回数を標準化する数式は、セルC13に平均値、セルC14に標準偏差が入っているので、「=(C3－C13)/C14」となります。ただし、ほかのセルにもこの式をコピーして使い回せるようにするには、ひと工夫が必要です。コピー先でも正しく計算できるようにするには、平均値は常に13行目、標準偏差は常に14行目を参照するように、「$」記号を使って参照を固定しなければなりません。そのため、「=(C3－C$13)/C$14」のように式を立てます。

この式をセルG3セルに入力し、セルG12までコピーすれば、それぞれの来室回数を標準化したｚ値を求められます。H列の滞在時間のｚ値も、同様の手順で求めましょう。

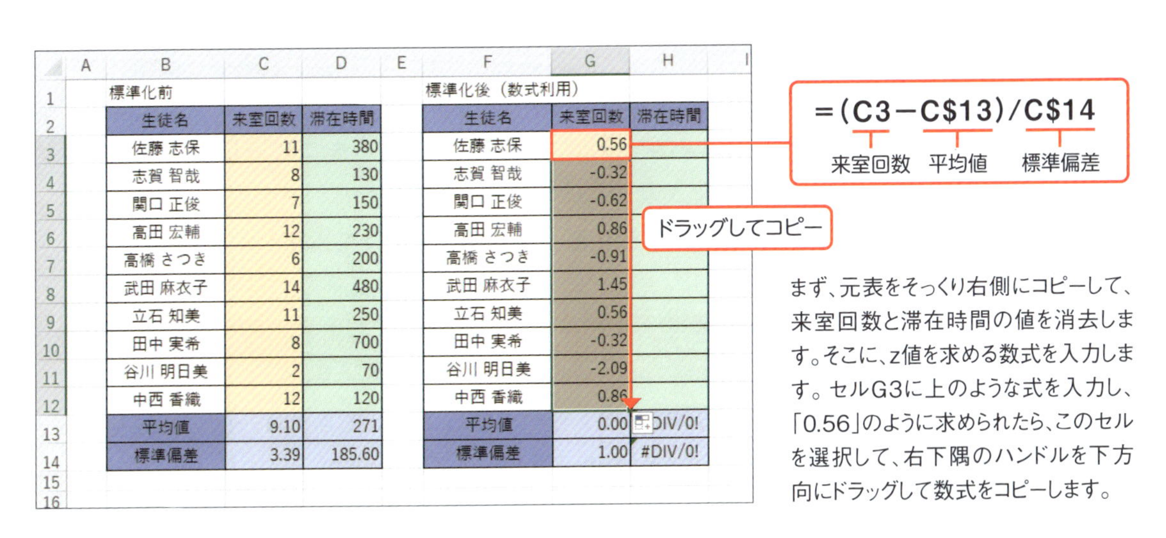

	A	B	C	D	E	F	G	H
1		標準化前				標準化後（数式利用）		
2		生徒名	来室回数	滞在時間		生徒名	来室回数	滞在時間
3		佐藤 志保	11	380		佐藤 志保	0.56	
4		志賀 智哉	8	130		志賀 智哉	-0.32	
5		関口 正俊	7	150		関口 正俊	-0.62	
6		高田 宏輔	12	230		高田 宏輔	0.86	
7		高橋 さつき	6	200		高橋 さつき	-0.91	
8		武田 麻衣子	14	480		武田 麻衣子	1.45	
9		立石 知美	11	250		立石 知美	0.56	
10		田中 実希	8	700		田中 実希	-0.32	
11		谷川 明日美	2	70		谷川 明日美	-2.09	
12		中西 香織	12	120		中西 香織	0.86	
13		平均値	9.10	271		平均値	0.00	#DIV/0!
14		標準偏差	3.39	185.60		標準偏差	1.00	#DIV/0!
15								
16								

まず、元表をそっくり右側にコピーして、来室回数と滞在時間の値を消去します。そこに、z値を求める数式を入力します。セルG3に上のような式を入力し、「0.56」のように求められたら、このセルを選択して、右下隅のハンドルを下方向にドラッグして数式をコピーします。

	A	B	C	D	E	F	G	H
1		標準化前				標準化後（数式利用）		
2		生徒名	来室回数	滞在時間		生徒名	来室回数	滞在時間
3		佐藤 志保	11	380		佐藤 志保	0.56	0.59
4		志賀 智哉	8	130		志賀 智哉	-0.32	-0.76
5		関口 正俊	7	150		関口 正俊	-0.62	-0.65
6		高田 宏輔	12	230		高田 宏輔	0.86	-0.22
7		高橋 さつき	6	200		高橋 さつき	-0.91	-0.38
8		武田 麻衣子	14	480		武田 麻衣子	1.45	1.13
9		立石 知美	11	250		立石 知美	0.56	-0.11
10		田中 実希	8	700		田中 実希	-0.32	2.31
11		谷川 明日美	2	70		谷川 明日美	-2.09	-1.08
12		中西 香織	12	120		中西 香織	0.86	-0.81
13		平均値	9.10	271		平均値	0.00	0.00
14		標準偏差	3.39	185.60		標準偏差		
15								
16								

=(D3－D$13)/D$14

ドラッグしてコピー

同様に、滞在時間のz値を求めます。セルH3に図の数式を入力し、「0.59」のように計算できたら、このセルをセルH12までコピーします。なお、来室回数のz値を求めたセルG2～G12の範囲をコピーする方法でも計算できますが、その場合は「貼り付け」ボタンのメニューから「数式と数値の書式」を選ばないと、セルの塗りつぶしまでコピーされるので注意してください。

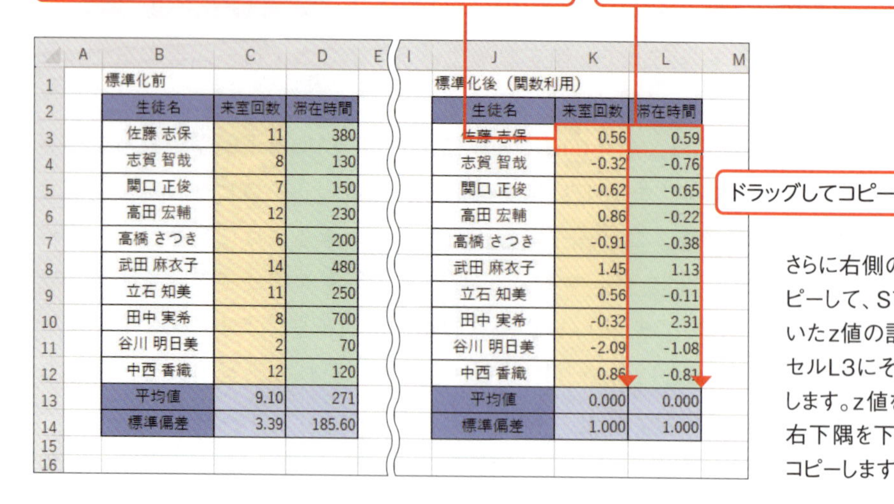

	A	B	C	D	E
1		標準化前			
2		生徒名	来室回数	滞在時間	
3		佐藤 志保	11	380	
4		志賀 智哉	8	130	
5		関口 正俊	7	150	
6		高田 宏輔	12	230	
7		高橋 さつき	6	200	
8		武田 麻衣子	14	480	
9		立石 知美	11	250	
10		田中 実希	8	700	
11		谷川 明日美	2	70	
12		中西 香織	12	120	
13		平均値	9.10	271	
14		標準偏差	3.39	185.60	
15					
16					

	I	J	K	L	M
1		標準化後（関数利用）			
2		生徒名	来室回数	滞在時間	
3		佐藤 志保	0.56	0.59	
4		志賀 智哉	-0.32	-0.76	
5		関口 正俊	-0.62	-0.65	
6		高田 宏輔	0.86	-0.22	
7		高橋 さつき	-0.91	-0.38	
8		武田 麻衣子	1.45	1.13	
9		立石 知美	0.56	-0.11	
10		田中 実希	-0.32	2.31	
11		谷川 明日美	-2.09	-1.08	
12		中西 香織	0.86	-0.81	
13		平均値	0.000	0.000	
14		標準偏差	1.000	1.000	
15					
16					

さらに右側のJ列からL列に同じ表をコピーして、STANDARDIZE関数を用いたz値の計算をしてみます。セルK3、セルL3にそれぞれ図の関数式を入力します。z値を求められたら、そのセルの右下隅を下方向にドラッグして数式をコピーします。

次に、関数を用いてz値を計算してみます。利用するのはSTANDARDIZE関数でしたね。ここでは、数式でz値を求めた表のさらに右側（J列からL列）に同じ表をコピーして、練習してみましょう。先ほどと同様、先頭のセルに入力した式をコピーして各セルの値を求められるように、平均値と標準偏差が入っている13行目と14行目を「$」記号を付けて指定してください。

5 散布図を用いてz値を可視化する

生徒10人の来室回数と滞在時間を標準化したz値を求めることができたら、それらを「**散布図**」にして可視化してみましょう。数値だけではわからないデータの特徴が、目に見える形で表れてくるかもしれません。Excelで散布図を作る手順は以下の通りです。

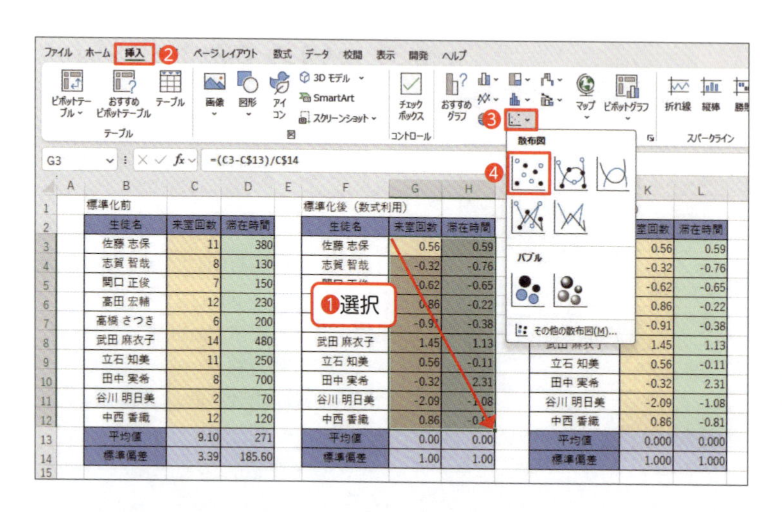

まず、散布図にしたいデータ（ここではセルG3～H12のz値）をドラッグして範囲選択します（❶）。次に「挿入」タブにあるグラフのボタンから「散布図」を選びます（❷～❹）。すると、シート上に散布図が挿入されます。

グラフエリアの右上にある「＋」ボタンをクリックすると（❶）、グラフ要素の一覧が表示され、チェックを付けることでグラフ上に表示できます。ここでは「軸ラベル」「グラフタイトル」「データラベル」の3つにチェックを付けます（❷）。

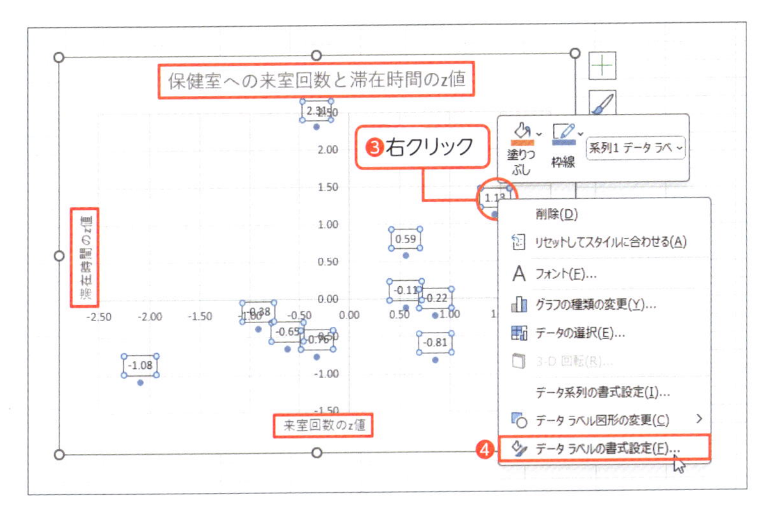

グラフタイトルや軸ラベルは、クリックすることで文字を編集できます。ここでは図のように入力しました。続いて、散布図の各点に、該当する生徒の名前を表示させます。それには、いずれか1つのデータラベルを右クリックして、「データラベルの書式設定」を選びます（❸❹）。

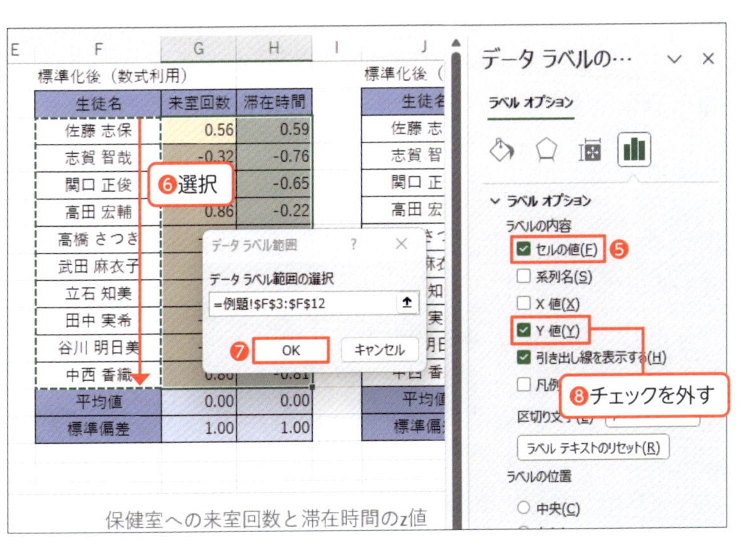

画面右側に「データラベルの書式設定」ウインドウが開きます。「ラベルオプション」の設定項目が表示されるので、「ラベルの内容」として「セルの値」にチェックを付けます（❺）。すると、「データラベル範囲」というダイアログボックスが表示されるので、そのまま生徒の名前が入っているセルF3～F12をドラッグして選択し（❻）、「OK」を押します（❼）。これで生徒の名前が表示されます。反対に「Y値」のチェックは外して、値の表示を消します（❽）。

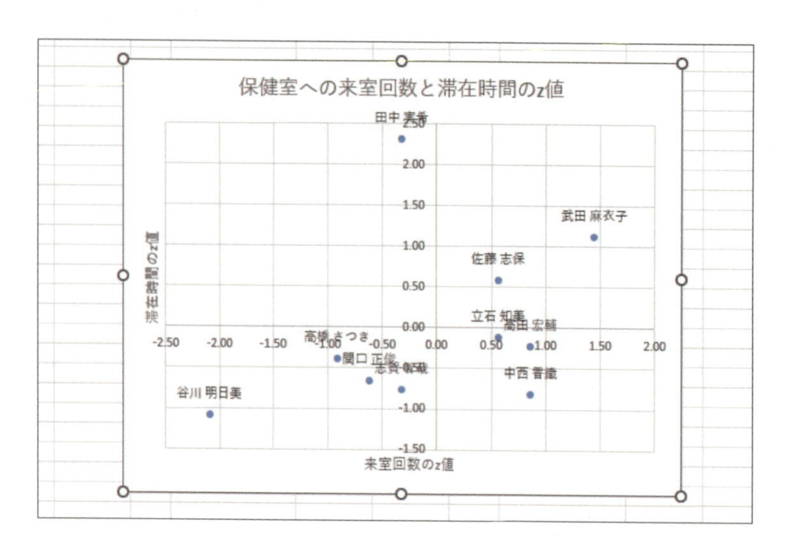

これで、来室回数と滞在時間のz値に関して、10人の生徒がどのように分布しているかひと目でわかる散布図になりました。

6 解釈

このように、標準化されたz値を求め、またz値を用いて散布図を作成することで、生徒たちの状況をひと目で把握することができるようになります。

z値は、0に近いほど、対象のデータが平均値に近い値であることを示します。また、＋1（または－1）を超えると、標準偏差の範囲を超えるほど平均値を大きく上回る（または下回る）値であることを示します。

z値を基に様々なケースを考えてみましょう。

①「来室回数＞1、かつ滞在時間＞1」の生徒

保健室への来室回数や滞在時間が平均値を大きく超えるとともに標準偏差を上回っています。右図の黄色で囲んだエリアであり、武田さんがそれに該当します。このエリアに含まれる生徒は特に保健室への来室回数が多く滞在時間が長いため、健康上の問題や友人・家庭など精神的な悩みなどがあることが多く、学校内での情報共有・対策などを行う必要があることでしょう。

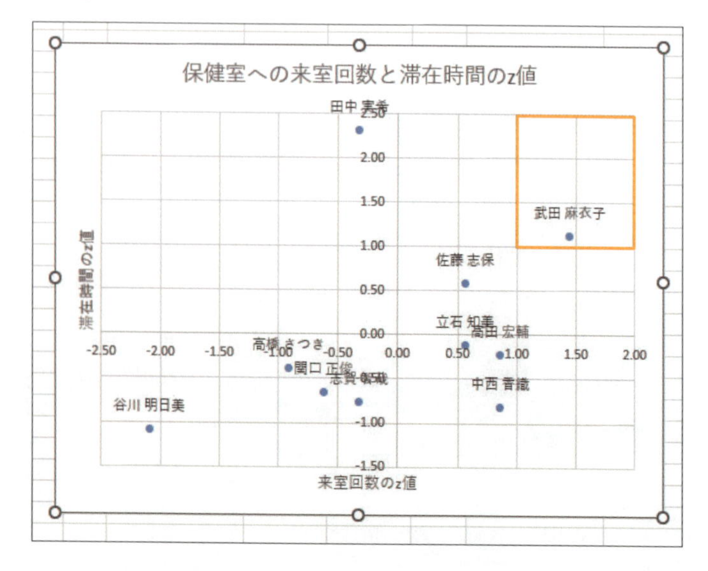

②「来室回数＞0、かつ滞在時間＞0」の生徒

保健室への来室回数や滞在時間が平均値を超える生徒です。今回のデータでは佐藤さんがそれに該当します。ここに当てはまる生徒は、前述の①の予備軍として、今後来室回数や滞在時間が増加することも考えられます。早期の段階から教員間での情報共有・対策を検討するのが望ましいでしょう。

③「来室回数＜－1、かつ滞在時間＜－1」の生徒

保健室への来室回数や滞在時間が平均値を大きく下回るとともに標準偏差も下回っています。今回のデータは谷川さんがそれに該当します。データのみでは理由はわかりませんが、体調不良時に数回利用しただけということでしたら、現状は特に注視しなくてもよいでしょう。

④「来室回数＜0、かつ滞在時間＞1」の生徒

保健室への来室回数は平均値より少ないものの滞在時間が平均値を超えるとともに標準偏差を上回っています。今回のデータでは、田中さんが該当します。来室回数は少ないですが、1回当たりの滞在時間が長く、体調の回復に時間がかかる場合や、教室に行けない理由や悩みがある場合などは、今後回数が増えないように丁寧なサポートをしていく必要があるのではないでしょうか。

⑤「来室回数＞0、かつ滞在時間＜0」の生徒

保健室への来室回数は平均値より多いものの滞在時間が平均値を下回る生徒です。今回のデータでは、中西さんや立石さん、高田さんが該当します。来室回数が多いという点は気になりますが、1回当たりが10～20分程度と比較的短い滞在時間です。教室より保健室のほうが居心地が良いなど、様々な理由が考えられますが、今後、滞在時間が長くなったり、来室回数がさらに増えたりしないよう注意が必要です。

このように標準化によりz値を求めることで、保健室への来室回数と滞在時間といった、数値のものさしが異なるものを比較することができます。さらに可視化することで、支援や注意が必要な生徒を見つけやすくすることができます。

そのほかにも、標準化には様々なメリットがあります。

1つめは、比較の容易さです。異なるクラスや学年、さらには異なる学校間の成績データが比較可能になります。それにより、試験の難易度や採点基準の違いを考慮せずに、直接的な比較が行えるようになります。2つめは、公平性の向上です。生徒たちの成績を標準化することで、異なるテストや評価基準による偏りを排除し、各生徒の実力をより公平に評価できます。3つめは、

データの正規化です。正規化とは、データなどを一定の規則に基づいて変形し、利用しやすくすることをいいます。標準化には、データを正規化する効果もあり、統計的分析が容易になります。

一方、標準化にもデメリットはあります。例えば、データの解釈の難しさです。標準化されたz値は、元の尺度や意味を失うため、実際の数値の意味を直感的に理解するのが難しくなります。そのため、教育現場での直接的な解釈が必要な際には不向きな場合もあります。

また、元の尺度でのデータの特徴や分布が見えにくくなる可能性があり、データの特性の見落としが生じることもデメリットの1つです。例えば、標準化により生徒間の成績差が重要視されすぎ、個々の成長や努力が見過ごされがちになるような場合です。

最後に、外れ値の影響があることもデメリットとして挙げられます。標準化はデータの分布に基づくため、外れ値が存在する場合はその影響を強く受けることがあります。これにより、クラス内の一般的な傾向ではなく、特定の個人や小グループに引っ張られる結果となることがあるので注意が必要です。

メリットもデメリットもある標準化ですが、教育現場でのデータの活用において標準化を用いることは非常に有効です。以下に、教育現場における標準化の具体的な有効例を示します。

●成績の横断的比較

異なる学校やクラス間で生徒の成績を比較する際、評価基準やテストの難易度が異なることが一般的です。標準化を行うことで、これらの異なる条件下で得られた成績データを同じスケールに揃え、公平に比較することが可能となります。これにより、教育方法や教育内容の効果を評価する際の精度が向上します。

●偏差値の計算と活用

個々の生徒の成績がクラスや学年の中でどの位置にあるのかを示す偏差値（59ページ参照）は、標準化を用いて算出されます。偏差値は生徒の相対的な学力を示すため、進路指導や特別な支援が必要な生徒の識別に役立ちます。

●学力テストの結果分析

全国規模で実施される学力テストの結果を標準化することで、地域間、学校間、あるいは時間の経過による学力の変化を分析することが可能です。これにより、教育格差の問題点を特定し、教育資源の適切な配分や教育方法、教育内容の改善策を立案するためのデータが得られます。

●多変量データの分析

標準化は、複数の異なる尺度で測定されたデータを含む多変量分析において特に重要です。例えば、生徒の学業成績、出席率、行動評価など、異なるタイプのデータを1つの分析モデルで扱う際に、標準化によって全ての変数を同一の尺度に揃えることができます。

●学習成果の長期追跡

生徒の学習成果を年度ごとに追跡する際、標準化された数値を用いることで、年度の違いやテストの難易度の違いによる影響を排除し、真の学習進度や成長を評価することができます。

これらの例からもわかるように、標準化は教育データの解釈を深め、より公平で効果的な教育的意思決定を支援するための強力な分析手法です。ただし、標準化されたデータを適切に解釈し、教育的文脈において有効に活用するためには、教育者がデータ分析の原則と手法を十分に理解していることが必要不可欠になります。

7 まとめ

本章では、標準化の概念とその計算方法、ならびに教育現場での応用について学びました。標準化は、異なる尺度や単位のデータを共通のスケールに変換するプロセスであり、データの比較や分析を容易にします。特に、教育データ分析において、生徒の成績や能力を公平に比較するために広く利用されています。

データから平均値を引き、その結果を標準偏差で割る標準化によって、異なるグループ間での成績を直接比較できるようになります。この手法は、生徒のパフォーマンスを正確に評価し、教育方法の効果を検証するのに非常に有効です。しかし、データの特性や分布を正確に把握しておく必要があり、外れ値の影響やデータの解釈には注意が必要です。

次の章では、「平均値の信頼区間」について学びます。平均値の信頼区間は、サンプルデータに基づいて母集団の平均が存在する可能性のある範囲を示す統計的手法で、データの信頼性と精度をさらに高めるための重要な概念です。この知識を身に付けることで、教育分野におけるデータ分析の理解をさらに深め、より的確な根拠に基づいた教育的判断を行うことが可能となります。

練習問題 Practice

06_標準化データ.xlsx

次のデータは平均点や標準偏差が異なる5教科のテストの結果です。この結果を基に標準化を行い z 値を求め、教科間の各生徒の特徴を把握しましょう。

	A	B	C	D	E	F
1	生徒番号	国語	数学	英語	理科	社会
2	1	78	85	92	88	75
3	2	62	79	85	81	89
4	3	91	93	97	89	82
5	4	73	70	78	75	88
6	5	85	88	90	95	80
7	6	77	82	95	80	85
8	7	69	74	76	78	90
9	8	88	91	95	92	79
10	9	64	73	90	77	86
11	10	82	87	89	86	84
12	平均点	76.90	82.20	88.70	84.10	83.80
13	標準偏差	9.39	7.55	6.72	6.49	4.56
14						
15						

標準化を用いて、教科間の特徴を把握しよう

「偏差値」や「IQ」はz値から計算できる

●偏差値

偏差値は、特定のグループ内での個人の相対的な学業成績を示す統計的尺度です。これは、平均値が50、標準偏差が10になるように点数を標準化して算出されます。具体的には、以下の式を使用して計算されます。

偏差値＝ z値 × 10 ＋ 50

偏差値は、生徒がその集団の中でどの位置にいるかを数値で示し、特に日本の教育システムにおいて広く利用されます。偏差値が高いほど、その生徒はグループ内で上位に位置することを意味し、進学や選抜の際の重要な基準となります。しかし、偏差値はそのグループの特性に大きく依存するため、異なるグループ間での比較には注意が必要です。

●IQ（知能指数）

IQは、個人の認知能力や知的能力を評価するために用いられる指数です。IQテストは、論理的思考、問題解決能力、記憶力、言語理解など、様々な知的スキルを測定します。IQ値は、平均値が100、標準偏差が15になるように点数を標準化して算出されます。具体的には、以下の式を使用して計算されます。

IQ値＝ z値 × 15 ＋ 100

IQ値は、個人が持つ知的能力の相対的な指標として機能し、教育、職業選択、心理学的評価で役立ちます。しかし、IQ値は知的能力の全てを完全に測定するものではなく、創造性や情緒的知能など、ほかの重要な側面を評価するためには補完的なツールやアプローチが必要になります。

第7章

平均値の信頼区間

本章では、「平均値の信頼区間」という概念を学習します。信頼区間は、統計学において特定の確率で母集団の平均が存在すると推定される値の範囲を示し、データの不確実性を定量的に表現するために使います。ここでは平均値の信頼区間の計算手順と、その結果をどのように解釈すべきかについて説明します。また、信頼区間を用いることで、教育データから得られる結論の信頼性をどのように評価し、強化できるかも学びます。

こんにちは、百花先生。データ分析をするうえで、平均値の信頼区間について考えたことはありますか？

信頼区間ですか？聞いたことがありますが、あまり理解していません。

信頼区間は、あるデータの平均値がどの程度の確率で特定の範囲内に存在するかを示すものです。例えば、生徒たちのテストの点数の平均値に対して95%の信頼区間を計算すると、その範囲が母集団の真の平均を含む確率が95%であることを意味します。

なるほど、つまりはデータの不確実性を量的に表現する方法なんですね。でも、どうやって計算するんですか？

計算自体は少し複雑ですが、基本的には標本平均、標本の標準偏差、そして標本サイズを用いて計算します。多くの統計ソフトウエアがこの計算をサポートしています。これを理解すると、テスト結果やアンケート調査など、あらゆる教育データの分析に深みを加えることができますよ。

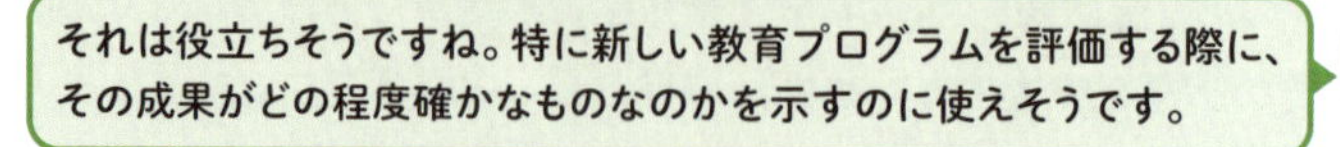

それは役立ちそうですね。特に新しい教育プログラムを評価する際に、その成果がどの程度確かなものなのかを示すのに使えそうです。

もちろんです。そして、信頼区間を理解することは、ただデータを解釈するだけでなく、それを通じてより確かな意思決定を行うためにも重要です。生徒やプログラムの成果を評価する際に、より根拠のあるアプローチをとることができるようになります。

データをただ見るだけでなく、その背後にある意味を深く理解することの大切さを感じました。信頼区間の学習を深めたいと思います。

1 平均値の信頼区間とは何か

平均値の信頼区間（Confidence Interval for the Mean）は、統計学においてサンプルデータから得られる平均値が、母集団の真の平均をどの程度正確に推定しているかを表す尺度です。**信頼区間**は、統計的推測の不確実性を定量化し、その推測がどれくらいの信頼度で正しいかを示します。

信頼区間が示すのは、計算された範囲内に母集団の真の平均が含まれる確率です。例えば、あるクラスの平均点（標本平均）が50点で95%の信頼区間が［45点, 55点］であれば、この範囲内に学年の平均点（母平均）が存在する確率が95%であると解釈されます。これは、同じ母集団から同様の方法で無数にサンプルを取った場合、約95%のサンプルで計算される信頼区間が真の平均を含むことを意味します。

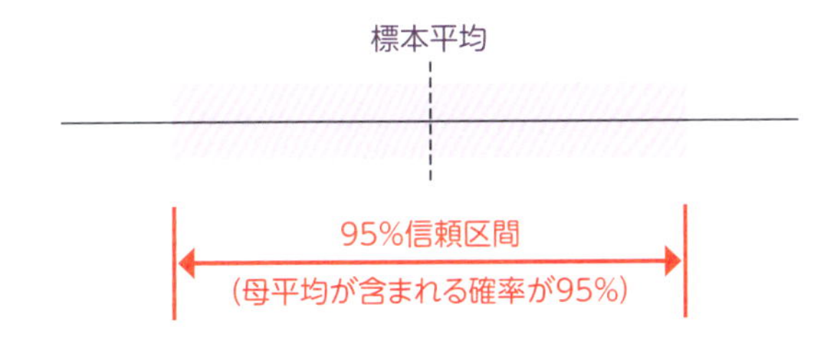

教育分野では、平均値の信頼区間を使用して、テストの点数や評価、教育プログラムの効果など、様々な教育測定の精度を評価することができます。これにより、教育政策の決定や教育方法の改善、教育研究での推論において、より信頼性の高い判断が可能となります。

平均値の信頼区間の計算は、以下の数式によって行います。

$$\text{信頼区間} = \text{標本平均} \pm t \times \text{標準誤差（SE）}$$

ここで用いる**標準誤差**については、次のように計算されます。

$$\text{標準誤差} = \frac{s}{\sqrt{n}}$$

s：標本の標準偏差　　n：標本サイズ

また t はいわゆる「**t 値**」のことです。 t 値とは **t 分布**の値をいい、自由度と信頼区間の確率（95%）で決まります。具体的には、次ページの表のようになります。

自由度	確率95%
1	12.706
2	4.303
3	3.182
4	2.776
5	2.571
6	2.447
7	2.365
8	2.306
9	2.262

自由度	確率95%
10	2.228
11	2.201
12	2.179
13	2.16
14	2.145
15	2.131
16	2.12
17	2.11
18	2.101

自由度	確率95%
19	2.093
20	2.086
⋮	⋮
30	2.042
40	2.021
50	2.009
100	1.984
200	1.972
∞	1.96

このとき**自由度**は、標本サイズから－1をした値となります。なぜ－1をするのかというと、統計学における推定の過程で、1つのパラメータ（通常は平均）が先に推定されるためであり、この推定によってデータ全体の自由度が制約されるので、その影響を考慮して自由度を調整する必要があるからです。

本書では詳しい説明を割愛しますが、要するに、自由度は「標本サイズ－1」とすればよいと覚えておきましょう。

2 Excelでの計算方法

Excelでは次の ①～⑤のステップで平均値の信頼区間を計算できます。セルA1～A10にテストの点数が10個分入力されている場合を例に数式を示します。

①標本平均を求める	**＝AVERAGE（A1：A10）**
②標準誤差を求める	**＝STDEV.S（A1：A10）/ SQRT（10）**
③ t 値を求める	**＝T.INV.2T（1－0.95, 10－1）**
④信頼区間の幅を求める	**＝ t 値（③）＊標準誤差（②）**
⑤最大の平均値を求める	**＝標本平均（①）＋信頼区間の幅（④）**
最小の平均値を求める	**＝標本平均（①）－信頼区間の幅（④）**

利用する数式や関数については後ほど例題を解きながら詳しく説明しますが、これらのステップを通じて、95％の信頼度がある平均値の信頼区間（95％信頼区間）の上限と下限が求められます。そして、結果の解釈において信頼性と精度を高めることができます。

3 例題

07_平均値の信頼区間データ.xlsx

次のデータは、1年1組40名分の国語と数学のテスト結果です。この2教科の点数の標本平均、標準偏差、標準誤差、t値、平均値の95%信頼区間の幅、その最大／最小の平均値を求めましょう。

また、信頼区間の幅が狭い場合と広い場合で、どのようなことがいえるのか、信頼区間を解釈するうえで、どのような点に注意する必要があるか考えましょう。

	A	B	C	D	E	F	G	H	I	J	K
1	年	組	番号	氏名	国語	数学			国語	数学	
2	1	1	1	阿達 貴至	68	65		標本平均			
3	1	1	2	足立 文恵	50	45		標準偏差			
4	1	1	3	伊藤 久美子	53	52		標準誤差			
5	1	1	4	岩田 ひろみ	60	44		t 値			
6	1	1	5	大塚 浩市	56	54		信頼区間の幅			
7	1	1	6	大宮 達哉	62	47		最大の平均値			
8	1	1	7	加賀屋 仁	55	42		最小の平均値			
9	1	1	8	川野 龍	53	55					
10	1	1	9	木村 陽	52	62		※信頼区間の幅は、平均値の誤差ともいう			
11	1	1	10	工藤 剛	37	62					
34	1	1	33	永井 麻里子	57	24					
35	1	1	34	宮崎 賢一	84	69					
36	1	1	35	宮田 元	64	94					
37	1	1	36	馬上 賢一	45	75					
38	1	1	37	望月 貴彦	41	96					
39	1	1	38	森下 陽輔	80	52					
40	1	1	39	山田 綾子	50	41					
41	1	1	40	渡辺 信彦	60	63					
42											

国語と数学の点数について以下を計算する
- ・標本平均
- ・標準偏差
- ・標準誤差
- ・t値
- ・95%信頼区間の幅
- ・信頼区間の最大の平均値
- ・信頼区間の最小の平均値

4 Excel操作

実際に数式を入れて、計算していきましょう。まずは標本平均と標準偏差を求めます。

標本平均は、いわゆる平均値ですから、ExcelではAVERAGE関数で求められます。標準偏差は、第5章で説明した通り、STDEV.S関数で計算できます。それぞれ、対象データのセル範囲を引数に指定すればよいので、国語の場合はセルE2～E41、数学の場合はセルF2～F41を指定します。国語の計算をする式を入力した後、それを数学のセルにコピーするのが簡単です。

=AVERAGE(E2:E41)

	D	E	F	G	H	I	J	K
1	氏名	国語	数学			国語	数学	
2	阿達 貴至	68	65		標本平均	59.48	59.23	
3	足立 文恵	50	45		標準偏差	11.99	17.93	
4	伊藤 久美子	53	52		標準誤差			
5	岩田 ひろみ	60	44		t 値			
6	大塚 浩市	56	54		信頼区間の幅			
7	大宮 達哉	62	47		最大の平均値			
8	加賀屋 仁	55	42					
9	川野 龍	53	55					
10	木村 陽	52	62		※信頼区間の幅は、平均値の誤差ともいう			
11	工藤 剛	37	62					

コピー

=STDEV.S(E2:E41)

まず、セルI2にAVERAGE関数、セルI3にSTDEV.S関数の式を入力して国語の平均値と標準偏差を求めます。引数はいずれもセルE2～E41の範囲を指定します。これらの式をセルJ2とセルJ3にそれぞれコピーすれば、数学の平均値と標準偏差も求められます。

次に標準誤差とｔ値を計算しましょう。

標準誤差は、前述の通り、標準偏差の値を標本サイズの平方根で割ることで計算できます。標準偏差は先ほど求めましたので、それを今回の標本サイズである「40」の平方根で割る数式を入力します。Excelでは、「**SQRT**」関数で簡単に平方根を求められるので、これを使いましょう。

またExcelには、ｔ値を求める関数も用意されています。「**T.INV.2T**」関数です。

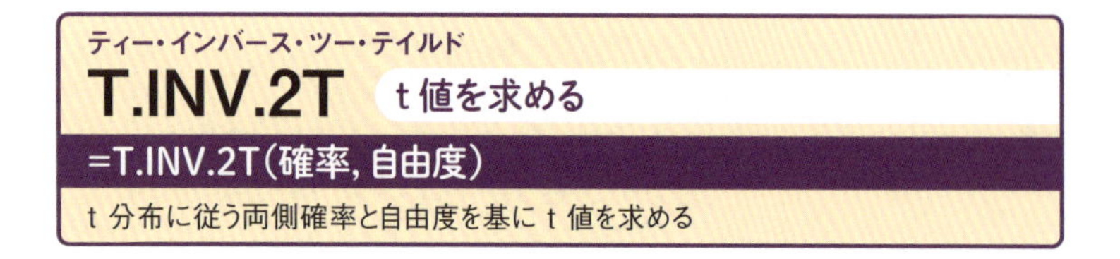

引数「確率」には、信頼区間の両側確率を指定します。95％信頼区間の場合、1から信頼度95％を引いた5％を指定します。自由度は、標本サイズ－1なので、今回の例題では40－1＝39とします。

これらを使った数式を入力することで、標準誤差とｔ値を求めることができます。

=I3/SQRT(40)

	D	E	F	G	H	I	J	K
1	氏名	国語	数学			国語	数学	
2	阿達 貴至	68	65		標本平均	59.48	59.23	
3	足立 文恵	50	45		標準偏差	11.99	17.93	
4	伊藤 久美子	53	52		標準誤差	1.90	2.83	
5	岩田 ひろみ	60	44		t 値	2.02	2.02	
6	大塚 浩市	56	54		信頼区間の幅			
7	大宮 達哉	62	47		最大の平均値			
8	加賀屋 仁	55	42		最小の平均値			
9	川野 龍	53	55					
10	木村 陽	52	62					
11	工藤 剛	37	62					
12	栗原 祥司	55	69					

コピー

=T.INV.2T(1−0.95, 40−1)

国語の標準誤差をセルI4に求めるには、セルI3の標準偏差を、標本サイズ(40)の平方根で割ります。平方根はSQRT関数で求められます。セルI5のt値は、T.INV.2T関数で求めます。95％信頼区間の両側確率である1−0.95と、標本サイズ−1である自由度を引数に指定します。図の数式をセルJ4とセルJ5にコピーすると、数学の標準誤差とt値も求められます。

さらに、信頼区間の幅と、最大／最小の平均値を求めましょう。信頼区間の幅は「t値＊標準誤差」で計算できます。最大の平均値は「標本平均＋信頼区間の幅」、最小の平均値は「標本平均－信頼区間の幅」で計算できます。

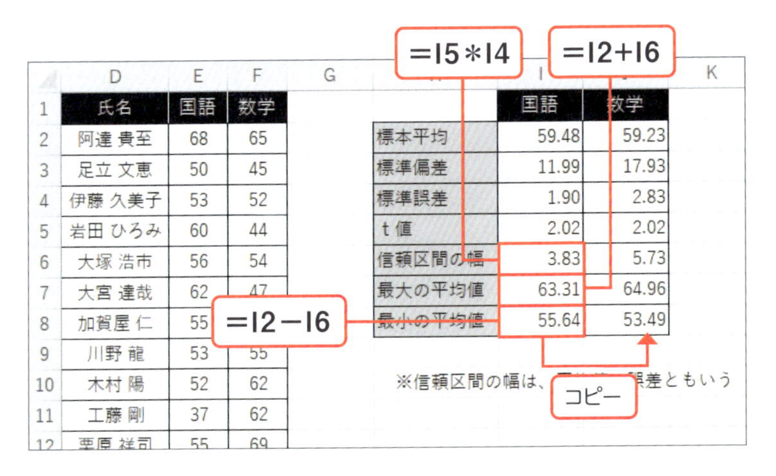

	D	E	F	G	H	I	J	K
1	氏名	国語	数学			国語	数学	
2	阿達 貴至	68	65		標本平均	59.48	59.23	
3	足立 文恵	50	45		標準偏差	11.99	17.93	
4	伊藤 久美子	53	52		標準誤差	1.90	2.83	
5	岩田 ひろみ	60	44		t 値	2.02	2.02	
6	大塚 浩市	56	54		信頼区間の幅	3.83	5.73	
7	大宮 達哉	62	47		最大の平均値	63.31	64.96	
8	加賀屋 仁	55			最小の平均値	55.64	53.49	
9	川野 龍	53	55					
10	木村 陽	52	62					
11	工藤 剛	37	62					
12	栗原 祥司	55	69					

信頼区間の幅、最大／最小の平均値は、先に計算した標準誤差とt値のセルを参照することで計算できます。国語については、それぞれ図のような数式を入力します。これらをコピーすることで、数学についても計算することができます。

ワンポイント

CONFIDENCE.T関数を使用する

Excelでは、CONFIDENCE.T関数を使うことで信頼区間の幅を求める方法もあります。この関数とSTDEV.S関数を使えば、1つのセル内の計算で、信頼区間の幅を求められます。

国語の信頼区間の幅：=CONFIDENCE.T(1-0.95,STDEV.S(E2:E41),40)

5 解釈

例題の通り、信頼区間の幅を求め、最大／最小の平均値を求めることはできましたか？ 前章までの例題に比べると、信頼区間の幅を求めるまでに複数のステップが必要なので大変ですが、1つずつ計算していけば難しくはないでしょう。

それでは両方の教科の分析結果を見ていきましょう。

まず国語では、標本平均59.48、標準偏差11.99、信頼区間の幅3.83でした。これは、標本平均（クラスの平均点）から、母平均（学年の平均点）がこの範囲内であることを95%の確信を持っていえるということを示しています。つまり最小の平均値は55.64、最大の平均値は63.31であり、この範囲内に母平均が存在する可能性が高いことを表しています。

また、数学では標本平均59.23、標準偏差17.93、信頼区間の幅5.73となり、最小の平均値は53.49、最大の平均値は64.96となることから、この範囲内に母平均が存在することが予想されます。

国語と数学の成績データを比較すると、標本平均が59.48（国語）と59.23（数学）で非常に接近していますが、数学のほうは標準偏差が17.93と国語の11.99よりも顕著に大きいです。これにより、数学の成績の信頼区間の幅が5.73と、国語の3.83よりも広くなっています。数学の平均値の不確実性が相対的に高いということです。つまり、この広い信頼区間は、数学のテスト成績が国語に比べて個々の生徒間でのばらつきが大きいことを示唆しています。

具体的には、数学の成績が国語よりも広範囲にわたって分布しているため、一部の生徒が非常に高い点数を取っている一方で、別の生徒が相対的に低い点数を記録している可能性があります。このような広いばらつきは、数学が国語と比較して理解度の差が大きく、生徒によってその取り組みや成績が大きく異なることを反映するので注意が必要です。

まとめると、信頼区間の幅が狭い場合は、その推定値が比較的正確であると解釈されます。つまり、母集団の真の値がその狭い範囲内に存在する可能性が高いということです。これは、データが均一であるか、サンプルサイズが大きい場合に見られる傾向があります。

一方で、信頼区間の幅が広い場合は、推定値の不確実性が高いことを示しています。これは、サンプルデータが母集団を代表していないか、データのばらつきが大きい、またはサンプルサイズが小さいことが原因である可能性があります。広い信頼区間は、その統計的推測に対する信頼度が低い状態を示し、より多くのデータや追加の研究が必要であることを意味しています。

また、信頼区間を解釈するうえで、信頼度（信頼水準）の選択にも注意が必要です。一般に用いられる信頼度は95%ですが、状況に応じて99%や90%など、より厳密な信頼度またはより緩やかな信頼度を選択することができます。信頼度が高いほど信頼区間は広くなります。

また、標本サイズにも注意が求められます。標本サイズが大きいほど、推定の精度は向上し、信頼区間は狭くなります。信頼区間を評価する際は、標本サイズが統計的推論に与える影響を考慮することが大切です。

このように、教育現場で平均値の信頼区間を求めることは、統計的推測の精度を評価し、より信頼性の高い教育的判断を行うために重要になります。信頼区間を用いることで、教育方法の効果を定量的に評価し、異なる教育方法やクラス間の成績を比較する際に、成績の違いが統計的に意味のあるものかを判断することができます。

しかし、信頼区間の計算には適切な統計的知識が求められ、その解釈にも注意が必要です。計算過程での複雑さや、信頼区間の概念の誤解は、教育現場での実用性を制限することがあります。また、信頼区間が広い場合、結果の不確実性を正しく理解しないまま教育方法などが進められることがあり、適切な教育的判断を妨げる可能性もあります。したがって、信頼区間を用いる際は、そのメリットを享受しつつも、デメリットを理解し、慎重な解釈と適用が求められます。

6 まとめ

本章では、平均値の信頼区間とその計算方法について詳しく学びました。信頼区間は、教育データの平均値をより確実に理解し、それが母集団の真の平均をどの程度正確に推定しているかを示すための重要な統計的手法です。この手法を活用することで、教育研究や政策決定の際に、データに基づく確かな判断が行えるようになります。教育分野においては、テストの点数や教育方法の効果など、多岐にわたる分野で信頼区間の概念が活用されています。

ただし、信頼区間を適切に使用するためには、その幅と解釈に注意が必要であることも理解してください。広い信頼区間はデータの不確実性が高いことを示し、狭い信頼区間はデータがより正確であることを意味します。信頼区間を適切に解釈することが、教育の質を向上させるための施策や研究の方向性を定めるうえで非常に有効です。

次の章では、データの平滑化技術の1つである「移動平均」について学びます。移動平均は、時間による変動を平滑化することで、トレンドをより明確に把握するのに役立ち、教育分野では成績のトレンド分析や出席データの分析などに応用されます。これにより、教育現場におけるパフォーマンスの変化をより洞察しやすくなり、適切な教育計画の策定につながります。

練習問題 Practice

07_平均値の信頼区間データ.xlsx

次のデータは、1年1組40名分の1学期中間テストから3学期学年末テストまでの結果です。この5回分のテストの点数について、平均値、標準偏差、標準誤差、 t 値、95%信頼度の平均値の信頼区間の幅を求めましょう。

また、1学期から3学期にかけての得点の分布などで気が付いたことを挙げましょう。

	A	B	C	D	E	F	G	H	I
1	学年	組	番号	氏名	1学期中間	1学期期末	2学期中間	2学期期末	3学期学年末
2	1	1	1	阿達 貴至	72	94	81	66	85
3	1	1	2	足立 文恵	66	68	71	74	75
4	1	1	3	伊藤 久美子	56	47	56	62	85
5	1	1	4	岩田 ひろみ	55	40	49	57	78
6	1	1	5	大塚 浩市	71	68	88	83	84
7	1	1	6	大宮 達哉	41	32	41	42	43
8	1	1	7	加賀屋 仁	19	15	21	60	68
9	1	1	8	川野 龍	37	39	42	60	71
10	1	1	9	木村 陽	61	58	75	69	79
11	1	1	10	工藤 剛	29	31	18	52	53
12	1	1	11	栗原 祥司	47	49	57	59	67
13	1	1	12	黒澤 歩	10	12	14	20	20
14	1	1	13	小林 貴之	49	35	44	59	75
15	1	1	14	酒井 友則	63	65	35	69	80
16	1	1	15	笹川 伸久	69	69	72	66	75
32	1	1	31	平山 雅代	17	19	24	40	51
33	1	1	32	松原 麻樹	62	83	73	75	78
34	1	1	33	水井 麻里子	46	48	50	54	67
35	1	1	34	宮崎 賢一	40	79	74	85	88
36	1	1	35	宮田 元	49	76	66	79	77
37	1	1	36	馬上 賢一	43	54	66	73	71
38	1	1	37	望月 貴彦	7	29	75	49	51
39	1	1	38	森下 陽輔	63	69	72	78	74
40	1	1	39	山田 綾子	60	75	22	85	80
41	1	1	40	渡辺 信彦	70	34	31	76	72
42									
43									

第8章

移動平均

本章では「移動平均」の概念やその計算方法を学びます。移動平均は、一定期間のデータを平均化して、時間の経過に伴うデータのトレンドや傾向を滑らかに表現するために用いられる統計的手法です。ここでは、移動平均がどのようにして短期的な変動を平滑化し、長期的な傾向を明らかにするのかを解説します。さらに、移動平均を用いて教育分野で成績の傾向を把握したり、教育方法の効果を時系列で評価したりする方法について学びます。

お疲れさまです、百花先生。成績の傾向を見るために、移動平均を使ってみたことはありますか?

移動平均ですか? 聞いたことはありますが、実際に使ったことはありません。どういうときに役立つんですか?

移動平均は、時間の経過とともに変化するデータのトレンドを滑らかにして見せるのに役立ちます。例えば、学期ごとのテスト成績の変動を見るとき、移動平均を使うと短期的な変動を除外し、長期的な成績の傾向がより明確に見えてきますよ。

なるほど。それなら特定の期間に偶発的な変動があっても、全体のトレンドを把握しやすくなるわけですね。

その通りです。移動平均を使うことで、例えば新しい教育方法が生徒の成績にどのような影響を与えているかを、時間を追って分析できます。

確かに、そう考えると移動平均はとても便利なツールですね。具体的な計算方法を学んで、成績の分析に活用してみたいと思います。

移動平均を使うことで、データの背後にある本質的なトレンドを見極め、より賢明な教育的判断を下すことができるようになります。何か質問があれば、いつでも聞いてくださいね。

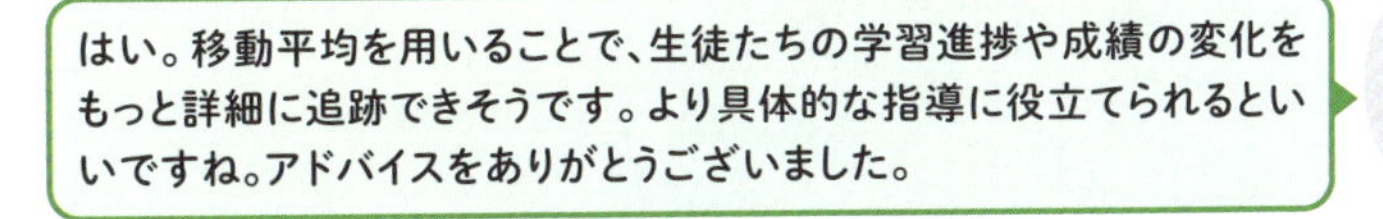

1 移動平均とは何か

移動平均は、時系列データにおいて一定期間のデータを平均化し、その結果を時系列に沿って移動させることで生成される平滑化された一連のデータです。この手法は、データの短期的な変動や季節性を除去し、長期的なトレンドや傾向を明らかにするのに有用です。

具体的には、各時点において、その点とその前の数個分のデータの平均を取り、新しい平均値を計算します。このプロセスを繰り返して、データ全体にわたって移動平均を求めます。例えば、7日間の移動平均では、各日のデータとその前の6日間のデータの合計を7で割った値を使用します。

移動平均にはいくつかの種類があり、単純移動平均（SMA）、加重移動平均（WMA）、指数移動平均（EMA）などがあります。これらは、データの重み付けの仕方に違いがあります。

本書では、より理解しやすい単純移動平均を用いて説明します。単純移動平均はExcelの**データ分析ツール**で算出することができます。移動平均では、特定の期間にわたるデータの単純な算術平均を計算します。各期間でのデータに等しい重みを与え、その平均を求めることにより、データの平滑化が行われます。

2 Excelでの計算方法

移動平均の計算は、Excelのデータ分析ツールを使って行うのが簡単です。具体的な手順は以下の通りです。データ分析ツールを活用することで、セルに数式を入れて1つずつ計算するよりも効率的に多くのデータに対して移動平均を計算することができます。

①アドイン「分析ツール」の有効化

Excelのデータ分析ツールは、「**分析ツール**」という**アドイン**を有効にすることで使用可能になります。この分析ツールの中に、移動平均を求める機能が含まれています。

②データの準備

移動平均を計算したいデータをExcelシートに入力し、時系列となるように整理します。

③データ分析ツールの起動

Excelで「データ」タブを選択し、「データ分析」ボタンをクリックします。利用可能な分析ツールのリストから「移動平均」を選びます。

④移動平均の設定

設定画面で移動平均を求めたいデータの範囲、移動平均の期間、結果の出力先を指定します。

⑤計算と結果の確認

全ての設定が完了したら、「OK」をクリックして移動平均の計算を実行します。すると、指定した出力範囲に移動平均が表示されます。

この手順を通じて、大量のデータに対して迅速かつ一貫性のある方法で移動平均を計算することができます。データの傾向を分析する際に有用ですので、マスターしておきましょう。

3 例題

08_移動平均データ.xlsx

次のデータは、ある部活動の部員の参加率を1カ月分まとめたものです。従来この部活では参加率があまり好ましくなく、新しい指導方法を用いて参加率の向上を図ることになりました。この1カ月間のデータを基に、Excelのデータ分析ツールを用いて1週間（7日間）の移動平均を計算し、結果を可視化しましょう。また結果を見て、参加率の変動にどのような傾向が見られるかを考えましょう。

	A	B	C	D	E	F
1	日付	曜日	参加率(%)	移動平均		
2	2024/4/1	月	83			
3	2024/4/2	火	86			
4	2024/4/3	水	88			
5	2024/4/4	木	85			
6	2024/4/5	金	82			
7	2024/4/6	土	83			
8	2024/4/7	日	86			
24	2024/4/23	火	92			
25	2024/4/24	水	94			
26	2024/4/25	木	84			
27	2024/4/26	金	95			
28	2024/4/27	土	98			
29	2024/4/28	日	98			
30	2024/4/29	月	95			
31	2024/4/30	火	95			
32						

移動平均を計算して
参加率の変化を分析する

4 Excel操作

実際にExcelのデータ分析ツールを使用して、移動平均を求めていきましょう。前述の通り、データ分析ツールはアドインの「分析ツール」を有効にすることで使用可能になります。その手順は本書の234〜235ページを参照してください。

「分析ツール」を有効にすると、「データ」タブに「データ分析」ボタンが表示されます。これをクリックすると利用できるツールが一覧で表示されるので、「移動平均」を選びます。設定画面が開いたら、「入力範囲」欄に移動平均を求めたいデータの範囲を指定します。「区間」欄には移動平均の期間を入力します。何個前のデータから平均を求めるかを数値で指定してください。「出力先」欄には、結果を表示させたいシート上の場所を指定します。

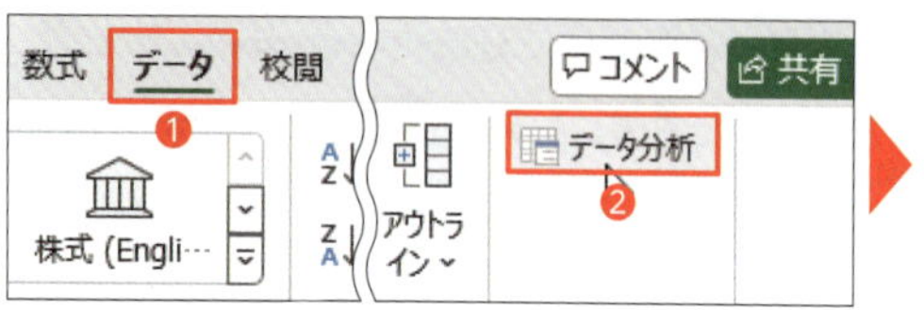

「分析ツール」アドインを追加すると「データ」タブに表示される「データ分析」ボタンをクリックします（❶❷）。右のようなツールの選択画面が開いたら、「移動平均」を選んで「OK」を押します（❸❹）。

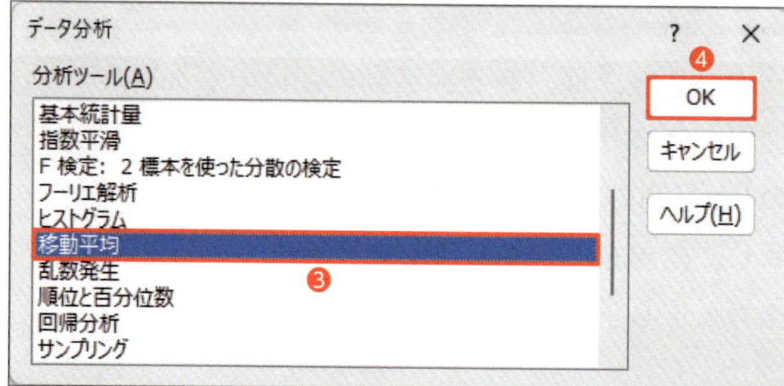

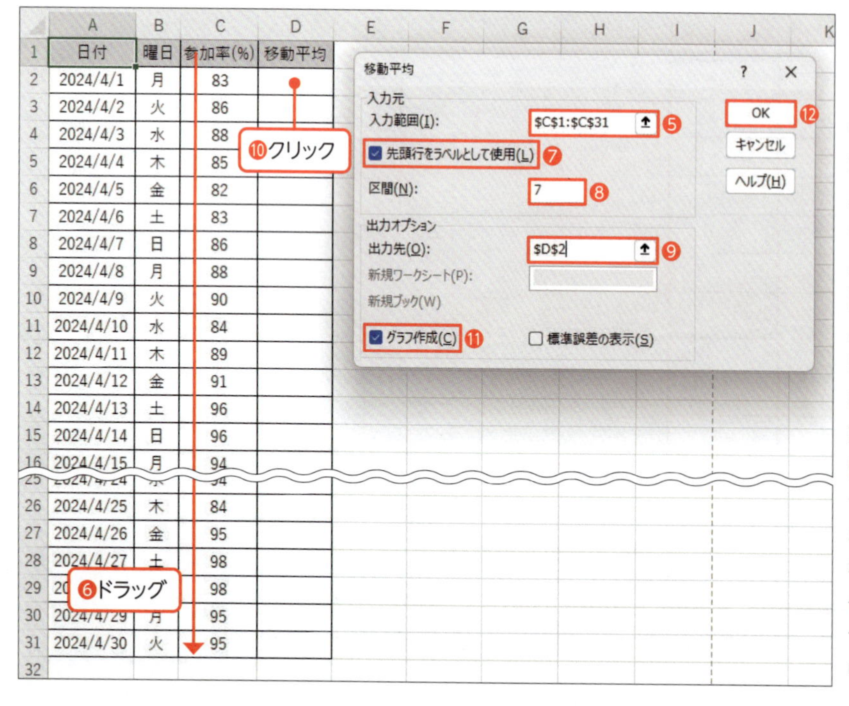

「移動平均」の設定画面が開くので、「入力範囲」欄を選択し（❺）、参加率のデータ（セルC1〜C31）をドラッグして指定します（❻）。このように列見出しを含めて選択した場合は、「先頭行をラベルとして使用」をチェックします（❼）。「区間」欄には、何日分の平均をとるか（ここでは「7」）を指定します（❽）。「出力先」欄には、結果を表示させたいセル範囲の先頭（ここではセルD2）を指定します（❾❿）。「グラフ作成」にチェックを付けておくと（⓫）、移動平均の数値を出力すると同時に、グラフも作成してくれるので便利です。設定できたら「OK」をクリックします（⓬）。

すると、Excelが自動的に移動平均の値を計算してセルD2〜D31に入力してくれるとともに、移動平均を表す折れ線グラフを作成してくれます。ここでは「区間」欄を「7」と指定したので、その日を含む7日前からの平均が移動平均として求められています。そのため、冒頭の6日分のデータ（セルD2〜D7）については、7日分のデータがないので「＃N/A」（値が無効）というエラー表示になっています。

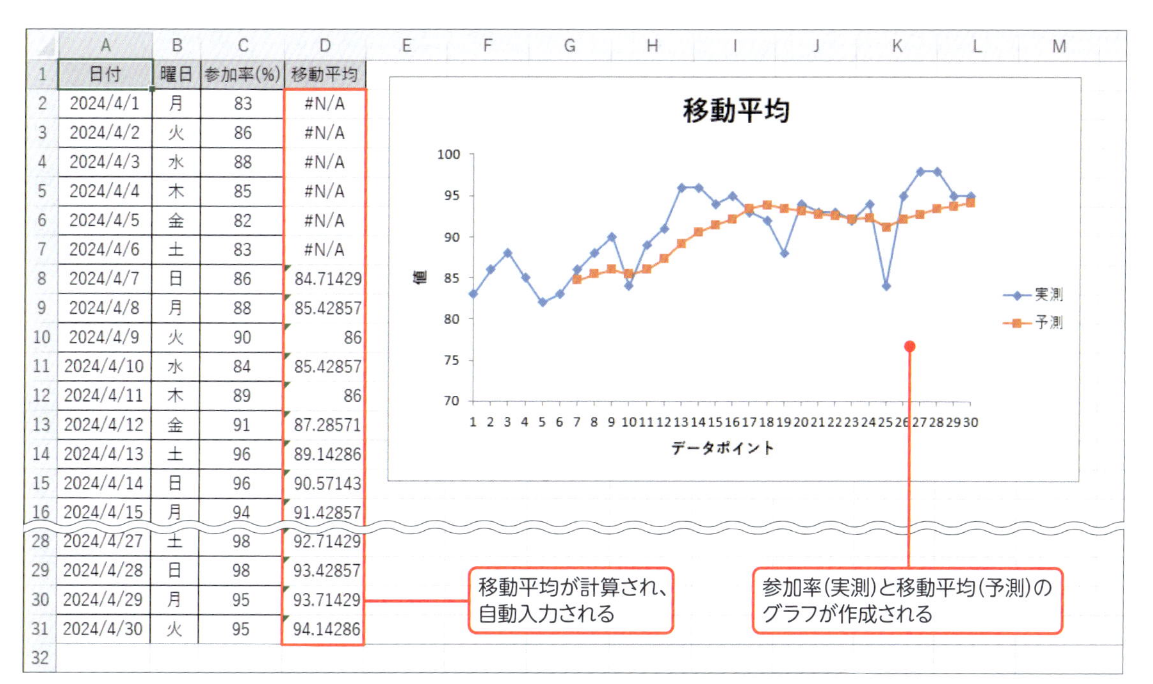

	A	B	C	D
1	日付	曜日	参加率(%)	移動平均
2	2024/4/1	月	83	#N/A
3	2024/4/2	火	86	#N/A
4	2024/4/3	水	88	#N/A
5	2024/4/4	木	85	#N/A
6	2024/4/5	金	82	#N/A
7	2024/4/6	土	83	#N/A
8	2024/4/7	日	86	84.71429
9	2024/4/8	月	88	85.42857
10	2024/4/9	火	90	86
11	2024/4/10	水	84	85.42857
12	2024/4/11	木	89	86
13	2024/4/12	金	91	87.28571
14	2024/4/13	土	96	89.14286
15	2024/4/14	日	96	90.57143
16	2024/4/15	月	94	91.42857
28	2024/4/27	土	98	92.71429
29	2024/4/28	日	98	93.42857
30	2024/4/29	月	95	93.71429
31	2024/4/30	火	95	94.14286
32				

セルD2以下に移動平均が自動入力され、グラフも挿入されました。先頭の6日分については、移動平均を求めるための7日分のデータがないので「＃N/A」と表示されます。表の罫線は消えてしまうので、改めて設定して見栄えを整えましょう。グラフは、青色が参加率（実測）、オレンジ色が移動平均（予測）となっています。

5 解釈

例題の移動平均は求めることができましたか？ 求めた結果と、移動平均の値を可視化したグラフを中心に結果を見てみましょう。

このグラフは、30日間の部活への参加率（％）を、実際の参加率（実測、青色の線）と移動平均（予測、オレンジ色の線）の両方で示したものです。一見すると、参加率は90％前後で比較的安定しており、大きな変動は見られないようにも思います。実際、30日間全体の平均を求めると、約90.7％でした。しかしながら、部員が仮に100名いるとしたら、平均して10名ほどが毎回欠席していることになります。

グラフを見ると、実際の参加率（青色）は13日、14日、27日、28日に96％超と高く、5日、

6日、10日、25日に85%を下回り低くなっています。移動平均（オレンジ色）は17〜20日にかけて93%超と高く、7〜10日付近が最も低くなっています。

グラフ全体を俯瞰してみると、実際の参加率の波はバラつきが大きく全体の傾向を捉えるのは少し難しいかと思います。しかし、移動平均の予測による参加率は、急激な向上の後、全体的には緩やかな上昇傾向であることがわかります。また、13日、14日のように実際の参加率が移動平均よりも特に高くなっている日があります。これは、その日に特別なイベントや試合などがあった可能性を示唆しています。また、5日、6日、10日、25日のように実際の参加率が85%を下回っている日は、もしかすると雨などが原因で参加率が極端に低くなっている可能性も考えられます。

このように移動平均は、短期的な変動を滑らかにし、個々のデータのばらつきを抑え、長期的な傾向をより明確に把握することができます。また、過去のデータに基づいて将来の値を予測する際に、移動平均を用いることで、より精度の高い予測を行うことができます。そのほか、個々のデータと移動平均の差が大きい場合、そのデータは異常値の可能性が高いと捉えることができます。

一方で、過去の一定期間のデータを用いて平均値を計算するため、最新のデータが反映されるまでに遅延が発生します。また、データの変化が急な場合、移動平均はそれに追随することができず、傾向の変化を見逃してしまう可能性があります。そのほか、移動平均は基本的には連続的なデータや長期のデータに適しているため、断片的または非連続的なデータに対しては分析できない場合があるので注意が必要です。

6 まとめ

本章では、移動平均の概念とその計算方法について詳しく学びました。また、Excelを用いた計算手順を具体的に説明し、教育データの分析における実践的な応用を展開しました。移動平均はデータの平滑化に非常に有効で、教育分野では生徒の出席率やテストの点数のような時系列データに対するトレンドの把握に利用されます。

移動平均は短期的な変動を除去してデータの長期的な傾向を明らかにするため、教育政策の決定や教育方法の評価、さらには生徒の進捗監視に有効です。しかし、この手法はデータの遅延や傾向の終わりを見逃すといったリスクも伴います。したがって、データの全体的な理解を深めるためには、ほかの統計的手法と組み合わせて使用することが推奨されます。

次の章では、データのばらつきと不確実性の定量的評価を可能にする別の重要な統計的手法である「Z検定」について学びます。これにより、平均値だけでは得られない洞察を教育データ分析に取り入れ、より精密な教育戦略を策定することが可能となります。

練習問題 Practice

08_移動平均データ.xlsx

次の表は、ある学校の学校ホームページを開設してから10年間のアクセス数を月ごとに記録したデータです。この10年間のデータを基に12カ月の移動平均を求め、傾向を捉えましょう。

	A	B	C	D	E
1	年	月	アクセス数		
2	2015	1月	351		
3	2015	2月	336		
4	2015	3月	145		
5	2015	4月	119		
6	2015	5月	157		
7	2015	6月	224		
8	2015	7月	304		
9	2015	8月	471		
10	2015	9月	528		
11	2015	10月	550		
12	2015	11月	711		
114	2024	5月	1546		
115	2024	6月	1436		
116	2024	7月	1321		
117	2024	8月	1713		
118	2024	9月	2211		
119	2024	10月	2122		
120	2024	11月	2294		
121	2024	12月	2358		
122					

コラム❷
column

S-P表分析

1 S-P表とは何か

S-P（エス・ピー）表は、全国学力・学習状況調査の結果を分析する際にも用いられる表で、学校や学級単位で、次のような表を作成します。すなわち、縦に生徒（S：Student）、横に設問（P：Problem）をとって正解／不正解を記入し、正答数の多い順に並べ替えます。そこに、S曲線（青）とP曲線（赤）と呼ばれる線を書き入れます。

S-P表を活用することにより、平均正答率だけでは把握できない、学校や学級全体の課題や、個々の生徒が理解していない可能性が高い設問を見つけ出すことができます。文部科学省の下記のWebページも参考にしてください。

●学校／学級別解答状況整理表（S-P表）の活用方法について

https://www.mext.go.jp/a_menu/shotou/gakuryoku-chousa/1409618.htm

2 S-P表の作り方

ここでは生徒数が15名、問題数が10問という事例で、作り方を見てみましょう。

①成績原本の準備

縦に生徒（S）、横に設問（P）をとって正解／不正解を記入した表を作り、各生徒の正答数、各問題の正答数を求めます。

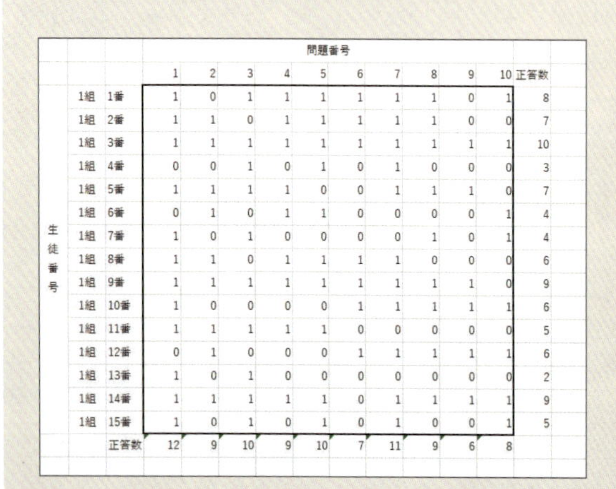

			問題番号									
			1	2	3	4	5	6	7	8	9	10	正答数
生徒番号	1組	1番	1	0	1	1	1	1	1	1	0	1	8
	1組	2番	1	1	0	1	1	1	1	1	0	0	7
	1組	3番	1	1	1	1	1	1	1	1	1	1	10
	1組	4番	0	0	1	0	1	0	1	0	0	0	3
	1組	5番	1	1	1	1	0	0	1	1	1	0	7
	1組	6番	0	1	0	1	1	0	0	0	0	1	4
	1組	7番	1	0	1	0	0	0	0	1	0	1	4
	1組	8番	1	1	0	1	1	1	1	0	0	0	6
	1組	9番	1	1	1	1	1	1	1	1	1	0	9
	1組	10番	1	0	0	0	0	1	1	1	1	1	6
	1組	11番	1	1	1	1	1	0	0	0	0	0	5
	1組	12番	0	1	0	0	0	1	1	1	1	1	6
	1組	13番	1	0	1	0	0	0	0	0	0	0	2
	1組	14番	1	1	1	1	1	0	1	1	1	1	9
	1組	15番	1	0	1	0	1	0	1	0	0	1	5
		正答数	12	9	10	9	10	7	11	9	6	8	

今回は正答を「1」、誤答・無答を「0」として記入しています。こうすると、SUM関数で各行、各列の値を合計することで、各生徒の正答数と各問題の正答数をそれぞれ求められます。必要に応じて誤答と無答を分けたり、解答の類型（部分点は△、無答をBで表現するなど）を増やしたりすることもできます。

②正答数順にソート

正答数の多い順に、表を並べ替えます。多い順に上から下へ、左から右へと並ぶようにします。

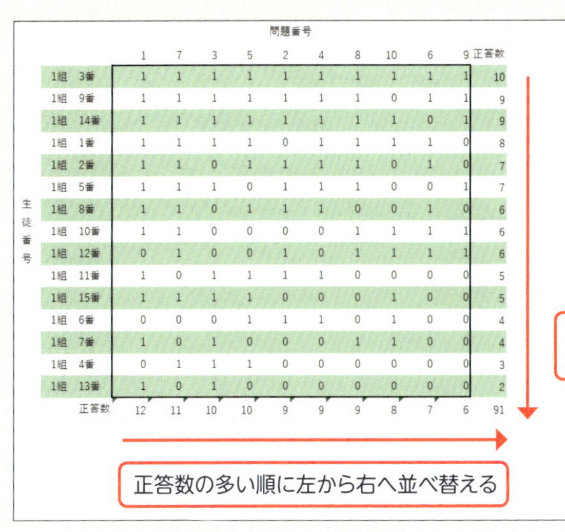

問題番号

生徒番号	1	7	3	5	2	4	8	10	6	9	正答数
1組 3番	1	1	1	1	1	1	1	1	1	1	10
1組 9番	1	1	1	1	1	1	1	0	1	1	9
1組 14番	1	1	1	1	1	1	1	1	0	1	9
1組 1番	1	1	1	1	0	1	1	1	1	0	8
1組 2番	1	1	0	1	1	1	1	0	1	0	7
1組 5番	1	1	1	0	1	1	1	0	0	1	7
1組 8番	1	1	0	1	1	1	0	0	1	0	6
1組 10番	1	1	0	0	0	0	1	1	1	1	6
1組 12番	0	1	0	0	1	0	1	1	1	1	6
1組 11番	1	0	1	1	1	1	0	0	0	0	5
1組 15番	1	1	1	1	0	0	0	1	0	0	5
1組 6番	0	0	0	1	1	1	0	1	0	0	4
1組 7番	1	0	1	0	0	0	1	1	0	0	4
1組 4番	0	1	1	1	0	0	0	0	0	0	3
1組 13番	1	0	1	0	0	0	0	0	0	0	2
正答数	12	11	10	10	9	9	9	8	7	6	91

正答数の多い順に
上から下へ並べ替える

生徒番号を、正答数の多い順に上から下へ並べ替えます。また問題番号も、正答数の多い順に左から右へ並べ替えます。なお、Excelで列を左から右へと並べ替えるには、「並べ替えとフィルター」ボタンのメニューから「ユーザー設定の並べ替え」を選び、開く画面で「オプション」を選択します。「方向」を「列単位」に変更したうえで、基準にする行（ここでは「正答数」の行）を指定します。

③S（生徒）曲線、P（問題）曲線を書き入れる

正答数と同じ数だけマス目を数えて、区切り線を入れます。

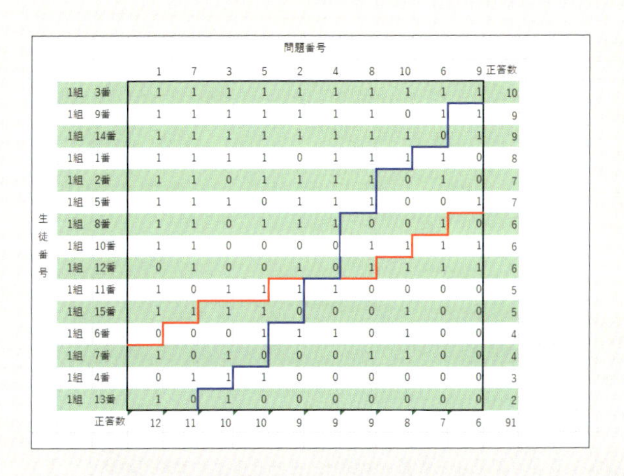

問題番号

生徒番号	1	7	3	5	2	4	8	10	6	9	正答数
1組 3番	1	1	1	1	1	1	1	1	1	1	10
1組 9番	1	1	1	1	1	1	1	0	1	1	9
1組 14番	1	1	1	1	1	1	1	1	0	1	9
1組 1番	1	1	1	1	0	1	1	1	1	0	8
1組 2番	1	1	0	1	1	1	1	0	1	0	7
1組 5番	1	1	1	0	1	1	1	0	0	1	7
1組 8番	1	1	0	1	1	1	0	0	1	0	6
1組 10番	1	1	0	0	0	0	1	1	1	1	6
1組 12番	0	1	0	0	1	0	1	1	1	1	6
1組 11番	1	0	1	1	1	1	0	0	0	0	5
1組 15番	1	1	1	1	0	0	0	1	0	0	5
1組 6番	0	0	0	1	1	1	0	1	0	0	4
1組 7番	1	0	1	0	0	0	1	1	0	0	4
1組 4番	0	1	1	1	0	0	0	0	0	0	3
1組 13番	1	0	1	0	0	0	0	0	0	0	2
正答数	12	11	10	10	9	9	9	8	7	6	91

生徒の正答数について、表の左からそれぞれの生徒の正答数だけマス目を数えたところに区切りの青線を書き入れます。全ての生徒の区切りの線を結ぶとS曲線（青）が出来上がります。問題の正答数については、表の上からそれぞれの問題の正答数だけマス目を数えたところに区切りの赤線を書き入れ、全ての設問の区切りの線を結びます。これでP曲線（赤）が出来上がります。

3 S-P表の分析方法

S曲線の位置（横軸）からは生徒の達成水準が、形からは達成度の分布を読み取れます。また、P曲線の位置（縦軸）からは各問題の正答率とその分布が読み取れます。さらに、P曲線の形（左右の位置関係）からは設問ごとの達成度や難易度が読み取れます。S曲線とP曲線の形状や離れ具合を見ることで全体の課題がわかります。

（1）生徒の分析

普通の正誤のパターンとして、表の左側の問題は正答率が高いので「正答の１」が、表の右側は正答率が低いので「誤答・無答の０」が並びます。左側に「０」があって右側に「１」の多いパターンや、全体に「１」「０」がランダムに並んでいるパターンが出現する場合などは注意が必要です。その原因を分析する必要があります。以下は、分析の例です。

・正答数が多い生徒が、表の左側（正答率の高い問題）に「０」がある場合
　→基礎的内容にケアレスミスなどがある場合があります。
・正答数が、平均値付近の生徒の場合
　→正答率が高い問題（表の左側の問題）を優先し、復習・振り返りを行うとよいでしょう。
・全体的に「１」「０」がランダムに並んでいる場合
　→適当に解答した可能性が考えられます。正答をうのみにせず、見直す必要があります。

またS-P表からの分析ではありませんが、問題番号の後ろのほうの問題に「０」が固まってある場合はテスト時間が足りていない可能生があります。

（2）問題の分析

各問題の正答、誤答・無答の分布からその問題の出題が適切であったかどうかを検証することができます。正答数の多い生徒と正答数の少ない生徒の正答（または誤答・無答）が交じり合っている問題や、正答数の多い生徒ができていないのに、正答数の少ない生徒が正解している問題には、何かしらの原因があることが考えられます。その問題を検討することによって、自身の作成した問題が妥当であったか振り返ったり、より良い問題作り、適切な問題作り、授業内容の改善などにつなげたりすることができます。

4 S-P表分析の応用

（1）「C.P…項目（問題）注意係数」と「C.S…生徒注意係数」

S-P表の分析には2つの係数があります。「C.P…項目(問題)注意係数」と「C.S…生徒注意係数」です。こうした注意係数の値によって、生徒の状況や問題の妥当性を解釈・診断できます。

（2）差異係数

またS-P表内の「正答１」、「誤答・無答０」の散らばりの程度を示す「差異係数」というものがあります。この差異係数が大きすぎたり、小さすぎたりした場合は、問題が不適切であった、授業に課題があった、などの原因が考えられます。

第9章 Z検定

「Z検定」は、正規分布を使って、仮説について統計的な判断をするための手法です。ある集団の平均値が比較値と統計的に異なるかどうかを判断する場合などに利用します。本章では、母集団の平均に関する仮説を検証するのに、Z検定がどのように用いられるかを解説します。教育データを使った実践的な例を通じて、クラスの成績分布、教育プログラムの効果、または教材の有効性などをZ検定を用いて評価する方法を学びましょう。

お疲れさまです、百花先生。データ分析でZ検定について学んだことはありますか?

Z検定ですか? 大学のときの統計の授業で少し触れましたが、実際に使ったことはありません。どんな場面で役立つんですか?

Z検定は、2つの異なるグループ間で、平均値に統計的に有意な差があるかどうかを判断するために使うことができます。例えば、ある地域での平均点と全国模試の平均点を比較する際に便利です。また、2つの地域での指導に差があるのかを比較することもできます。

なるほど、それで具体的な効果が数値で示せるのですね。でも、どうやってZ検定を行うんですか?

実際には、各グループの平均値、標準偏差、サンプルサイズを用いて z 値を計算します。その数値が棄却域に入った場合、平均値には統計的に有意な差があると判断できます。

なるほど、統計的に有意な差を見つけるための手法なのですね。ただ、計算には注意が必要そうですね。

その通りです。Z検定を適切に使用するためには、データが正規分布に従っていることや、適切なサンプルサイズがあることが前提となります。これらを確認することが重要です。

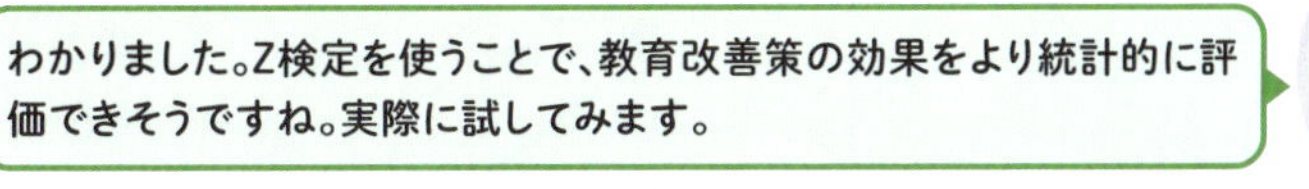

1 Z検定とは何か

Z検定は、学校現場で用いる統計学において最も基本的な**仮説検定**の1つです。正規分布を利用する仮説検定の総称ですが、本章では平均値の検定を扱います。**正規分布**とは、平均値を中心に左右対称な山の形をしたグラフで表される分布のことです。ヒストグラムを作成し、その形状で正規分布と見なせるか判断することができます。

例えば、模擬試験の全国平均点と、学校やクラスなど特定のグループの平均点との間に有意な差があるかどうかを検証する場合などに利用できます。

Z検定の対象とするデータは、母集団が正規分布であるか、サンプル数が30以上であることが望ましいです。また、母集団の標準偏差を知っている必要があります。

今回は、全国的な試験が実施されている場合などで、年度によって標準偏差に大きな変化がなく、母集団の標準偏差がわかる場合で説明します。

なお、Z検定をはじめ、この章から解説していく統計的な仮説検定の手順は、88ページのワンポイントにまとめています。

2 ExcelでのZ検定の方法

ここでは、ある母集団の平均点が、ある点数μと等しいかをExcelで検証する方法を紹介します。毎年同じ試験を行っている場合などで、母集団の標準偏差σはわかっているとします。そして、母集団の得点分布が正規分布$N(\mu, \sigma^2)$に従っているとします。

ある集団全員を調べ上げるのは不可能で、生徒n人を対象に試験結果を聴取したところ、平均点がm点だった場合、z値（zスコア）は、以下の数式で求めることができます。

$$z = \frac{対象者の平均点 - \mu}{\frac{標準偏差}{\sqrt{対象者数}}} = \frac{m - \mu}{\frac{\sigma}{\sqrt{n}}}$$

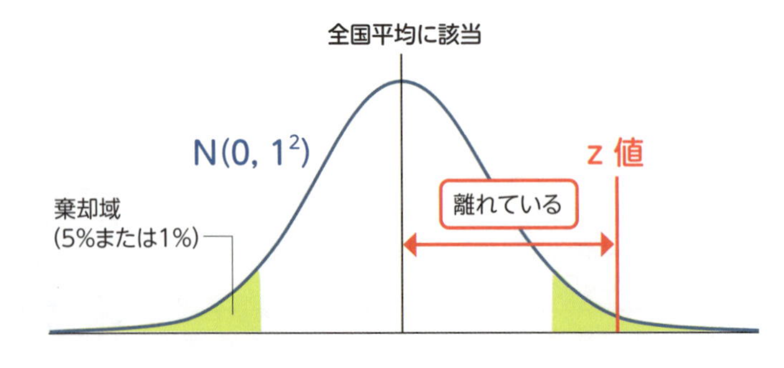

正規分布の中央にz値がある場合、対象者の平均値は全国平均に該当することになります。正規分布の中央から離れるにつれ全国平均とは異なる可能性が高いということになります。黄色の部分（棄却域）にz値があると、全国平均と同じ可能性は低いということになります。

標準化について第6章で学習しました。標本の平均点 m を利用する際は、標準偏差が元の値よりも小さくなるので、仮説検定では、標準偏差を標本サイズの平方根で割った**標準誤差**を分母に入れることで調整をする必要があります。

得点分布（を標準化した分布）と比較して、この z 値が稀な結果であるかを**p 値**で計算します。Excelでは「**Z.TEST**」関数を使って簡単に、このZ検定の p 値を計算できます。

ゼット・テスト
Z.TEST Z検定の p 値を求める

=Z.TEST(配列, x, 標準偏差)

仮説での母集団平均 x について、Z検定における片側確率の p 値を求める

例えば、セルA1～A30に対象者の得点が入力されていて、セルB1とセルB2に正規分布の平均点と標準偏差が入力されている場合、 p 値は次の数式で計算できます。セルB2には、分散ではなく標準偏差を入力することに注意してください。

片側検定では、標本の平均が母集団の平均よりも高いかどうかを検定する場合と、低いかどうかを検定する場合とで数式が異なります。

（片側）Z検定の p 値

高いかどうか：=Z.TEST（A1：A30, B1, B2）

低いかどうか：=1−Z.TEST（A1：A30, B1, B2）

両側検定では、標本の平均が母集団の平均よりも高い場合と低い場合のどちらも考慮して、平均に違いがあるかを計算するために次の数式を入力します。最小値を求めるMIN関数を用いて、上記2つの p 値のうち小さいほうを選択して2倍にします。

（両側）Z検定の p 値

=2*MIN（Z.TEST（A1：A30, B1, B2）, 1−Z.TEST（A1：A30, B1, B2））

この p 値と有意水準の5%や1%を比較することで、有意差の判定を行います。

また、上記を応用して、２つの対象の平均点に統計的に有意な差があるかどうかも検証することができます。Excelの分析ツールを利用して、集団Aと集団Bの平均点に有意な差があるかを比較することが可能です。

3 例題

09_Z検定データ.xlsx

次のデータは、地域Aと地域Bからそれぞれ30名をランダムに選んだ模擬試験の結果です。この模擬試験は全国的に実施されていて、全国の平均点は59点、分散は100（標準偏差は10）でした。地域Aの30名の平均点は55.5点、地域Bの30名の平均点は60.3点です。今回は地域Aも地域Bも母分散は全国と同じで100と仮定しておきます。

このとき、以下の2点について、有意水準5%で仮説検定をしてみましょう。

①地域A全体の平均点と全国の平均点59点には統計的に有意な差があるのか
②地域A全体と地域B全体の２つの平均点には統計的に有意な差があるのか

模擬試験の結果はわかるが、地域全体の生徒の試験結果を把握することが難しい場合などに、それぞれの地域から30名だけを選んで、試験結果を聴取した場合などを想定してください。

	A	B	C	D	E	F
1	番号	地域A	地域B	模擬試験		
2	1	66	51	平均点	59	
3	2	56	67	分散	100	
4	3	54	52	標準偏差	10	
5	4	60	70	p値(片側検定)	0.027617	
6	5	47	76	p値(両側検定)	0.055234	
7	6	51	65	※地域Aの30名と、全国平		
8	7	53	64	均点を比較したｐ値		
9	8	70	41			
29	28	52	86			
30	29	47	68			
31	30	53	45			
32	平均点	55.5	60.3			
33						

4 Excel操作

まず、①地域A全体の平均点と全国の平均点59点には統計的に有意な差があるのか、地域Aの30名の平均点55.5点を使って検証しましょう。ここではD〜E列に、上図のような表を作成し、片側検定と両側検定におけるｐ値をそれぞれ求めました。

片側検定では、地域Aの平均点が全国の平均点よりも低いかどうかを検証してみます。この場合、Z.TEST関数を用いて、

=1−Z.TEST（B2：B31, E2, E4）

という式を立てることで、約0.028（約2.8%）というp値が求められました。両側検定では、

=2*MIN（Z.TEST（B2：B31, E2, E4）, 1−Z.TEST（B2：B31, E2, E4））

という式でp値を計算できます。結果は約0.055（約5.5%）でした。

もし片側検定をしていた場合は、約2.8%は有意水準の5%以下なので、帰無仮説を棄却して対立仮説を採用するということになります。もし両側検定をしていた場合は、約5.5%で有意水準の5%を超えるので、帰無仮説を棄却できないという結果になります。

	A	B	C	D	E
1	番号	地域A	地域B	模擬試験	
2	1	66	51	平均点	59
3	2	56	67	分散	100
4	3	54	52	標準偏差	10
5	4	60	70	p値(片側検定)	0.02761713
6	5	47	76	p値(両側検定)	0.05523425
7	6	51	65	※地域Aの30名と、全国平	
8	7	53	64	均点を比較したp値	
9	8	70	41		
10	9	71	61		
11	10	64	58		
12	[illegible]	[illegible]	[illegible]		
13	[illegible]	[illegible]	[illegible]		
14	13	58	71		

=1−Z.TEST(B2:B31, E2, E4)

=2*MIN(Z.TEST(B2:B31, E2, E4), 1−Z.TEST(B2:B31, E2, E4))

セルE2に模擬テストの平均点、セルE3に分散が入力されていて、セルE4には「＝SQRT(E3)」という式で標準偏差が求められています。この平均点と標準偏差を用いてZ.TEST関数の式を立て、地域Aの30名と全国平均点を比較したp値を計算しました。片側検定と両側検定の場合で、それぞれ図のような結果となりました。

次に、②地域A全体と地域B全体の2つの平均点には統計的に有意な差があるのか、という点を検証してみましょう。

これにはExcelのデータ分析ツールを使います。「データ」タブの「データ分析」ボタンをクリックし、「Z検定：2標本による平均の検定」を選びましょう。

設定画面では、「変数1の入力範囲」欄と「変数2の入力範囲」欄に、地域Aと地域Bの点数が入ったセル範囲をそれぞれ指定します。1行目の列見出しを含めて指定し、「ラベル」欄にチェックを付けると、分析結果に見出しを表示させられます。「変数1の分散（既知）」欄と「変数2の分散（既知）」欄には、母分散の値「100」を入力します。「α」欄に有意水準の「0.05」（5%）も

しくは「0.01」（1%）を入力しましょう。「出力先」欄を指定して「OK」ボタンを押せば、その場所に分析結果が出力されます。

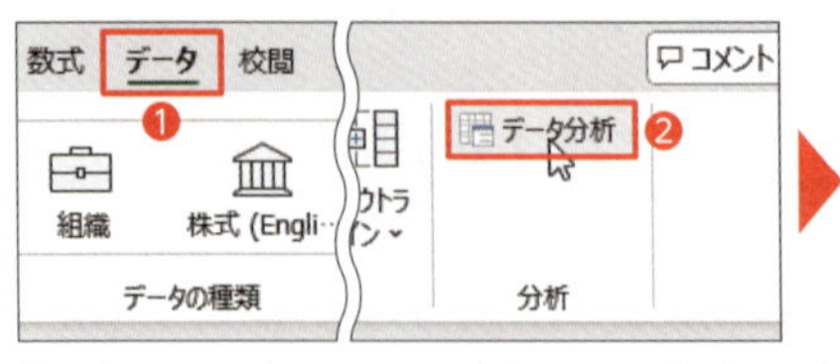

「分析ツール」アドインを追加すると「データ」タブに表示される「データ分析」ボタンをクリックします（❶❷）。ツールの選択画面が開いたら、「z検定:2標本による平均の検定」を選んで「OK」を押します（❸❹）。

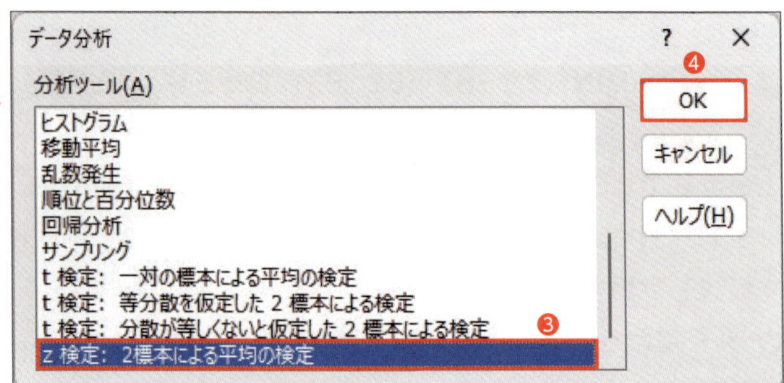

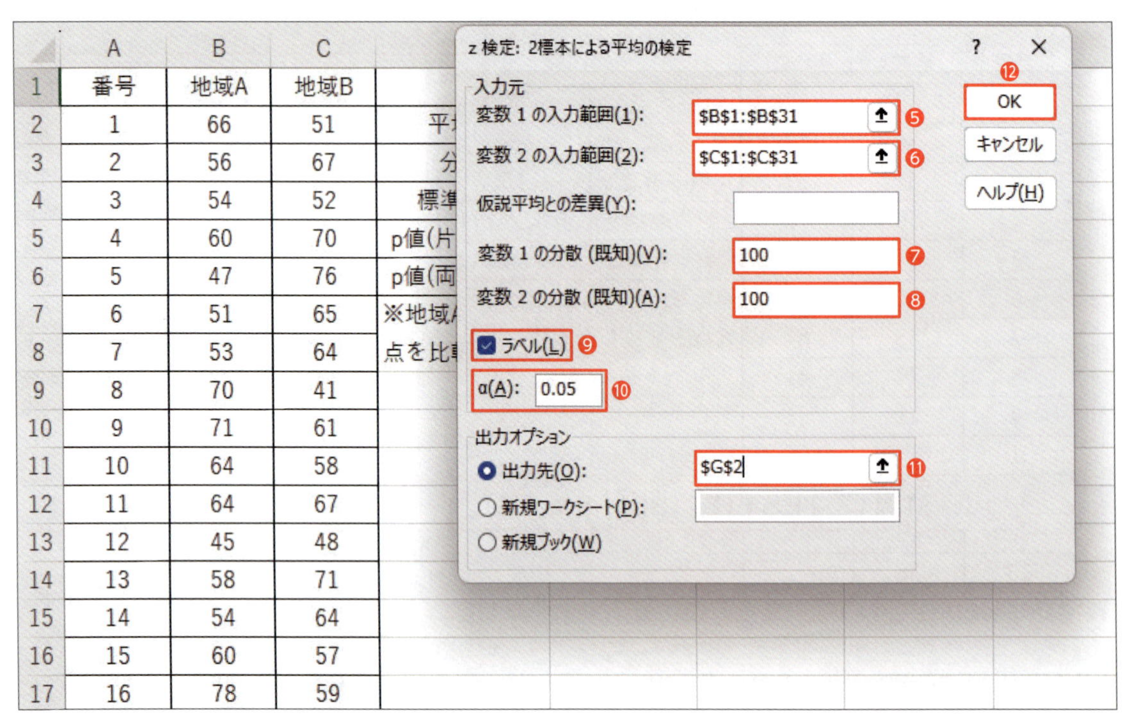

	A	B	C
1	番号	地域A	地域B
2	1	66	51
3	2	56	67
4	3	54	52
5	4	60	70
6	5	47	76
7	6	51	65
8	7	53	64
9	8	70	41
10	9	71	61
11	10	64	58
12	11	64	67
13	12	45	48
14	13	58	71
15	14	54	64
16	15	60	57
17	16	78	59

設定画面が開くので、「変数1の入力範囲」欄に地域Aの点数（セルB1～B31）を指定します（❺）。「変数2の入力範囲」欄に地域Bの点数（セルC1～C31）を指定します（❻）。「変数1の分散（既知）」欄と「変数2の分散（既知）」欄には、全国の分散である「100」を入力します（❼❽）。入力範囲に列見出しも含めているので、「ラベル」欄にチェックを付けます（❾）。「α」欄には有意水準の「0.05」（5%）を入れます（❿）。「出力先」欄に、結果を表示させる場所（ここではセルG2）を指定して（⓫）、「OK」をクリックします（⓬）。

分析結果には、z値とp値が自動計算されています。今回のz値は約－1.86で、これに対する片側検定のp値は約0.032（約3.2%）、両側検定のp値は約0.063（約6.3%）でした。

F	G	H	I	J
	z-検定: 2 標本による平均の検定			
		地域A	地域B	
	平均	55.5	60.3	
	既知の分散	100	100	
	観測数	30	30	
	仮説平均との差異	0		
	z	-1.85903201		
	P(Z<=z) 片側	0.0315113		
	z 境界値 片側	1.64485363		
	P(Z<=z) 両側	0.0630226		
	z 境界値 両側	1.95996398		

今回出力された分析結果。z 値は約－1.86と計算され、これに対する片側検定のp値は約0.0315(約3.15%)、両側検定のp値は約0.0630(約6.30%)と計算されました。

注意!
模擬試験の平均点と比較するときは、両側検定では平均点が等しいかどうか、片側検定では地域Aの平均点のほうが高い(低い)かどうかを調べます。

5 解釈

例題のように、z値やp値を求めることができましたか？ その結果を解釈していきましょう。

まず、①地域A全体の平均点と全国の平均点には統計的に有意な差があるのか、を検証します。今回は地域Aの生徒全員の成績（母集団の平均点）はわからず、抽出した30名の成績を基に、全国の平均点（59点）と比較しました。

具体的に、統計的な仮説検定のステップを整理しましょう。まず、帰無仮説と対立仮説を設定します。

●帰無仮説

地域Aの平均点は59点である（全国の平均点と統計的に有意な差はない）

●対立仮説

地域Aの平均点は59点ではない（全国の平均点と統計的に有意な差がある）

今回は、有意水準5%で、両側検定を実施します。Z.TEST関数による計算では、両側検定のp値は約5.5%(約0.055)でした。約5.5%は有意水準の5%より大きいので、帰無仮説を棄却することができません。この場合、どちらの仮説も肯定も否定もできず、地域Aの平均点は「59点であるともないとも言い切れない」という結論になります。

●p 値が約5.5%である状態

全国平均に該当

z 値

近い

棄却域

●p 値が5%未満である状態

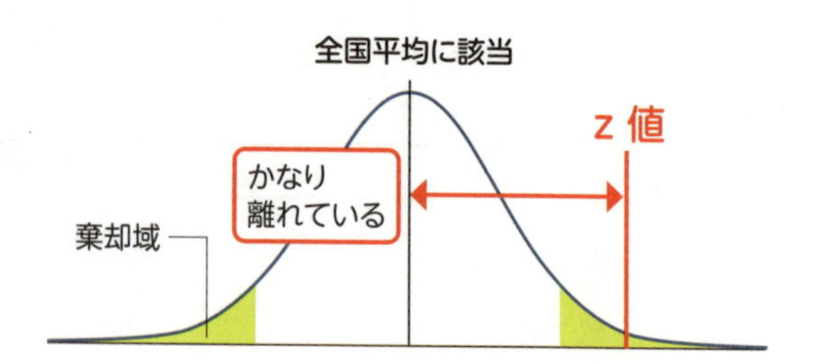

次に、②地域Aと地域Bの試験の平均点に統計的に有意な差があるか、を検証しましょう。帰無仮説と対立仮説は以下の通りです。

●帰無仮説

地域Aと地域Bの平均点は等しい

●対立仮説

地域Aと地域Bの平均点は等しくない

今回は、有意水準5%の両側検定を採用します。Excelの分析ツールによる計算結果では、両側検定のp値は約6.3%(約0.063)でした。約6.3%は有意水準の5%より大きいので、帰無仮説を棄却することができません。したがって、地域Aと地域Bの平均点は等しいとも等しくないともいえないという結論になります。

仮に、地域Aよりも地域Bの平均点のほうが高いことを調べる片側検定をしていた場合を考えてみましょう。この場合、p値は約3.2%で有意水準の5%より小さくなるため、「地域Aと地域Bの平均点は等しい」ということは確率的に稀であることになります。つまり、地域Aよりも地域Bの平均点のほうが高いということは、統計的に有意であるという結論を出すことができます。

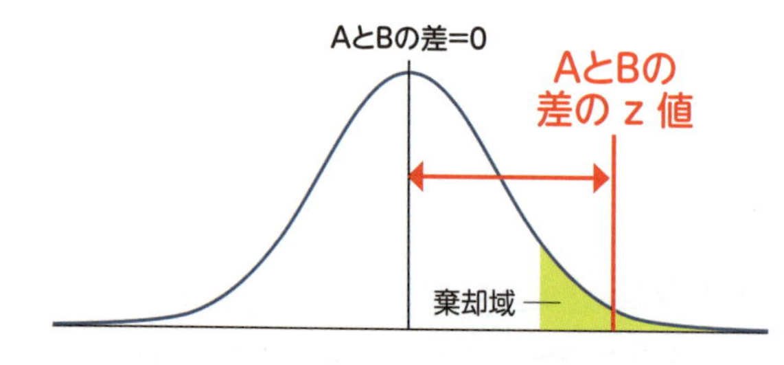

片側検定を採用すると、p値は約3.2%なので、z 値が5%未満の確率の事象(棄却域)に入っています。この場合、AとBの差が0である可能性が低いことを意味します。

このように、2つの地域の平均点が違うけれど、本当に学力の差があるのかな、といった疑問に、Z検定を利用することで結論を出すことができます。

6 まとめ

本章では、Z検定の概念、その計算手順、Excelにおける関数と分析ツールの利用方法、Z検定の解釈と教育分野での応用について学びました。Z検定は、2つの地域の平均値の差が稀か偶然かどうかを検証する統計手法です。p値が有意水準を下回ることで、「稀である」という結論が出ます。つまり、標本データから計算されたz値を基に、有意水準と比較して帰無仮説を棄却するかどうかを判断します。有意水準を下回るz値が得られれば、統計的に有意な差がある、平均点に差があると結論付けることができます。Z検定は、データの平均点の差を客観的に評価する際に役立つ分析手法の1つです。

Z検定は、毎年実施される共通テストや全国模試のように母集団の分散が仮定できる場合に、2つの地域の成績比較を行い、教育評価を調べることに役立ちます。

ただし、Z検定を行うには、データが正規分布に従っていて、また母集団の分散がわかっている必要があります。母集団の分散がわかっている場合は珍しいので、常にZ検定が行えるとは限らないでしょう。分散がわからない場合は、次章で解説する「t検定」を実施することが推奨されます。

練習問題 Practice

09_Z検定データ.xlsx

例題に使用したデータを対象に、地域Bの平均点が全国平均点よりも本当に高いのか、統計的に有意な差があるのかを検定してみましょう。

ワンポイント

統計的仮説検定の手順

仮説検定は、統計学で特定の仮説を検証するための手法です。以下に、Z検定における仮説検定の流れを説明します。

1. 帰無仮説と対立仮説の設定

仮説検定では、帰無仮説(H0)と対立仮説(H1)の2つの仮説を設定します。帰無仮説は一般的に「効果がない」「差がない」という仮説であり、対立仮説はその否定の仮説です。例えば、「A群とB群の平均値に差がない」というのが帰無仮説で、「A群とB群の平均値に差がある」というのが対立仮説となります。

2. 標本データの収集

まず、標本データを収集します。例えば、ある指導の効果を検証する場合、指導を行った群と行っていない群からデータを収集します。

3. 検定統計量の計算

Z検定では、標本データから計算された検定統計量(z値)を求めます。z値は、標本平均と母集団平均の差を標準偏差で割った値です。これにより、標本平均が母集団平均とどの程度異なるかを数値化します。

4. 有意水準の設定

仮説検定では、有意水準(α)を事前に設定します。通常は0.05(5%)や0.01(1%)が使用されます。有意水準は、帰無仮説を棄却する基準となる確率の閾値です。

5. 棄却域の決定

棄却域は、有意水準に基づいて決定されます。有意水準αを下回る確率(両側検定の場合はα÷2)になる領域を棄却域として、それに該当する場合は帰無仮説を棄却します。

6. 統計的決定

検定統計量(z値)を棄却域と比較します。もしz値が棄却域に入る場合、帰無仮説を棄却して、対立仮説を採択します。逆に、棄却域に入らない場合は、対立仮説を採択できません。帰無仮説も対立仮説も採択できない結論になります。

7. 結論の導出

最後に、統計的な結果を基に、帰無仮説が棄却されたか否かを示し、結論を導きます。帰無仮説が棄却された場合は、対立仮説を支持するデータが得られたことになります。

第10章

t 検定

「t 検定」は、統計検定量が t 分布に従う場合に、仮説について統計的な判断をするための手法です。例えばサンプルサイズが小さいときや母集団の標準偏差がわからないときに、2つのグループの平均値が統計的に異なるかを判断する際に利用できます。本章では、一標本 t 検定、独立二標本 t 検定、対応のある二標本 t 検定という主要な3タイプに焦点を当て、それぞれの検定方法と適用シナリオ、解釈の仕方、教育分野での応用について学びます。

お疲れさま、百花先生。データ分析の際、t 検定を利用していますか?

t 検定ですか? 正直、あまり使ったことがありません。具体的にどんな場面で活用するのでしょうか?

t 検定は、新しい教育プログラムの効果を従来のものと比較したいときなどに役立ちます。例えば、ある地域の模試の平均点の結果が、プログラム適用の前後で変化したかを判断できるんです。

それは興味深いですね。でも、実際に t 検定を行うにはどうすればいいのでしょう?

まずは、各グループのデータが正規分布に従っているか確認し、次に平均値、標準偏差、サンプルサイズを使って t 値を計算します。その t 値を用いて、統計的に有意な差があるかを見るんです。

わかりました。サンプルサイズが小さい場合でも t 検定が使えるのは強みですね。早速、自分のクラスのデータで試してみたいと思います。

t 検定を適切に使うことで、教育的な判断をより根拠のあるものにできます。成績の分析だけでなく、教材の有効性や教育方法の改善にも役立てられますよ。何か疑問があれば、いつでも相談してくださいね。

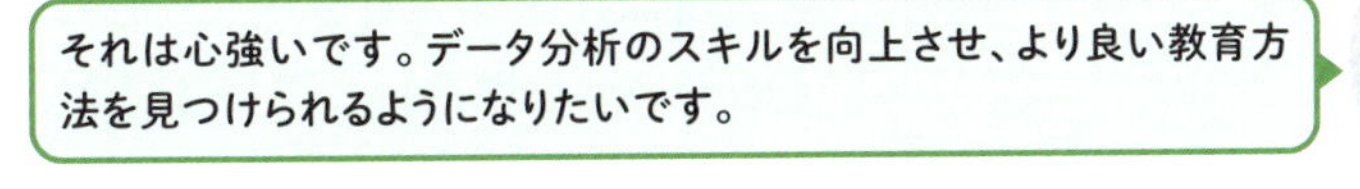

1 t検定とは何か

t検定は、学校現場で用いる統計学において最も基本的かつ重要な検定方法の1つです。t検定は、母分散（母標準偏差）が利用できないことで生じる誤差を解消するために、正規分布ではなくt分布を利用してp値を計算します。t検定は、教育データ分析では特に重要であり、授業での指導前と指導後、あるいはクラス間の成績に本当に差があるのかなどを把握するために用います。ここでは、3種類のt検定の違いを解説します。

(1) 一標本t検定

ある学校の生徒の平均点が全国の平均点と異なるかを検証する。

(2) 独立二標本t検定（対応のない二標本t検定）

新しい教育プログラムの効果を、受講したグループと受講していないグループの成績を比較して検証する。

(3) 対応のある二標本t検定

前期と後期の教育プログラムの差を、同じ生徒の前期と後期の成績差を比較して検証する。

これらの手法は、教育政策や教育効果の評価に活用され、データから有意な結果を導き出すために利用されます。

2 Excelでのt検定の方法

初めに、「ある母集団の平均点がある点数μと等しいか」をExcelで検証する方法を紹介します。ある生徒n人を対象に試験結果を聴取したときに、平均点がm点、標準偏差がs点だった場合、t検定のt値は、以下の数式によって求めます。

$$t=\frac{\text{対象者の平均点}-\mu}{\dfrac{\text{対象者の標準偏差}}{\sqrt{\text{対象者数}}}}=\frac{m-\mu}{\dfrac{s}{\sqrt{n}}}$$

母集団の標準偏差ではなく対象者n人の得点の標準偏差しかわからない点が、前章のZ検定と異なります。前章と同様、今回もクラスの平均点を標準化していますが、クラスの生徒の得点の標準偏差の情報を利用するという違いによって、正規分布ではなくt分布を利用することになります。このｔ値が稀な結果であるかをｐ値で判断します。この場合のｔ検定のｐ値も「**Z.TEST**」関数を利用して求めることができます。

例えば、セルA1～A30にクラスの生徒の得点が入力されていて、セルB1に全国の平均点が入力されている場合、ｔ検定のｐ値は以下のように計算されます。

片側検定では、標本の平均が母集団の平均よりも高いかどうかを検定する場合と、低いかどうかを検定する場合とで数式が異なります。

（片側）ｔ検定のｐ値

高いかどうか：=Z.TEST（A1：A30, B1）

低いかどうか：=1−Z.TEST（A1：A30, B1）

両側検定では、標本の平均が母集団の平均よりも高い場合と低い場合のどちらも考慮して、平均に違いがあるかを計算するために次の数式を入力します。最小値を求めるMIN関数を用いて、上記2つのｐ値のうち小さいほうを選択して2倍にします。このｐ値と有意水準の5%や1%を比較することで、有意差の判定を行います。

（両側）ｔ検定のｐ値

=2*MIN（Z.TEST（A1：A30, B1），1−Z.TEST（A1：A30, B1））

上記の一標本ｔ検定の理屈を応用して、指導の効果の違いを調べるために、「2つのクラスA組とB組の平均点から、効果に有意な差があるか」もしくは「あるクラスの１学期と２学期の試験の平均点から、効果に有意な差があるか」を調べることも可能です。これを二標本ｔ検定といい、対応のない場合と対応のある場合の2種類があります。Excelでは「**T.TEST**」関数を利用して検証します。

ティー・テスト

T.TEST　ｔ検定のｐ値を求める

=T.TEST(配列1, 配列2, 検定の指定, 検定の種類)

ｔ検定におけるｐ値を求める。検定の指定（尾部）は、片側検定なら1、両側検定なら2と指定する。検定の種類（型）は、対をなすデータの場合は1、等分散の2標本を対象とする場合は2、分散が等しくない2標本を対象とする場合は3と指定する

また、Excelの分析ツールを利用して比較することも可能です。次の例題では、分析ツールの使い方を紹介します。

3 例題

10_ t 検定データ.xlsx

次のデータは、地域Aと地域Bのそれぞれから30名ずつを抽出し、前期と後期の模擬試験の結果を聴取してまとめたものです。A列は生徒の出席番号で、前期と後期で同一の生徒は同一の番号に対応します。

この模試の全国平均点は、前期も後期も同じ59点でした。地域Aの対象者も地域Bの対象者も前期から後期にかけて平均点が上がっています。これは偶然ではなく、本当に学力が向上していると判断してよいのでしょうか。また、前期や後期のそれぞれで、地域Aと地域Bの平均点には違いがあるといえるのでしょうか。 t 検定を用いて検証してみましょう。

	A	B	C	D	E	F
1		前期模試		後期模試		
2	番号	地域A	地域B	地域A	地域B	
3	1	66	51	80	59	
4	2	56	67	78	64	
5	3	54	52	63	53	
6	4	60	70	44	69	
7	5	47	76	70	74	
8	6	51	65	62	34	
31	29	47	68	63	80	
32	30	53	45	53	45	
33	平均点	55.5	60.3	65.0	63.2	
34						

4 Excel操作

（1）一標本 t 検定

まず、「地域Aの生徒全員の平均点が全国平均の59点と等しいか」を調べましょう。前期の地域Aの対象者の平均点と59点との差に関する p 値を求めます。

片側検定では、地域A の平均点が全国の平均点よりも低いかどうかを検証してみます。この場合、Z.TEST 関数を用いて、

=1−Z.TEST（B3：B32, G2）

という式を立てることで、約0.026（約2.6%）という p 値が求められました。両側検定では、標本の平均が母集団の平均よりも高い場合と低い場合のどちらも考慮した、

=2*MIN（Z.TEST（B3：B32, G2）, 1−Z.TEST（B3：B32, G2））

という式で p 値を計算できます。結果は約0.053（約5.3%）でした。

いずれも、前章のZ検定で求めた p 値とは少し異なる値になりましたね。

	A	B	C	D	E	F	G
1		前期模試		後期模試		模擬試験	
2	番号	地域A	地域B	地域A	地域B	平均点	59
3	1	66	51	80	59	分散	-
4	2	56	67	78	64	標準偏差	-
5	3	54	52	63	53	p値(片側検定)	0.02647672
6	4	60	70	44	69	p値(両側検定)	0.05295345
7	5	47	76	70	74	※地域Aの30名と、全国平均	
8	6	51	65	62	34	点を比較したp値	
9	7	53	64	44	69		
10	8	70	41	71	74		
11	9	71	61	67	71		
12	10	64	58	65	62		
13	11	64	67	61	73		
14	12	45	48	50	69		
15	13	58	71	76	55		
16	14	54	64				
17	15	60	57				
18	16	78	50	44	70		

=1−Z.TEST(B3:B32, G2)

=2*MIN(Z.TEST(B3:B32, G2), 1−Z.TEST(B3:B32, G2))

セルG2に全国の平均点を入力しました。分散と標準偏差はわかりません。地域Aの30名の平均点が全国平均よりも低いかどうかを調べる片側検定のp値をセルG5、両側検定のp値をセルG6で計算しています。それぞれ図のような結果となりました。

(2) 独立二標本t検定

次に、「前期の地域A全体と地域B全体の平均点に、統計的に有意な差があるか」を分析ツールで検定する方法を説明します。

「データ」タブにある「分析ツール」ボタンをクリックして、一覧から「t検定：等分散を仮定した2標本による検定」を選択しましょう。

設定画面では、「変数1の入力範囲」欄と「変数2の入力範囲」欄に、地域Aと地域Bの前期の点数が入ったセル範囲をそれぞれ指定します。「地域A」「地域B」と書かれた2行目の列見出しを含めて指定し、「ラベル」欄にチェックを付けると、分析結果にこれらの見出しを表示させられます。「仮説平均との差異」欄は、今回、2つの地域の平均点に差はないと仮定するので「0」と入力します。「α」欄に有意水準の「0.05」(5%)もしくは「0.01」(1%)を入力しましょう。「出力先」欄を指定して「OK」ボタンを押せば、その場所に分析結果が出力されます。

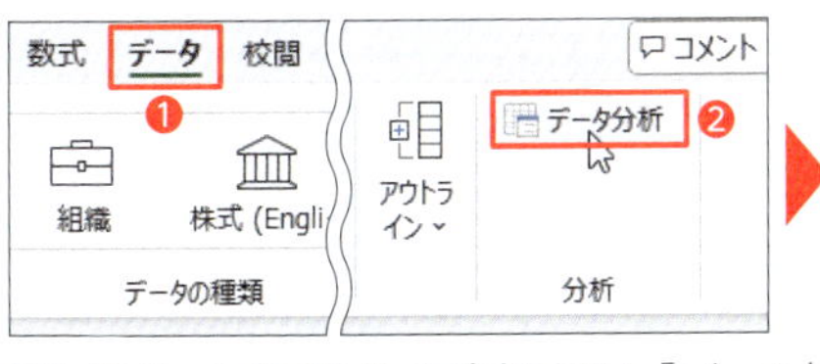

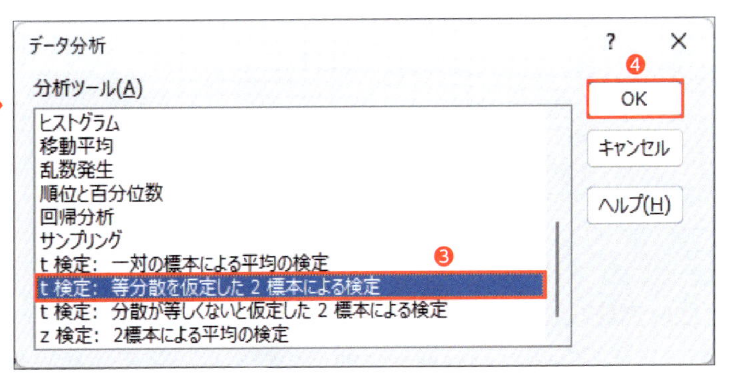

「分析ツール」アドインを追加すると「データ」タブに表示される「データ分析」ボタンをクリックします(❶❷)。ツールの選択画面が開いたら、「t 検定:等分散を仮定した2標本による検定」を選んで「OK」を押します(❸❹)。

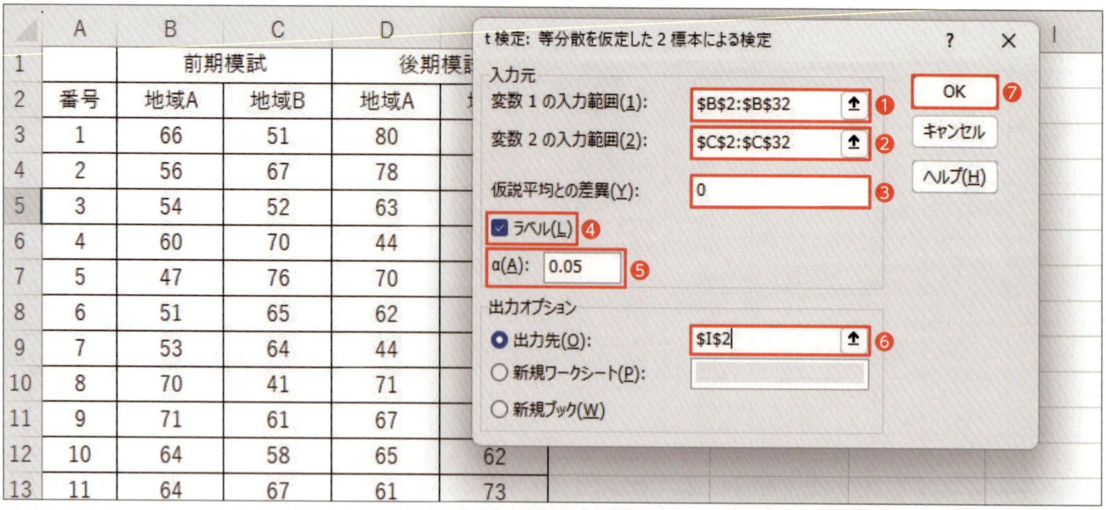

	A	B	C	D	
1		前期模試		後期模試	
2	番号	地域A	地域B	地域A	
3	1	66	51	80	
4	2	56	67	78	
5	3	54	52	63	
6	4	60	70	44	
7	5	47	76	70	
8	6	51	65	62	
9	7	53	64	44	
10	8	70	41	71	
11	9	71	61	67	
12	10	64	58	65	62
13	11	64	67	61	73

t 検定: 等分散を仮定した 2 標本による検定

入力元

変数 1 の入力範囲(1): $B$2:$B$32 ❶

変数 2 の入力範囲(2): $C$2:$C$32 ❷

仮説平均との差異(Y): 0 ❸

ラベル(L) ❹

α(A): 0.05 ❺

出力オプション

出力先(O): $I$2 ❻

新規ワークシート(P):

新規ブック(W)

OK ❼ キャンセル ヘルプ(H)

設定画面が開くので、「変数1の入力範囲」欄に地域Aの前期の点数(セルB2～B32)を指定(❶)。「変数2の入力範囲」欄に地域Bの前期の点数(セルC2～C32)を指定します(❷)。「仮説平均との差異」欄は、今回は差がないと仮定するので「0」を入力します(❸)。入力範囲に列見出しも含めているので、「ラベル」欄にチェックを付けます(❹)。「α」欄には有意水準の「0.05」(5%)を入れます(❺)。「出力先」欄に、結果を表示させる場所(ここではセルI2)を指定して(❻)、「OK」をクリックします(❼)。

分析結果には、 t 値と p 値が自動計算されています。今回の t 値は約－1.85で、これに対する片側検定の p 値は約0.034（約3.4%）、両側検定の p 値は約0.069（約6.9%）でした。

t-検定: 等分散を仮定した 2 標本による検定

	地域A	地域B
平均	55.5	60.3
分散	98.1206897	103.113793
自由度	58	
t	-1.85332107	
P(T<=t) 片側	0.03446256	
t 境界値 片側	1.67155276	
P(T<=t) 両側	0.06892511	
t 境界値 両側	2.00171748	

出力された分析結果は左図の通りです。t 値は約－1.85と計算され、これに対する片側検定の p 値は約0.034(約3.4%)、両側検定の p 値は約0.069(約6.9%)と計算されました。

(3) 対応のある二標本 t 検定

さらに、「地域Aの前期と後期の試験の平均点を比較して、統計的に有意な差があるか」を検定してみます。これには、「分析ツール」の「 t 検定：一対の標本による平均の検定」を利用します。

設定項目は、先ほど見た「t検定：等分散を仮定した2標本による検定」と同じです。今回は地域Aの前期と後期の点数を比較するので、「変数1の入力範囲」欄に前期の点数、「変数2の入力範囲」欄に後期の点数のセル範囲を指定します。「仮説平均との差異」欄には「0」、「ラベル」欄をオンにして、有意水準の「α」欄には「0.05」(5%)を入力しましょう。「出力先」欄を指定して「OK」ボタンを押せば、その場所に分析結果が出力されます。

今回のt値は約−3.46で、これに対する片側検定のp値は約0.0008(約0.08%)、両側検定のp値は約0.0017(約0.17%)でした。

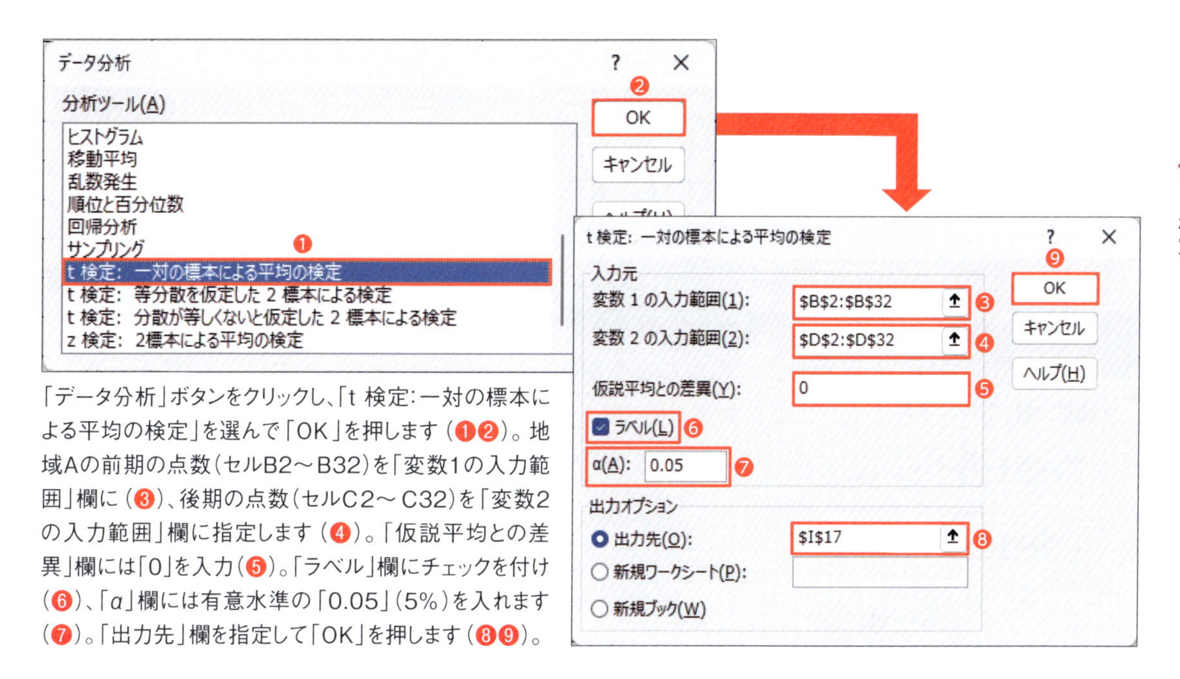

「データ分析」ボタンをクリックし、「t 検定: 一対の標本による平均の検定」を選んで「OK」を押します(❶❷)。地域Aの前期の点数(セルB2〜B32)を「変数1の入力範囲」欄に(❸)、後期の点数(セルC2〜C32)を「変数2の入力範囲」欄に指定します(❹)。「仮説平均との差異」欄には「0」を入力(❺)。「ラベル」欄にチェックを付け(❻)、「α」欄には有意水準の「0.05」(5%)を入れます(❼)。「出力先」欄を指定して「OK」を押します(❽❾)。

t-検定: 一対の標本による平均の検定ツール

	地域A	地域A
平均	55.5	64.9666667
自由度	29	
t	-3.45767422	
P(T<=t) 片側	0.00085175	
t 境界値 片側	1.69912703	
P(T<=t) 両側	0.0017035	
t 境界値 両側	2.04522964	

出力された分析結果は左図の通りです。t 値は約−3.46と計算され、これに対する片側検定のp値は約0.0008(約0.08%)、両側検定の p 値は約0.0017(約0.17%)でした。

5 解釈

（1）一標本 t 検定

地域Aの生徒全員の成績のように、母集団の平均点がわからない場合は、数名の試験結果を基に、ある得点（全国の平均点）と比較します。

具体的に、統計的な仮説検定のステップを整理しましょう。Z 検定のときと同様の帰無仮説と対立仮説を設定します。

●帰無仮説

地域Aの平均点は59点である（全国の平均点と統計的に有意な差はない）

●対立仮説

地域Aの平均点は59点ではない（全国の平均点と統計的に有意な差がある）

今回は、有意水準5％で両側検定を実施します。両側検定の p 値は約5.29％(約0.0529)で有意水準の5％より大きいので、帰無仮説を棄却できません。つまり、地域Aの平均点は「59点ではない」とは言い切れず、有意な差があるかどうかはわからないということになります。

Z検定では正規分布について見た対応と同様に、 t 検定では t 分布について同様の対応を見ることができます。

● p 値が約5.29％である状態

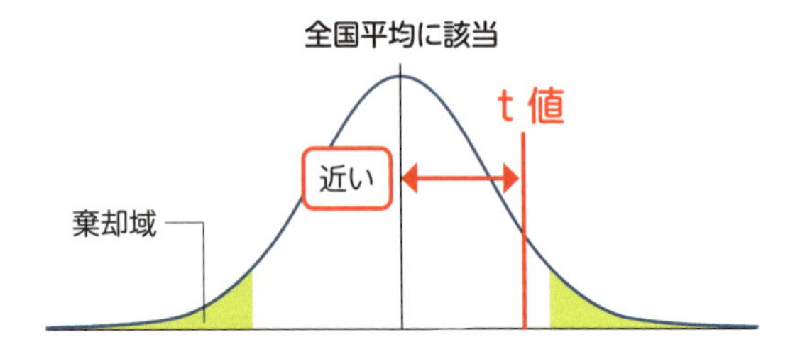

● p 値が5％以下である状態

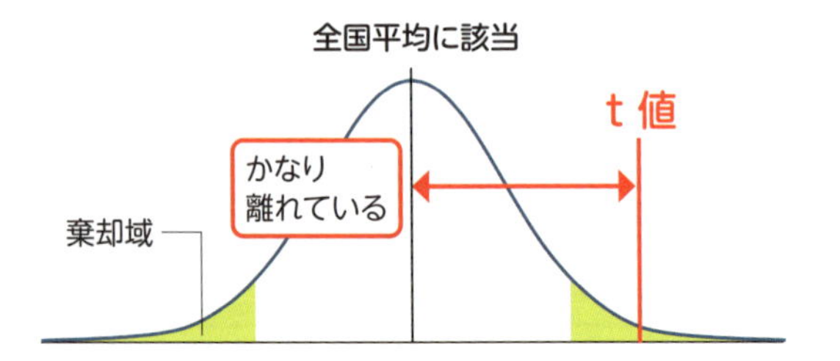

（2）独立二標本 t 検定

地域Aと地域Bの試験の平均点に統計的に有意な差があることを調べるときも、Z検定の場合と同様に、次の仮説を設定します。

●帰無仮説

地域Aと地域Bの平均点は等しい

●対立仮説

地域Aと地域Bの平均点は等しくない

ここでも、有意水準5%の両側検定を採用します。

Excelの分析ツールで計算した結果では、両側検定のp値は約6.9%でした。6.9%は有意水準の5%より大きいので、帰無仮説を棄却することができません。つまり、地域Aと地域Bの平均点は等しいとも等しくないともいえないという結論になります。

なお、地域Aと地域Bのそれぞれの対象者30名の間には何も関係がないので「等分散を仮定した2標本による検定」を利用していることに注意してください。A組の前期と後期の試験の点数比較については、同じ生徒の試験結果で関係があるので、「一対の標本による平均の検定」を使用します。区別して使い分けましょう。

(3) 対応のある二標本 t 検定

地域Aの対象者について、前期と後期の平均点を比較する検定をします。今回、試験の点数が約10点上がっているので、次の仮定をしてみます。

●帰無仮説

前期と後期で平均点は等しい

●対立仮説

前期と後期で平均点は上がっている

ここでは有意水準5%で、片側検定を採用します。片側検定のp値は約0.08%でした。これは有意水準の5%未満なので、帰無仮説を棄却することができます。したがって、対立仮説を採用し、前期から後期にかけてA組の試験の平均点の上昇は、統計的に有意であることが認められると結論付けられます。

このように、元の分散(標準偏差)がわからない場合に、2つの地域の平均点を比較したり、同一の対象者を基に母集団の学力向上があったのかを確認したりしたければ、t検定を利用することで結論を導き出すことができます。

6 まとめ

本章では、t検定の概念、Z検定との違い、その計算手順、Excelでの関数、分析ツールの利用方法、t検定の解釈と教育分野での応用について学びました。t検定はZ検定で必要であった母集団の標準偏差がわからなくても平均値の有意差を検定することができます。

ｔ検定は、教育現場において異なる教育プログラムや方法の効果を比較するために使用される重要な統計的手法です。一標本ｔ検定は、特定の教育プログラムの効果を評価する際に用いられ、独立二標本ｔ検定は、異なるグループ（例えば、異なる学校やクラス）の成績や評価を比較する際に有用です。また、対応のある二標本ｔ検定は、同じ生徒やクラスに対して異なる条件やアプローチを適用することで得られる効果を評価できます。

ｔ検定の結果を解釈する際には、ｐ値や有意水準などの結果を考慮します。ｐ値が有意水準よりも小さい場合、それは統計的に有意な差があることを示しますが、その結果を実務に反映させる際には教育プログラムの特性や生徒のニーズ、学校の状況などを考慮する必要があります。

教育現場では、ｔ検定を通じて異なる教育アプローチの効果や成果を客観的に評価し、教育政策や教育プログラムの改善に役立てることができます。

練習問題 Practice

10_ｔ検定データ.xlsx

例題に使用したデータを対象に、後期の地域Aと地域Bの平均点の差に統計的な有意差があるかを調べましょう。また、地域Bについて前期より後期の平均点は上がっていると判断してよいのか、仮説検定を行って結論を出しましょう。

第11章 カイ二乗検定

「カイ二乗検定」は、カテゴリカルデータの分析に用いられる統計的手法であり、2つの変数間の独立性や、ある分布が期待される分布に適合しているかを検定します。本章ではまず、カイ二乗検定の基本的な概念と定義を説明し、次にExcelを使って実際の教育データに適用する方法を解説します。教育現場でカイ二乗検定を活用する具体的な例、カイ二乗検定を実施する際の前提条件、計算手順、結果の解釈方法について詳しく学びましょう。

こんにちは、百花先生。最近、カイ二乗検定について勉強しましたか？データ分析にとても役立つ手法ですよ。

カイ二乗検定ですか？ 大学の統計の授業で名前は聞いたことがありますが、実際にどのように使うのかはあまり理解していません。

カイ二乗検定は、観測された頻度が期待される頻度からどれだけ異なるかを検定する方法です。例えば、生徒のアルバイトの有無と進路希望に関連があるかといったことを調べるのに使えます。

それは興味深いですね。でも、どのようにしてカイ二乗検定を実施するんですか？

まず、仮説に基づいて期待される頻度を計算します。次に、実際に観測された頻度を集めます。これらの情報を使って、カイ二乗統計量を計算し、統計的に有意な差があるかどうかを判断します。

実際のデータを使って仮説を検証できるのは素晴らしいですね。カイ二乗検定を使って、自分のクラスで試してみたいと思います。

それは良い考えです。カイ二乗検定を理解して活用することで、教育プログラムの効果を定量的に評価することができるようになります。何か不明な点があれば、いつでも相談してくださいね。

ありがとうございます。データ分析のスキルを向上させ、より良い教育方法を見つけられるようになりたいです。

1 カイ二乗検定とは何か

カイ二乗検定（χ^2検定）は、カテゴリカルデータの関連性や適合度を評価するために有用な統計的手法です。カイ二乗検定は、教育データにおいても異なるカテゴリ間の関連性や適合度を検証するために使用されます。例えば、異なる学習方法や教育プログラムを受けたグループ間の成績の適合度や関連性を評価する際などに利用されます。

カイ二乗検定は、ノンパラメトリック検定［注］の一種で、クロス集計表で整理したカテゴリカルデータについて分析することができます。カイ二乗分布と呼ばれる分布を利用して、関連の有無について観測度数と期待度数の差からカイ二乗統計量を計算し、そのp値を調べることで、統計的に有意な差があるかを検定することができます。

例えば、160名の学年について「理系」と「文系」、「数学が得意」と「数学が苦手」という2つの軸で人数を集計した、下のようなクロス集計表があったとします。このクロス集計表を見る限り、理系のほうが数学の得意な生徒が多く、文系のほうが数学の苦手な生徒が多いといえそうです。

●観測度数

種類	数学が得意	数学が苦手	合計
理系	75	5	80
文系	35	45	80
合計	110	50	160

もし、理系か文系かということが数学が得意か苦手かということにまったく関連がないとすると、数学が得意な生徒と苦手な生徒は理系・文系とも均等に110：50で分かれるはずです。もしくは、理系と文系が80：80なので、数学が得意な生徒の半分は理系、残りの半分は文系になるはずです。数学が苦手な生徒も半分は理系、残りの半分は文系になるでしょう。

この理系・文系と、数学の得意・苦手に関連がない場合のクロス集計表の数値を期待度数といい、今回は次の表のようになります。

●期待度数

種類	数学が得意	数学が苦手	合計
理系	55	25	80
文系	55	25	80
合計	110	50	160

［注］データが特定の分布（例えば正規分布）に従うと仮定しない統計検定

この期待度数と観測度数の差について、統計的に有意な差があるのかを検証することがカイ二乗検定になります。

2 Excelでのカイ二乗検定の方法

Excelでカイ二乗統計量を計算するには、「**CHISQ.TEST**」関数を利用します。この関数は観測度数と期待度数の差を計算し、カイ二乗統計量のp値を返します。

カイ・スクエアド・テスト
CHISQ.TEST カイ二乗統計量のp値を求める

=CHISQ.TEST(観測値範囲, 期待値範囲)

指定した観測値範囲と期待値範囲を基にカイ二乗統計量のp値を求める

例えば、観測度数がセルB2〜C3に、期待度数がセルG2〜H3に入力されている場合、

=CHISQ.TEST（B2：C3, G2：H3）

という数式でカイ二乗統計量のp値を計算できます。この関数を利用することで、Excelでカイ二乗検定を行うことができます。

3 例題

11_カイ二乗検定データ.xlsx

下のようなデータ（図は一部）を基に、生徒がアルバイトをすることと進路希望に関連があるかを調査したいと思います。「アルバイト」列の「1」はアルバイトをしていることを示し、空白はアルバイトをしていないことを意味します。

	A	B	C	D	H	I	J	K	L
1									
2–4	年	組	番号	氏名	アルバイト	家庭学習時間	通学時間	情報リテラシーレベル	進路希望
5	1	1	1	阿達 貴至		94	50	5	私立大学
6	1	1	2	足立 文恵		49	50	4	私立大学
7	1	1	3	伊藤 久美子		42	50	3	国公立大学
8	1	1	4	岩田 ひろみ		59	20	4	国公立大学
9	1	1	5	大塚 浩市		110	30	4	私立大学
10	1	1	6	大宮 達哉		5	60	5	国公立大学
11	1	1	7	加賀屋 仁		21	50	5	私立大学
12	1	1	8	川野 龍		54	40	5	短期大学・専門学校
13	1	1	9	木村 陽	1	57	30	5	就職
14	1	1	10	工藤 剛		34	70	3	短期大学・専門学校

このデータを基に、Excelの**ピボットテーブル**機能を利用して、「アルバイト」列と「進路希望」列を用いたクロス集計表を作成しました。ピボットテーブルの各フィールドは、左下図のように設定します。この結果を用いて、カイ二乗検定を行ってみましょう。

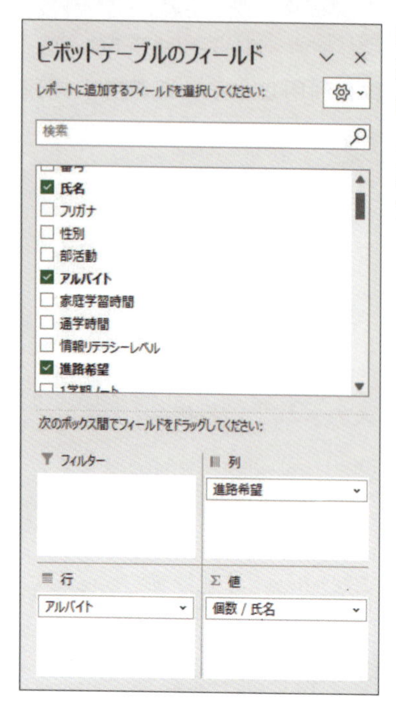

前ページのデータを基に、ピボットテーブルでクロス集計表を作成します。左図の通り、「行」に「アルバイト」のフィールド、「列」に「進路希望」のフィールドを配置します。「値」に「氏名」のフィールドを指定することで、それぞれに該当する生徒の人数をクロス集計することができます。完成したクロス集計表は下図の通りです。見出し「1」の行がアルバイトをしている生徒の人数を表します。「（空白）」の行はアルバイトをしていない生徒の人数です。

	A	B	C	D	E	F
1	観測度数					
2	個数 / 氏名	進路希望				
3	アルバイト	国公立大学	私立大学	就職	短期大学・専門学校	総計
4	1			15	9	24
5	(空白)	56	41	3	36	136
6	総計	56	41	18	45	160
7						

4 Excel操作

カイ二乗検定を行うには、先ほど作成したクロス集計表の期待度数を求めます。それにはまず、ピボットテーブルのセルA2～F6の範囲をコピーして、別表を作りましょう。コピーした後、「貼り付け」のメニューから「値」を選択して貼り付けるのがお勧めです。ここではセルA9以下に貼り付けた後、罫線を引いて見栄えを整えました。元のピボットテーブルには「観測度数」、コピーした別表には「期待度数」とタイトルを入れておきます。

次に、別表のセルB11～E12に入力されている値（観測度数）を消して、期待度数に変えます。それには、セルB11に、

```
=$F11*B$13/$F$13
```

という数式を入れて、セルE12までオートフィル操作でコピーします。

上記の式は、アルバイトをしている生徒の人数に、生徒全体に占める国公立大学の志望者の割

合を掛けたものです。これにより、アルバイトをしている生徒における国公立大学志望者の期待度数を計算できます。コツは、行の総計であるセルF11の参照はアルファベットの「F」にだけ、列の総計であるセルB13の参照には数字の「13」にだけ「$」記号を付けて複合参照にし、総合計であるセルF13の参照はどちらにも「$」記号を付けた絶対参照にする点です。すると、「$」記号を付けた部分は参照が固定されるので、この式をコピーするだけで、ほかの項目の期待度数も手早く計算できます（245ページ参照）。

期待度数の表が完成したら、この表と元の観測度数の表を利用して、カイ二乗統計量のp値を計算します。これにはCHISQ.TEST関数を利用するのでしたね。1つめの引数に観測度数の範囲であるセルB4～E5、２つめの引数に期待度数の範囲であるセルB11～E12を指定すれば、p値を求めることができます。

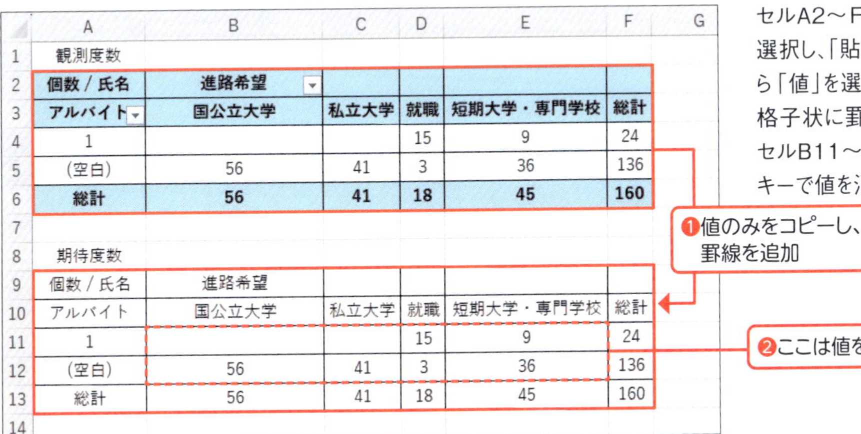

	A	B	C	D	E	F	G
1	観測度数						
2	個数 / 氏名	進路希望					
3	アルバイト	国公立大学	私立大学	就職	短期大学・専門学校	総計	
4	1			15	9	24	
5	(空白)	56	41	3	36	136	
6	総計	56	41	18	45	160	
7							
8	期待度数						
9	個数 / 氏名	進路希望					
10	アルバイト	国公立大学	私立大学	就職	短期大学・専門学校	総計	
11	1			15	9	24	
12	(空白)	56	41	3	36	136	
13	総計	56	41	18	45	160	
14							

セルA2～F6をコピーしたら、セルA9を選択し、「貼り付け」ボタンのメニューから「値」を選択して貼り付けます（❶）。格子状に罫線を引いて見栄えを整え、セルB11～E12の範囲は「Delete」キーで値を消去します（❷）

	A	B	C	D	E	F	G
8	期待度数						
9	個数 / 氏名	進路希望					
10	アルバイト	国公立大学	私立大学	就職	短期大学・専門学校	総計	
11	1	=$F11*B$13/$F$13				24	
12	(空白)					136	
13	総計	56	41	18	45	160	
14							
15							

❸数式を入力

セルB11に図の数式を入力して（❸）、アルバイトをしている生徒のうち、国公立大学を志望している生徒の期待度数を求めます。この数式をコピーしてほかの期待度数も計算したいので、適切に「$」記号を付けて複合参照、絶対参照にします。

	A	B	C	D	E	F	G
8	期待度数						
9	個数 / 氏名	進路希望					
10	アルバイト	国公立大学	私立大学	就職	短期大学・専門学校	総計	
11	1	8.4	6.15	2.7	6.75	24	
12	(空白)	47.6	34.85	15.3	38.25	136	
13	総計	56	41	18	45	160	
14							

❹ ❺

セルB11を選択して、右下隅のハンドルをセルE11まで右方向にドラッグします（❹）。さらに、そのままセルE12まで下方向にドラッグすれば（❺）、各項目の期待度数を一度に計算できます。

	A	B	C	D	E	F	G
1	観測度数						
2	個数 / 氏名	進路希望					
3	アルバイト	国公立大学	私立大学	就職	短期大学・専門学校	総計	
4	1			15	9	24	
5	(空白)	56	41	3	36	136	
6	総計	56	41	18	45	160	
7							
8	期待度数						
9	個数 / 氏名	進路希望					
10	アルバイト	国公立大学	私立大学	就職	短期大学・専門学校	総計	
11	1	8.4	6.15	2.7	6.75	24	
12	(空白)	47.6	34.85	15.3	38.25	136	
13	総計	56	41	18	45	160	
14							
15	p値	5.81857E-15					
16							
17							
18							

=CHISQ.TEST(B4:E5, B11:E12)

B4:E5 観測度数　B11:E12 期待度数

セルB15にCHISQ.TEST関数の式を入れて、カイ二乗統計量の p 値を求めます。ここでは結果が非常に小さい値なので、「5.81857E−15」という指数の表示になりました。この値は約0.00000000000058%を意味しています。

カイ二乗分布

カイ二乗統計量は、観測度数と期待度数の差の2乗を期待度数で割った値を合計したものです。このため、カイ二乗分布はx軸の負の値では定義されず、正の方向に伸びていく分布となります。

なお、計算されたカイ二乗統計量(χ^2)は、自由度(カテゴリ数−1)のカイ二乗分布に従います。

5 解釈

例題のように、期待度数と、カイ二乗統計量のp値を計算することができましたか? この結果から何がいえるのでしょうか。

アルバイトの有無と進路希望に関連があるのか、これらのカテゴリ間には統計的に有意な差があるのかを調べていました。ここで、カイ二乗検定の帰無仮説と対立仮説を設定します。

●帰無仮説

アルバイトの有無と進路希望には関連がない(観測度数＝期待度数)

●対立仮説

アルバイトの有無と進路希望には関連がある(観測度数≠期待度数)

今回は、有意水準1％で、片側検定を実施します。

Excelの計算結果では、検定のｐ値は1％よりもかなり小さい値でした。この結果から、帰無仮説を棄却することができます。つまり、対立仮説である「アルバイトの有無と進路希望には関連がある」という結論が統計的に妥当といえます。

なお、今回のデータ分析の結果は、必ずしも、全ての学校・生徒に当てはまるかはわかりません。統計的な根拠と、そのほかの要因を吟味して、結論を出す必要があります。

期待度数とは、仮説に基づいた理論値です。この理論値と観測度数の差をカイ二乗統計量は示し、ｐ値はその確率を示しています。

● ｐ値が1%以下である状態

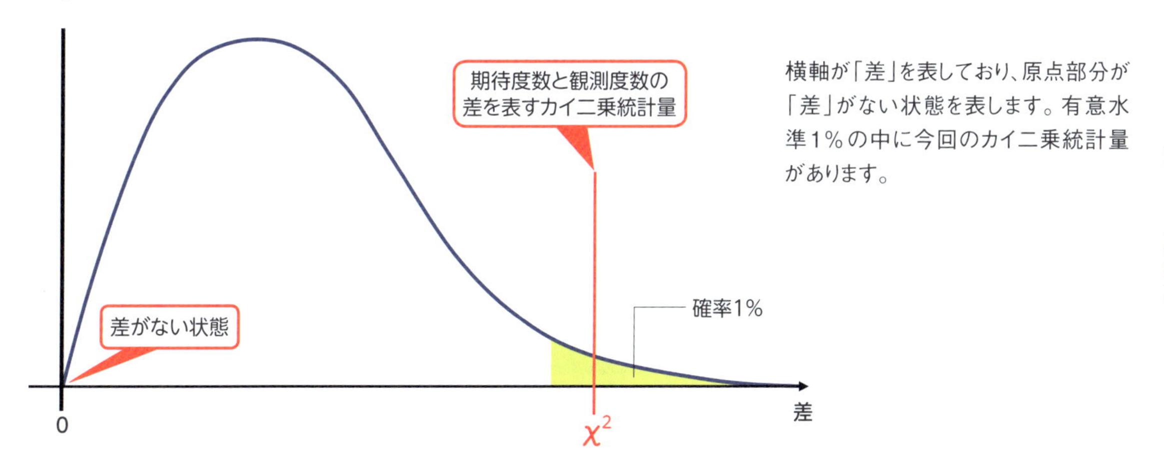

横軸が「差」を表しており、原点部分が「差」がない状態を表します。有意水準1%の中に今回のカイ二乗統計量があります。

このように、２つ以上のカテゴリカルデータの間に関連があるかという疑問に対しては、カイ二乗検定を利用することで結論を導き出すことができます。

ワンポイント

必要となる数学的な仮定

●各セルの期待度数が十分に大きい

カイ二乗検定では、各セル（クロス集計表のセル）の期待度数が十分に大きいことが重要です。通常、各セルの期待度数が5以上であれば十分とされます。

6 まとめ

教育データにおけるカイ二乗検定は、カテゴリカルな変数間の関連性や適合度を評価する統計的手法です。クロス集計表を作成してカイ二乗統計量を計算し、帰無仮説を検証します。例えば、学習成果と要因の関連性の検定、学校間の比較、教育理論や予測モデルが実際の学習データに適合しているかどうかの評価などに利用することができます。

カイ二乗検定は教育現場において、教育政策の効果検証や学習成果の評価、教育プログラムの改善など様々な分析に活用される有力な手法です。

練習問題 Practice

11_カイ二乗検定データ.xlsx

例題で用いたサンプルデータには5段階評価の「確定評定」という列があります。これを利用して、アルバイトをしているかどうかと確定評定の間には関連があるかを、カイ二乗検定で検証してみましょう。

	A	B	C	D	E	F	G	H	I	BM	BN	BO	BP	BQ
1										確定版				
2-4	年	組	番号	氏名	フリガナ	性別	部活動	アルバイト	家庭学習時間	観点別評価(ABC) 主	知・技	思判表	確定評定	
5	1	1	1	阿達 貴至	アダチ タカユキ	男	野球		94	A	A	A	5	
6	1	1	2	足立 文恵	アダチ フミエ	女			49	B	B	B	4	
7	1	1	3	伊藤 久美子	イトウ クミコ	女	野球		42	A	B	B	4	
8	1	1	4	岩田 ひろみ	イワタヒロミ	女	野球		59	A	B	B	4	
9	1	1	5	大塚 浩市	オオツカ コウイチ	男	野球		110	A	A	B	5	
10	1	1	6	大宮 達哉	オオミヤ タツヤ	男	テニス		5	B	C	C	3	
11	1	1	7	加賀屋 仁	カガヤ ヒトシ	男	野球		21	A	C	C	3	
12	1	1	8	川野 龍	カワノ リュウ	男	吹奏楽		54	A	C	B	3	
13	1	1	9	木村 陽	キムラ アキラ	男		1	57	B	B	B	4	
14	1	1	10	工藤 剛	クドウ ツヨシ	男	サッカー		34	B	C	C	2	
15	1	1	11	栗原 祥司	クリハラ ショウジ	男	バレー		43	B	B	B	3	
16	1	1	12	黒澤 歩	クロサワ アユミ	女	吹奏楽		23	B	C	C	1	
17	1	1	13	小林 貴之	コバヤシ タカユキ	男	バレー		100	A	B	B	4	
18	1	1	14	酒井 友則	サカイトモノリ	男	野球		56	A	B	C	4	
19	1	1	15	笹川 伸久	ササガワ ノブヒサ	男	サッカー		88	A	B	B	4	
20	1	1	16	佐藤 志保	サトウ シホ	女	体操		101	B	A	B	4	

	A	B	C	D	E	F	G	H
1	観測度数							
2	個数 / 氏名	確定版評価						
3	アルバイト	1	2	3	4	5	総計	
4	1	2	2	15	5		24	
5	(空白)	4	3	42	66	21	136	
6	総計	6	5	57	71	21	160	
7								

上のようなサンプルデータにある「アルバイト」列と「確定評定」列を用いて、左のようなクロス集計表をピボットテーブルで作成しました。これを基にカイ二乗検定を行い、関連の有無を検証してください。

第12章 F検定

本章では「F検定」について学習します。F検定の基本的な概念と定義を理解したうえで、2つ以上のグループ間での分散の統計的差異を検定する方法を身に付けましょう。F検定の結果を教育現場でどのように活用できるか、異なる教育方法やプログラムの効果を比較する具体的な例を通して学びます。さらに、F検定を行う際の前提条件、分散の均一性の検討、および結果を解釈する際に考慮すべき限界と注意点についても説明します。

こんにちは、百花先生。データ分析の手法の1つ、F検定のことは聞いたことありますか？ 教育分野でとても役に立つものですよ。

F検定ですか？ 名前は聞いたことがありますが、実際にどう使うのかはよくわかっていません。どんなときに便利なんですか？

F検定は、異なる教育方法が生徒の成績に与える影響のばらつきを比較する際に特に役立ちます。例えば、前期試験と後期試験のクラスの成績の分散を比較することで、前期と後期のどちらの指導方法がより一貫した成果を得られたのかを検証できます。

それは確かに便利そうです。でも、F検定を実施するにはどんな準備が必要なんですか？

良い質問です。F検定を行う前には、データが正規分布に従っているか、そして比較するグループ間で分散の均一性があるかを確認する必要があります。これらの条件を満たしている場合に、F検定を用いて分散の統計的な差異を検証することが可能です。

なるほど、統計的に有意な差を見つけるための手法なのですね。ただ、計算には注意が必要になりそうです。

迷ったときにはいつでも相談してください。正確なデータ分析を通じて、教育の質を高めることができるようサポートします。F検定はデータに基づいた教育改善策の決定に非常に有効なデータ分析ですから、積極的に活用してみてください。

わかりました。F検定を使って、教育改善策の効果を検証してみます。

1 F検定とは何か

教育現場で用いる統計学において、**F検定**は、グループ間で分散（ばらつき）が等しいかどうか（**等分散性**）を検証する際に利用します。特に、F検定を行うと、t検定を行う際の等分散性の仮定を検証することができます。また、次の章の分散分析でもF検定を行います。

等分散性の検定をするときには、「2つのグループの（母）分散の比はF分布に従うという性質」を利用します。F分布は、分散の比なので正の方向にのみ広がるグラフとなります。

本章では、分散を自由度で割った値の比がF分布に従うことを使って、「2つのグループの分散は本当に異なるのか」を統計的に仮説検定します。なお、F検定では分散の値が大きいものを分子にします。t検定で等分散性を仮定したいときは、F検定のp値が有意水準よりも大きく帰無仮説が棄却できない場合に有効とします。

2 ExcelでのF検定の方法

ここでは、2つのクラスの模擬試験の結果について、分散が等しいかについて統計的に有意な差があるかを調べる検定方法を説明します。

n_A人のクラスの平均点がm_A点で不偏分散が$s_A{}^2$、n_B人のクラスの平均点がm_B点で不偏分散が$s_B{}^2$であったとします。2つのクラスの得点分布は、正規分布に従っているとします。このとき、F検定のF値は、以下の数式によって求めます。

$$F = \frac{\text{Aの不偏分散}}{\text{Bの不偏分散}} = \frac{s_A{}^2}{s_B{}^2}$$

このF値を自由度（n_A-1, n_B-1）のF分布で調べることになります。自由度の考え方は難しいですが、今回の場合「クラスの人数－1」で求められる値を指します。自由度はExcelが自動的に計算してくれます。このF値が稀な結果であるかをp値で判断します。F検定のp値は、Excelでは「**F.TEST**」関数を利用して計算します。

エフ・テスト
F.TEST F検定のp値（両側確率）を求める
=F.TEST(配列1, 配列2)
2組のデータの分散に有意な差があるかを検定する

例えば、セルA1～A30にクラス1の生徒の得点が入力されていて、セルB1～B30にクラス2の生徒の得点が入力されている場合、Ｆ検定のｐ値は次の数式で計算できます。「2つの分散に違いがあるか」を検証するときには両側検定を使います。「片方の分散に比べて他方の分散が大きい（小さい）か」を調べるときには片側検定を使います。

（両側）Ｆ検定のｐ値

=F.TEST（A1：A30, B1：B30）

片側検定では、分散が大きいかを調べる場合と小さいかを調べる場合とで数式が異なります。

（片側）Ｆ検定のｐ値

大きいかどうか：=F.TEST（A1：A30, B1：B30）／2

小さいかどうか：＝1−F.TEST(A1：A30, B1：B30）／2

このｐ値と有意水準の5%や1%を比較することで、有意差の判定を行います。

Excelでは、データ分析ツールを利用して、F値とそのｐ値を比較することも可能です。

3 例題

12_F検定データ.xlsx

A組とB組のそれぞれ30人が受けた模擬試験の前期と後期の成績データについて、等分散性を仮定できるのかを検証してみましょう。前期模試のA組の得点とB組の得点について、分散に統計的に有意な差があるのか、F.TEST関数を利用して判定してみます。また、前期模試と後期模試でA組の得点の分散に変化があるのか、統計的に有意な差があるのか、Excelの分析ツールを用いて、ｐ値を求めて検証してみます。

	A	B	C	D	E	F
1	模試結果					
2	番号	前期A組	前期B組	後期A組	後期B組	
3	1	51	68	80	59	
4	2	67	58	78	64	
5	3	52	56	63	53	
6	4	70	62	44	69	
7	5	76	49	70	74	
31	29	68	49	63	80	
32	30	45	55	53	45	
33						

4 Excel操作

F.TEST関数を利用して、F値のp値を実際に計算してみましょう。B列とC列のデータの分散の比についてのp値を計算します。先に両側検定でのp値を求めるほうが簡単です。F.TEST関数の1つめの引数にセルB3～B32、2つめの引数にセルC3～C32を指定します。

両側検定でのp値が求められたら、それを2で割ることで、片側検定でのp値を計算できます。ここでは、片側検定でのp値は44.7%、両側検定でのp値は89.5%という結果になりました。

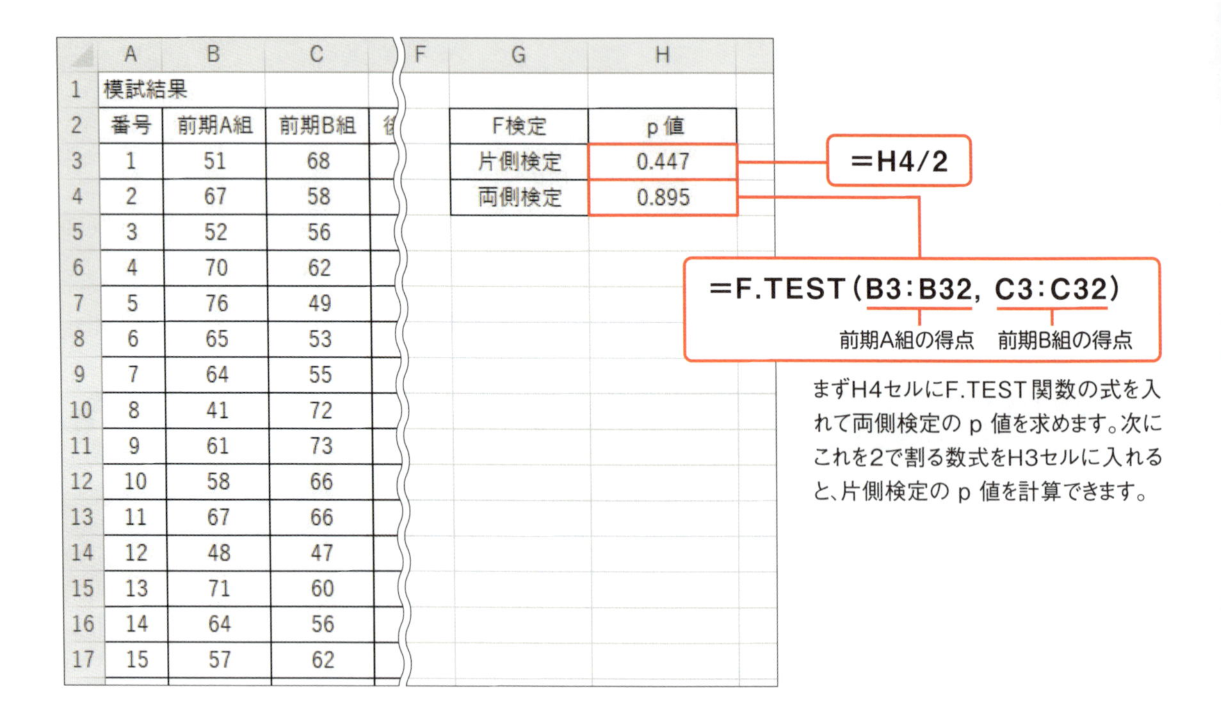

	A	B	C
1	模試結果		
2	番号	前期A組	前期B組
3	1	51	68
4	2	67	58
5	3	52	56
6	4	70	62
7	5	76	49
8	6	65	53
9	7	64	55
10	8	41	72
11	9	61	73
12	10	58	66
13	11	67	66
14	12	48	47
15	13	71	60
16	14	64	56
17	15	57	62

	G	H
2	F検定	p値
3	片側検定	0.447
4	両側検定	0.895

まずH4セルにF.TEST関数の式を入れて両側検定のp値を求めます。次にこれを2で割る数式をH3セルに入れると、片側検定のp値を計算できます。

次に、A組の前期と後期の得点に対する分散には統計的に有意な差があるかを検証します。今度はExcelの分析ツールを利用して、F値のp値を計算してみましょう。

具体的には、「データ分析」ボタンをクリックして「F検定：2標本を使った分散の検定」を選びます。すると設定画面が表示されるので、「変数1の入力範囲」に前期の得点、「変数2の入力範囲」に後期の得点の範囲を指定します。「ラベル」欄にチェックを付けることで、先頭行にあたるセルB2とセルD2の文字を、分析結果の表に表示させることができます。「α」欄には、有意水準の「0.05」もしくは「0.01」を入力します。「出力先」欄には、結果を出力したい場所（ここではセルG6）を指定します。

全ての項目を指定できたら、「OK」ボタンをクリックします。すると、出力先として指定したセルを起点に、F値とp値をはじめとする各種の値が自動計算されます。

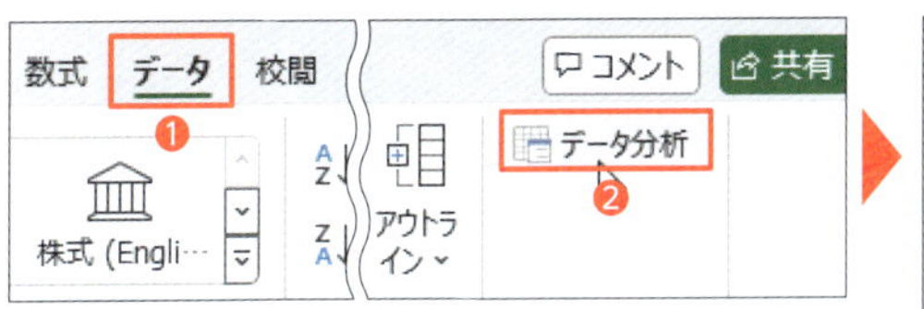

「分析ツール」アドインを追加すると「データ」タブに表示される「データ分析」ボタンをクリックします（❶❷）。右のようなツールの選択画面が開いたら、「F検定:…」を選んで「OK」を押します（❸❹）。

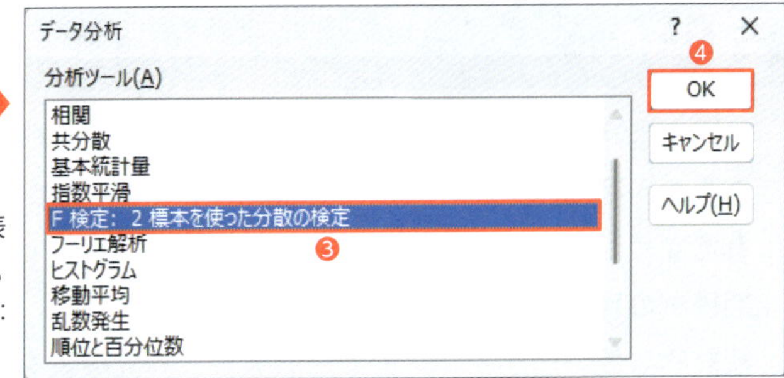

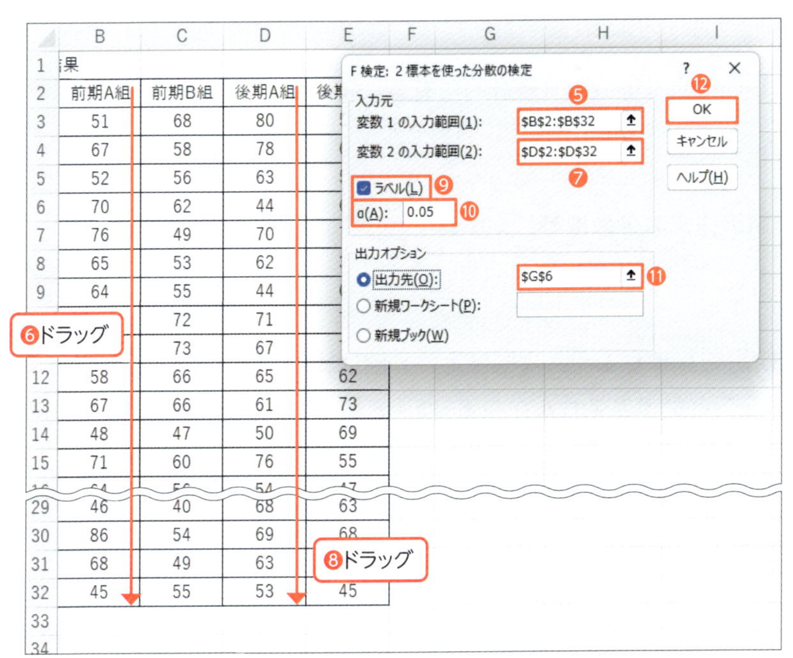

設定画面が開くので、「変数1の入力範囲」欄を選択し（❺）、前期A組の得点（セルB2～B32）をドラッグして指定します（❻）。同様に、「変数2の入力範囲」欄を選択し（❼）、後期A組の得点（セルD2～D32）をドラッグして選択します（❽）。このように列見出しを含めて選択した場合は、「ラベル」欄をチェックすることで（❾）、その見出しを分析結果に表示できます。「α」欄には、有意水準を「0.05」と入力します（❿）。「出力先」欄には、結果を表示させたいセルの起点（ここではセルG6）を指定し（⓫）、「OK」ボタンを押します（⓬）。

出力された結果は右のようになります。分析ツールを利用したF値の計算では、片側検定の値のみ出力されます。前期A組も後期A組も自由度は、クラスの人数－1＝30－1＝29となっています。「観測された分散比」欄の値がF値で、約0.798と計算されました。これに対する片側検定の p 値は約27.3%でした。「F境界値 片側」欄の値が、棄却域の境界を表します。

F-検定: 2 標本を使った分散の検定

	前期A組	後期A組
平均	60.3	64.9666667
分散	103.1137931	129.274713
観測数	30	30
自由度	29	29
観測された分散比	0.797633126	
P(F<=f) 片側	0.273270885	
F 境界値 片側	0.537399965	

5 解釈

例題のように、F.TEST関数を用いてｐ値、分析ツールを利用してF値とｐ値を求めることができましたか？ 私たちは、2つのクラスや、2つの模試の間で分散が等しいといえるのか、統計的に有意な差があるのかを調査していました。ここでは、分析ツールを利用したA組の前期模試と後期模試の比較について解説しましょう。

統計的な仮説検定では、まず帰無仮説と対立仮説を立てるのでしたね。ここでは、

●帰無仮説

A組の前期模試の得点と後期模試の得点は等分散（統計的に有意な差はない）

●対立仮説

A組の前期模試の得点と後期模試の得点の分散は等しくない

のように仮説を立てます。

今回は、有意水準5％で片側検定をしましょう。片側検定のｐ値は約27.3％（約0.273）＞5％でしたので、帰無仮説を棄却することができません。つまり、「A組の前期模試と後期模試の得点の分散は等しくない」とは、統計的にいえないことになります。

ややこしいですが、「分散が等しくない」というわけではありませんので、2つの模試の得点は「等分散」と仮定してもよいことになります。

F検定で利用したF分布の形を確認しておきましょう。グラフは自由度が（29, 29）のF分布を作成しました。

● p 値が約27.3%である状態

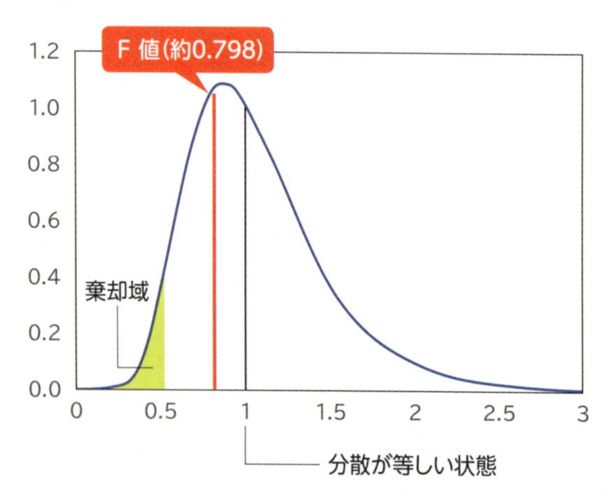

● p 値が5%以下である状態

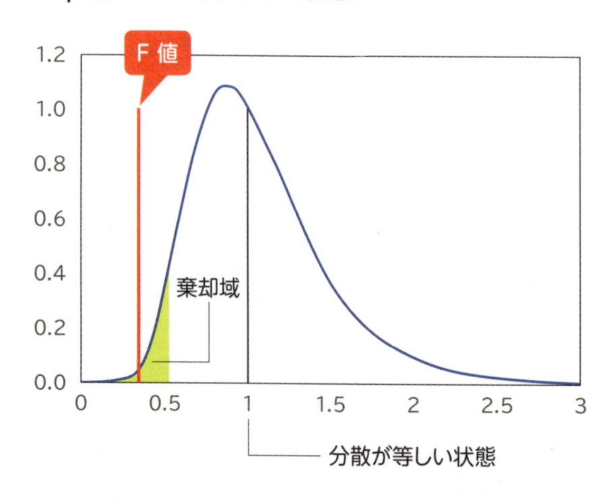

ちなみに、前期模試と後期模試の順番を逆にすると、先ほどのF値とは分子と分母を逆にした結果になります。分析ツールの「変数1の入力範囲」と「変数2の入力範囲」を逆に指定した結果を見ると、p値は同じで、F値が違うことがわかります。

F-検定: 2 標本を使った分散の検定

	後期A組	前期A組
平均	64.9666667	60.3
分散	129.274713	103.113793
観測数	30	30
自由度	29	29
観測された分散比	1.25370922	
P(F<=f) 片側	0.27327089	
F 境界値 片側	1.86081144	

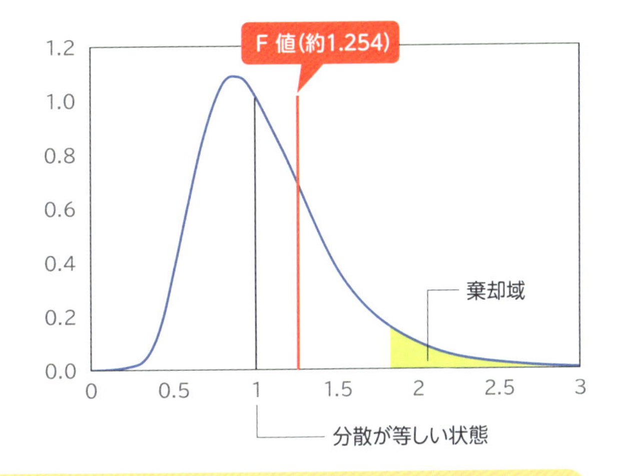

ワンポイント

分析ツールで両側検定を実施する

Excelの分析ツールでF検定をするときは、片側検定しかできないと述べました。しかし、次のようにすれば、両側検定もできます。すなわち、分析ツールの設定画面で、5%で両側検定をしたいときは「0.025」、1%で両側検定をしたいときは「0.005」と、「α」の欄に入力します。出力結果には「片側検定」と表示されますが、実際は両側検定の結果を表示していることになります。

6 まとめ

本章では、F検定の概念、その数学的な理解、ExcelのF.TEST関数と分析ツールを利用したF値とp値の計算手順、F検定の結果の解釈と教育分野での応用について学びました。

F検定は、F分布を利用して2つのグループの分散が等しいかどうかを検定する方法です。等分散か否かを検証することは、クラス間の成績の格差の有無を調べることなどに役立ちます。また教育データ分析において、特に重要なt検定（第10章）や分散分析（第13章）を利用する際の仮定であったり、理論的な基盤になっていたりします。

対応のない2標本のt検定では、等分散性の仮定が必要でした。この章で学習した内容を踏まえて、もう一度t検定の章を読んでみてください。

次の章では、3つ以上のグループ間の平均値に統計的に有意な差があるかを検定する「分散分析」を学びます。そのときにもF分布を利用した検定を行います。

練習問題 Practice

12_F検定データ.xlsx

例題では、前期模試のA組とB組の分散比、そしてA組の前期模試と後期模試の分散の比について、F検定をしました。その手順を参考に、後期模試のA組とB組の分散の比、そしてB組の前期模試と後期模試の分散の比について、F検定をしてみましょう。

	A	B	C	D	E	F
1	模試結果					
2	番号	前期A組	前期B組	後期A組	後期B組	
3	1	51	68	80	59	
4	2	67	58	78	64	
5	3	52	56	63	53	
6	4	70	62	44	69	
7	5	76	49	70	74	
8	6	65	53	62	34	
9	7	64	55	44	69	
10	8	41	72	71	74	
11	9	61	73	67	71	
12	10	58	66	65	62	
13	11	67	66	61	73	
14	12	48	47	50	69	
26	24	61	37	52	79	
27	25	58	61	81	58	
28	26	48	58	61	76	
29	27	46	40	68	63	
30	28	86	54	69	68	
31	29	68	49	63	80	
32	30	45	55	53	45	
33						

第13章

分散分析

本章では「分散分析」（ANOVA）の役割と方法に焦点を当てます。分散分析の基本的な概念と定義から始めて、一元配置分散分析と二元配置分散分析の違いについて解説します。分散分析を教育現場でどのように活用できるか、異なる教育手法やカリキュラムの効果を評価する具体例を通して学びましょう。さらに、分散分析の結果の解釈と交互作用の見方についても理解を深めます。

お疲れさまです、百花先生。データ分析で分散分析を使ったことはありますか? 教育研究において非常に有用なツールですよ。

分散分析ですか? 聞いたことはありますが、実際に使った経験はありません。具体的にどんな場面で活用するのですか?

分散分析は、特に3つ以上のグループ間で成績の平均値に差があるかどうかを検証したい場合に役立ちます。例えば、動画視聴を利用した指導と生成AIを利用した指導という異なる教育手法が生徒の成績に与える影響を統計的に比較する際に使用します。

なるほど、それはとても便利そうですね。でも、実際に分散分析を行う手順は複雑なのでしょうか?

基本的な手順自体は簡単です。Excelなどのソフトウエアを使えば、手軽に分析を実行できますよ。ただし、データが分析の前提条件を満たしていることを確認する必要があります。

前提条件とはどのようなものですか? また、結果の解釈にはどのような点に注意すればいいのでしょうか?

データが正規分布に従っていることや、各グループの分散が等しいことなどが前提条件です。結果の解釈では、統計的に有意な差が見られた場合でも、その差の実践的な意味についても考える必要があります。

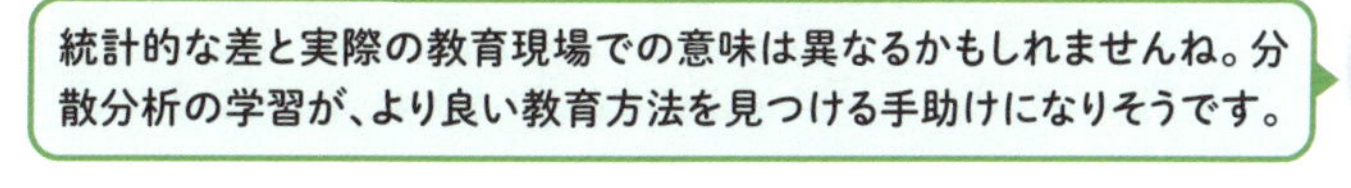

1 分散分析とは何か

分散分析は、複数のグループの平均値を比較するための統計的手法です。2つのグループ間で比較する場合にはZ検定やｔ検定を利用しますが、3つ以上のグループで比較する場合には分散分析を利用します。

一元配置分散分析は、3つ以上のグループの平均値を比較し、統計的に有意な差があるかどうかを検定するための手法です。**二元配置分散分析**は、さらに要因の違いによって、効果がどのように変わってくるか調査することができる手法です。

分散分析では、**群間変動**と**群内変動**と呼ばれる分散のような値の比を考えます。この比はF分布に従うことが知られているので、F値で検定します。群内変動に比べて群間変動の値が大きいほどグループ間の平均値のばらつき（分散）が大きく平均値に差があることを示し、ｐ値が小さくなります。

一元配置分散分析の例として、1組、2組、3組という3つのグループの試験の平均点を比較する場合が挙げられます。このとき、各組内の「偏差の平方和」が群内変動になります。また、各組の平均値と全体平均値に関する偏差の平方和が群間変動になります。

●一元配置分散分析

番号	1組	2組	3組	
1	52	58	61	
2	55	59	52	
3	67	70	55	
4	62	61	60	全体平均値
平均値	59	62	57	60

各組内の偏差の平方和が群内変動

各組の平均値と全体平均値に関する偏差の平方和が群間変動

$$F = \frac{\dfrac{\text{群間変動}}{\text{群の個数} - 1}}{\dfrac{\text{群内変動}}{\text{サンプル数の個数} - \text{群の個数}}}$$

この例では「1～3組の平均点が全て等しいか」という仮説検定を実施して、算出したｐ値を基に、統計的に有意な差があるかを検証します。

基本的に同じような考え方で、二元配置分散分析もF値で検定することができます。例えば、教材Aと教材Bについてそれぞれ1組と2組の平均点がわかっているときに、教材の違いとクラスの違いによって平均点に差があるかを検定することができます。繰り返しのある場合では、クラスと教材の相性で平均点に差が出るかを検定することができます（**交互作用**）。

●二元配置分散分析

平均点	1組	2組
教材A	65	78
教材B	60	59

2 例題

13_分散分析データ.xlsx

下の表は、1～3組の生徒にある作品を作成させ、その達成度を自己評価（5段階）で申告させたデータです。生徒に対しては、同等のレベルの作品の作成方法について、動画視聴と生成AIという2種類のツールを用いて指導しました。指導ツールの違いやクラスの違いが、生徒の自己評価に影響しているのかを検定してみます。

	A	B	C	D	E	F	G	H
1	動画視聴			生成AIの利用				
2	1組	2組	3組	1組	2組	3組		
3	3	5	4	3	3	3		
4	5	4	5	5	4	3		
5	2	3	2	3	4	3		
6	4	5	4	3	5	4		
7	5	4	4	3	4	4		
8	5	5	5	4	4	3		

一次元配置分散分析をするための集計表

クラスと指導ツールごとに、自己評価の平均値を示すクロス集計表も作成しました。これについて、Excelの分析ツールを用いて、分散分析を行いましょう。

	A	B	C	D	E	F	G	H
1	**クラス**	**動画**	**生成AI**			1組	2組	3組
2	1組	3	3		動画	3.53846	4.07692	4.00000
3	1組	5	5		生成AI	3.33333	3.92308	3.64103
4	1組	2	3					
5	1組	4	3					
6	1組	5	3					
7	1組	5	4					
8	1組	3	1					

二次元配置分散分析をするための集計表

3 Excel操作

Excelのデータ分析ツールには、分散分析を行うツールも含まれています。これを使うことで、難しい数式などを使わなくても、分散分析を実施することができます。

(1) 一元配置分散分析

まずはクラスの違いが自己評価に影響しているのかを調べましょう。動画視聴によって指導した場合の1～3組の自己評価の平均点に統計的に有意な差があるのかを検定します。動画視聴の列に着目します。

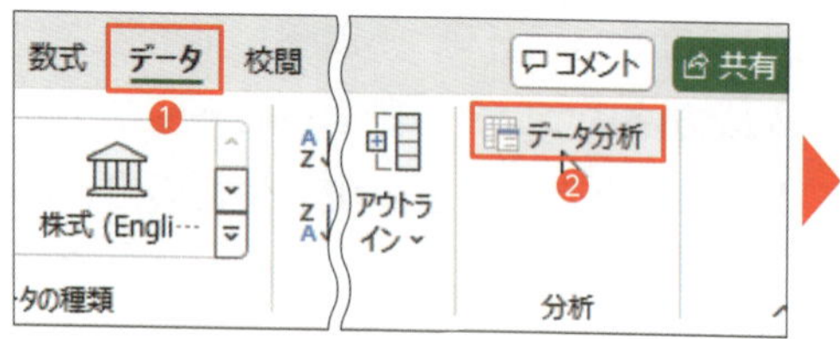

「データ分析」ボタンをクリックします(❶❷)。右のようなツールの選択画面が開いたら、「分散分析: 一元配置」を選んで「OK」を押します(❸❹)。

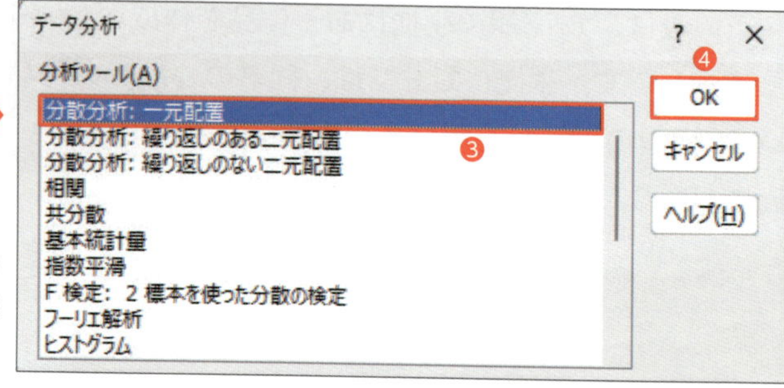

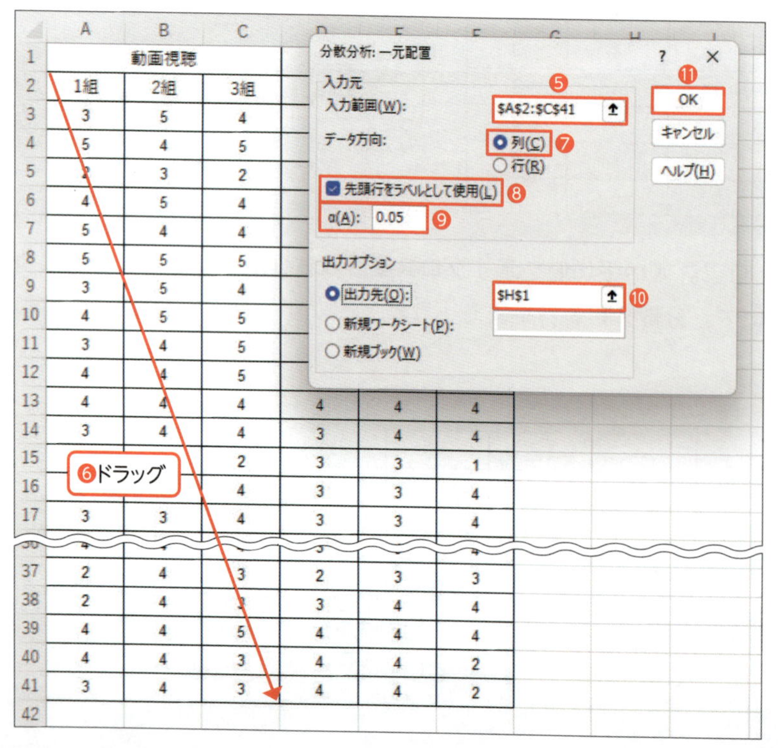

設定画面が開くので、「入力範囲」欄を選択し(❺)、動画視聴の評価データ(セルA2～C41)をドラッグして指定します(❻)。「データ方向」欄は「列」を選択します(❼)。「先頭行をラベルとして使用」をチェックして(❽)、「α」欄には、有意水準を「0.05」と入力します(❾)。「出力先」欄には、結果を表示させたいセルの起点(ここではセルH1)を指定し(❿)、「OK」ボタンを押します(⓫)。

Excelで分散分析を行うには、「データ分析」ボタンをクリックして「分散分析：一元配置」を選びます。「入力範囲」欄に、動画視聴に関する1～3組までの評価データを指定します。「データ方向」欄は「列」としましょう。「入力範囲」に列見出しのセルを含めた場合は、「先頭行をラベルとして使用」にチェックを付けます。有意水準を指定する「α」欄には「0.05」（5%）と入力し、「出力先」欄に結果を表示したい場所を指定して、「OK」ボタンを押します。

すると、一次元配置分散分析の概要と分散分析表が出力されます。ここでp値は「0.0135…」（約1.4%）と出力されています。なお、F値として「4.4644…」も計算されます。

分散分析: 一元配置

概要

グループ	ータの個数	合計	平均	分散
1組	39	138	3.538462	0.886639676
2組	39	159	4.076923	0.546558704
3組	39	156	4	0.789473684

分散分析表

変動要因	変動	自由度	分散	観測された分散比	P-値	F 境界値
グループ間	6.615385	2	3.307692	4.464480874	0.013592	3.075853
グループ内	84.46154	114	0.740891			
合計	91.07692	116				

出力された結果。p 値が「0.0135…」と計算されました。「観測された分散比」欄がF値で、「4.4644…」のように求められています。

（2）繰り返しのない二元配置分散分析

次に、2つのツールとクラスでクロス集計した表を用いて、ツールの違いとクラスの違いによって平均点に差があるかを検定してみましょう。

これには「データ分析」ボタンをクリックして、「分散分析：繰り返しのない二元配置」を選びます。「入力範囲」欄にクロス集計表の範囲を指定し、行見出しや列見出しを含めて選択した場合は、「ラベル」にチェックを付けます。「α」欄には有意水準を「0.05」（5%）と入力します。「出力先」欄に結果を出力する場所を指定して、「OK」を押します。すると、繰り返しのない二元配置分散分析の概要と分散分析表が出力されます。

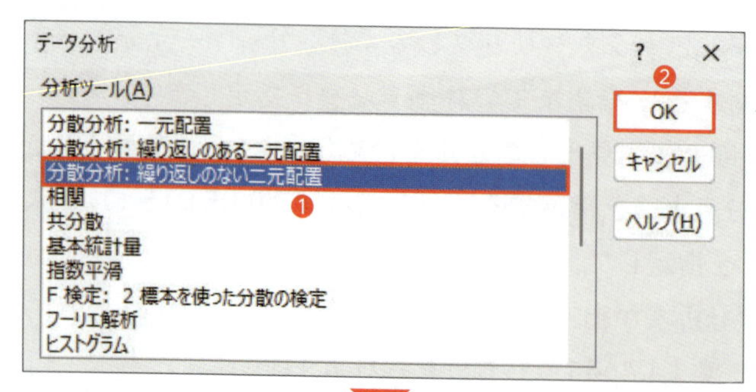

「データ」タブにある「データ分析」ボタンをクリックして、開く画面で「分散分析:繰り返しのない二元配置」を選択します(❶❷)。設定画面が開いたら、「入力範囲」欄にクロス集計表全体を指定します(❸❹)。「ラベル」をチェックして(❺)、「α」欄には、有意水準を「0.05」と入力します(❻)。「出力先」欄には、結果を表示させたいセルの起点(ここではセルE5)を指定し(❼)、「OK」ボタンを押します(❽)。

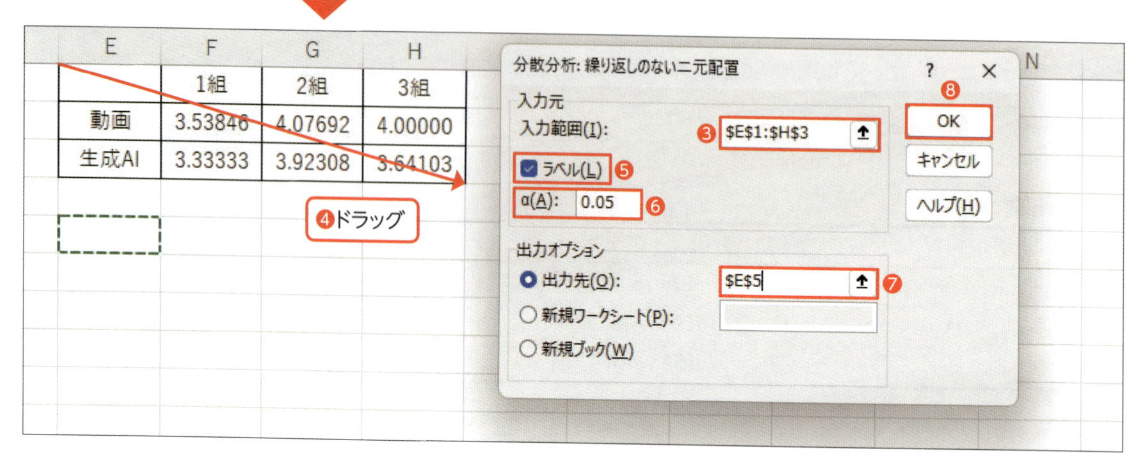

分散分析: 繰り返しのない二元配置

概要	データの個数	合計	平均	分散
動画	3	11.6154	3.87179	0.084812623
生成AI	3	10.8974	3.63248	0.087004164
1組	2	6.87179	3.4359	0.02103879
2組	2	8	4	0.01183432
3組	2	7.64103	3.82051	0.064431295

分散分析表

変動要因	変動	自由度	分散	観測された分散比	P-値	F 境界値
行	0.08590839	1	0.08591	15.07692308	0.06038	18.5128
列	0.33223756	2	0.16612	29.15384615	0.03316	19
誤差	0.01139601	2	0.0057			
合計	0.42954197	5				

ツールの違いが自己評価の平均点に影響するかを分析した「行」の欄に、p値が「0.0603…」(約6%)と出力されました。クラスの違いが平均点に影響するかを分析した「列」の欄には、p値が「0.0331…」(約3%)と出力されました。

分散分析表の「行」の欄には、ツールの違いが自己評価の平均点に影響するかを調べるためのp値「0.0603…」(約6%)が出力されています。「列」の欄は、クラスの違いが平均点に影響するかです。こちらのp値は「0.0331…」(約3%)が出力されています。

(3) 繰り返しのある二元配置分散分析

右図は、1組、2組、3組のデータを縦に並べて1つにしたものです。B列とC列に、動画視聴と生成AIを利用して指導した場合の、それぞれの自己評価が並んでいます。1組が2～40行目、2組が41～79行目、3組が80～118行目に並んでいます。

このようなデータを対象に、ツールやクラスの違いが評価点に影響を与えているかを調べるには、繰り返しのある二元配置分散分析を利用します。

「データ」タブにある「分析ツール」ボタンをクリックし、開く一覧から「分散分析：繰り返しのある二元配置」を選びます。「入力範囲」欄にデータの入力されたセル範囲を指定して、「1標本あたりの行数」欄には、クラスの人数である「39」を入力します。「α」欄には有意水準を「0.05」と入力し、「出力先」欄に、結果を表示する場所を指定します。

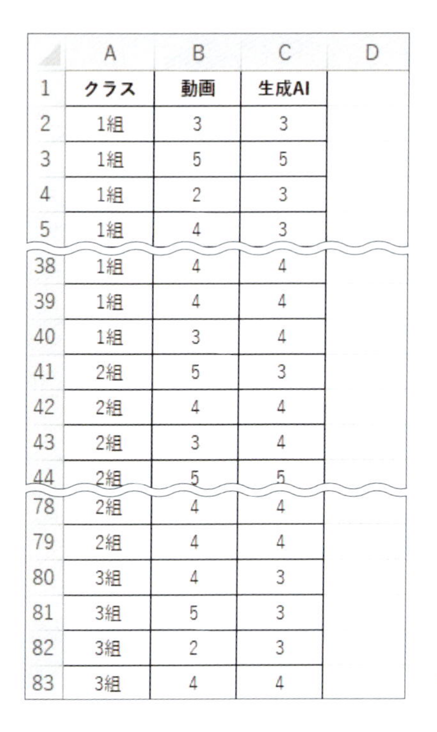

	A	B	C	D
1	クラス	動画	生成AI	
2	1組	3	3	
3	1組	5	5	
4	1組	2	3	
5	1組	4	3	
38	1組	4	4	
39	1組	4	4	
40	1組	3	4	
41	2組	5	3	
42	2組	4	4	
43	2組	3	4	
44	2組	5	5	
78	2組	4	4	
79	2組	4	4	
80	3組	4	3	
81	3組	5	3	
82	3組	2	3	
83	3組	4	4	

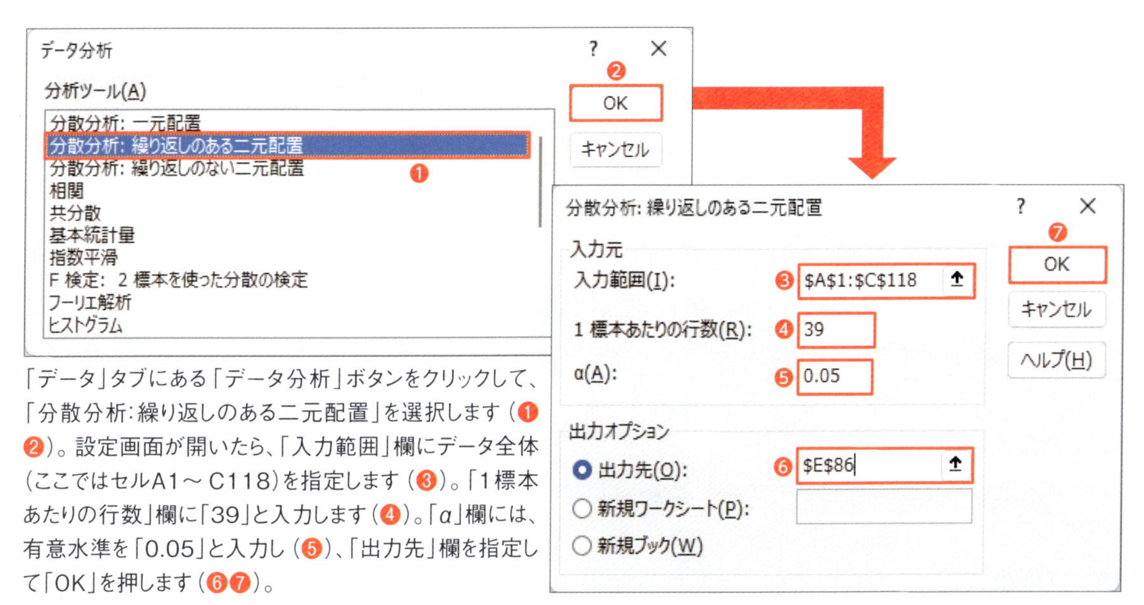

「データ」タブにある「データ分析」ボタンをクリックして、「分散分析：繰り返しのある二元配置」を選択します（❶❷）。設定画面が開いたら、「入力範囲」欄にデータ全体（ここではセルA1～C118）を指定します（❸）。「1標本あたりの行数」欄に「39」と入力します（❹）。「α」欄には、有意水準を「0.05」と入力し（❺）、「出力先」欄を指定して「OK」を押します（❻❼）。

すると、繰り返しのある二元配置分散分析の概要と分散分析表が出力されます。「標本」の欄のp値は「0.0002…」（約0.02%）、「列」の欄のp値は「0.0366…」（約3.7%）、「交互作用」の欄のp値は「0.7462…」（約74.6%）」と出力されています。

分散分析: 繰り返しのある二元配置

概要	動画	生成AI	合計
1組			
データの個	39	39	78
合計	138	130	268
平均	3.538462	3.333333	3.435897
分散	0.88664	0.807018	0.846487

分散分析表

変動要因	変動	自由度	分散	観測された分散比	P-値	F 境界値
標本	12.95726	2	6.478632	8.544645506	0.000264	3.035441
列	3.350427	1	3.350427	4.418866805	0.036641	3.882568
交互作用	0.444444	2	0.222222	0.293088104	0.746237	3.035441
繰り返し誤	172.8718	228	0.75821			
合計	189.6239	233				

出力された分散分析表。「標本」の欄のｐ値は約0.02%、「列」の欄のｐ値は約3.7%、「交互作用」欄のp値は約74.6%と出力されました。

ワンポイント

Excelの分析ツールで「分散分析：繰り返しのある二元配置」を利用する際は、「1標本あたりの行数」を入力する必要があります。つまり、今回の例では1組、2組、3組の人数が全て同じときにしか使えないので注意してください。

4 解釈

例題のように、分析ツールを利用して、3種類の分散分析のｐ値を求めることができましたか？なかなかハードでしたね。ここでは、分散分析表の結果の見方を説明しましょう。

今回は、動画視聴と生成AIという指導ツールの違いで、各組の生徒の自己評価の点数に統計的に有意な差があるかを考えていました。有意水準5％の両側検定で説明します。

（1）一元配置分散分析

最初に行った一元配置分散分析では、クラスの違いが自己評価に影響しているのかを調べました。動画視聴によって指導した場合の1～3組の自己評価の平均点に統計的に有意な差があるのかを検定します。統計的な仮説検定では、まず帰無仮説と対立仮説を立てるのでしたね。

●帰無仮説

クラスの違いは生徒の自己評価の違いに影響しない（統計的に有意な差はない）

●対立仮説

クラスの違いで生徒の自己評価に違いが生じている（統計的に有意な差がある）

出力された結果を見ると、ｐ値は約1.4％（0.0135…）で有意水準の5％以下ですから、帰無仮説を棄却することができます。つまり、「クラスの違いで生徒の自己評価に違いが生じている」

という対立仮説が正しいと考えられます。ただし、どの平均値とどの平均値が等しくないのかという点まではわからないことに注意する必要があります。

分散分析表

変動要因	変動	自由度	分散	観測された分散比	P-値	F 境界値
グループ間	6.615385	2	3.307692	4.464480874	0.013592	3.075853
グループ内	84.46154	114	0.740891			
合計	91.07692	116				

(2) 繰り返しのない二元配置分散分析

次に行った、繰り返しのない二元配置分散分析では、指導ツールとクラスのクロス集計表を使いました。二元配置分散分析では、2つ以上の帰無仮説と対立仮説を立てます。

●帰無仮説1

指導ツールの違いは生徒の自己評価の違いに影響しない

●対立仮説1

指導ツールの違いで生徒の自己評価に違いが生じている

●帰無仮説2

クラスの違いは生徒の自己評価の違いに影響しない

●対立仮説2

クラスの違いで生徒の自己評価に違いが生じている

分散分析表

変動要因	変動	自由度	分散	観測された分散比	P-値	F 境界値
行	0.08590839	1	0.08591	15.07692308	0.06038	18.5128
列	0.33223756	2	0.16612	29.15384615	0.03316	19
誤差	0.01139601	2	0.0057			
合計	0.42954197	5				

指導ツールの違いを検証する仮説１を見るときは、分散分析表の「行」のｐ値を見ます。ｐ値は約6%（0.0603…）で有意水準の5%より大きいので、帰無仮説１を棄却することができません。したがって、指導ツールの違いは、生徒の自己評価の点数に影響しているともしていないとも言えないという結論になります。

クラスによる違いの検証をする仮説２を見るときは、分散分析表の「列」のｐ値を見ます。ｐ値は約3.3%（0.0331…）で5%以下ですから、帰無仮説２を棄却することができます。したがって、クラスの違いによる影響で自己評価の平均点が違うということが結論付けられます。

仮説１と仮説２の検証を通して言えることは、指導ツールの違いによって生徒の自己評価の点数が違っているように見えても、単にクラス分けの影響で点数が変わっていただけの場合もあるということです。こうした点を、仮説検定の結果から見抜くことができます。

（3）繰り返しのある二元配置分散分析

最後に行った、繰り返しのある二元配置分散分析では、3つの仮説を立てます。仮説１と仮説２は、繰り返しのない二元配置分散分析のときと同じです。

分散分析表

変動要因	変動	自由度	分散	観測された分散比	P-値	F 境界値
標本	12.95726	2	6.478632	8.544645506	0.000264	3.035441
列	3.350427	1	3.350427	4.418866805	0.036641	3.882568
交互作用	0.444444	2	0.222222	0.293088104	0.746237	3.035441
繰り返し誤	172.8718	228	0.75821			
合計	189.6239	233				

仮説１は指導ツールの違いの影響を調べるもので、分散分析表では「列」の欄を見ます。ｐ値は約3.7%（0.0366…）で、有意水準の5%以下です。帰無仮説が棄却されるので、指導ツールが生徒の自己評価の点数に影響していると考えるほうがよさそうです。

仮説２はクラスの違いの影響を調べるもので、分散分析表では「標本」の欄を見ます。ｐ値は約0.03%（0.00026…）でやはり5%以下です。クラスの違いが生徒の自己評価の点数に影響していると考えられますね。

3つめに立てる仮説３では、指導ツールとクラスの相性があるかどうかを調べます。分散分析表では「交互作用」の欄に着目してください。

●帰無仮説３

指導ツールとクラスの相性で生徒の自己評価に違いは生じていない

●対立仮説3

指導ツールとクラスの相性で生徒の自己評価に違いが生じている

交互作用のp値は約74.6%（0.7462…）と有意水準の5%より大きいので、帰無仮説を棄却できません。つまり、クラスと指導ツールの相性によって自己評価に違いが生じているかどうかはわからないということです。例えば「2組に動画で指導することは効果的だけど、1組に生成AIで指導することは効果が低い」といったクラスと指導ツールの相性は、あるともないとも言えません。

まとめると、生徒の自己評価の点数に違いが生じている理由として、クラスの違いや指導ツールの違いを挙げることはできますが、「このクラスにはこの指導ツールが適している」といった相性については統計的には判断できないという結論になります。

5 まとめ

本章では、分散分析の概念、一元配置と二元配置の分散分析の違いを説明し、その数学的な理解を進めてきました。Excelの分析ツールを利用したp値の計算手順、分散分析表の見方、繰り返しのあり／なしの違い、要因の検証方法、教育分野での応用などについて学びました。

分散分析は、3つ以上のグループについて平均値の差があるかどうかを検証する方法です。二元配置分散分析を利用すると、平均値の違いの要因を探ることができます。分散分析は、教育現場のデータ分析に限らず、様々な分野で有効な分析方法です。ぜひ、たくさん活用してください。

練習問題 Practice

13_分散分析データ.xlsx

例題で利用した生徒の自己評価のデータを用いて、生成AIで指導した場合の1〜3組の自己評価の平均点に違いが生じているのか、分散分析で確かめてみましょう。

第14章

相関分析

「相関分析」とは、2つの変数間の関係の強さと方向を測定する統計的手法です。本章では、その概念と計算方法、解釈の仕方などを詳しく説明します。また、ExcelのPEASON関数や分析ツールを使用した相関係数の求め方についても学びます。相関が因果関係を意味しないことや、相関分析を行う際の注意点も理解して、教育分野でのデータ分析における相関分析の適切な使用方法を身に付けましょう。

お疲れさまです、百花先生。先週のテストで集めたデータを使って、少し相関分析について話してみませんか？

相関分析ですか？ あまり詳しくないのですが、どんなものですか？

相関分析は、2つの変数間の関係の強さと方向を測定する手法です。例えば、生徒の出席率とテストの成績の間に関係があるかどうかを調べることなどができます。

それは興味深いですね。どのようにして相関分析を行うんですか？

Excelなどのツールを使うことで、相関係数を計算できます。相関係数は−1から1までの値を取り、1に近いほど強い正の相関が、−1に近いほど強い負の相関があることを示します。0の場合は、2つの変数間に相関がないことを意味しますね。

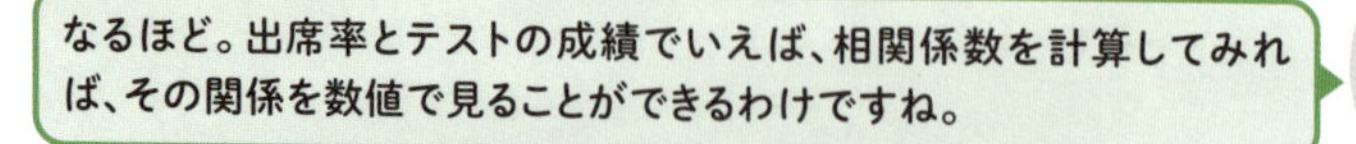

その通り。ただし、相関は因果関係を意味するわけではないから、その点は注意が必要です。出席率が高いからといって、必ずしもテストの成績が良いとは限りません。ほかの要因も考慮する必要があります。

確かにそうですね。でも、相関分析を使えば、データから新たな洞察を得られそうです。早速、試してみたいと思います。

1 相関分析とは何か

相関分析は、2つの変数間の関係の強さと方向（直線関係）を測定する統計的手法です。直線関係とは、統計学において2つの変数間の関係が直線的に表されることを意味します。これは、片方の変数が増加または減少するときに、もう片方の変数も一定の割合で増加または減少する関係を指します。

相関の強さは**相関係数**によって示され、この係数は－1から＋1までの範囲の値で直線関係の程度を表します。相関係数が＋1に近い場合は、2つの変数間に強い正の相関（一方が増加すると他方も増加する関係）があることを示します。相関係数が－1に近い場合は、強い負の相関（一方が増加すると他方が減少する関係）があることを示します。相関係数が0の場合、2つの変数間には相関がないことを意味します。

例えば、学習時間と成績の相関を分析することで、学習時間が長いほど成績が向上する傾向があるかどうかを確認できます。しかし、相関が因果関係を示すわけではないため、学習時間が直接成績向上を引き起こすと断定することはできない点に注意が必要です。相関分析は、仮説を立てるための出発点として利用されることが多く、因果関係を明らかにするためにはさらなる実験や分析が必要となります。

2 Excelでの相関分析の方法

相関分析において、2つの変数xとyの間の相関係数（r）を数学的に求めるには、ピアソンの積率相関係数の式を使用します。

$$r = \frac{\text{共分散}}{\text{標準偏差 1} \times \text{標準偏差 2}} = \frac{\frac{1}{n}\sum_{i=1}^{n}(x_i - \bar{x})(y_i - \bar{y})}{\sqrt{\frac{1}{n}\sum_{i=1}^{n}(x_i - \bar{x})^2} \times \sqrt{\frac{1}{n}\sum_{i=1}^{n}(y_i - \bar{y})^2}}$$

実際にこの複雑な計算を手動で行うのは非常に大変です。一方、Excelでは「**PEARSON**」関数を用いることで簡単に相関係数を求めることができます。

ピアソン
PEARSON 相関係数を求める

=PEARSON(配列1, 配列2)

積率相関係数 r を求める。r は－1から1の範囲の数値で、直線関係の程度を示す

PEARSON関数の引数に指定する2つの変数（配列）の個数（セルの数）は同じにする必要があります。例えば、セルA1～A10に生徒の学習時間が、セルB1～B10にその生徒のテストの点数が入力されている場合、相関係数は以下の数式で計算できます。

=PEARSON（A1：A10, B1：B10）

得られた相関係数は2つの変数間の関係の強さと方向を示す指標であり、－1から＋1の範囲で値を取ります。相関係数の見方は次の表の通りです。

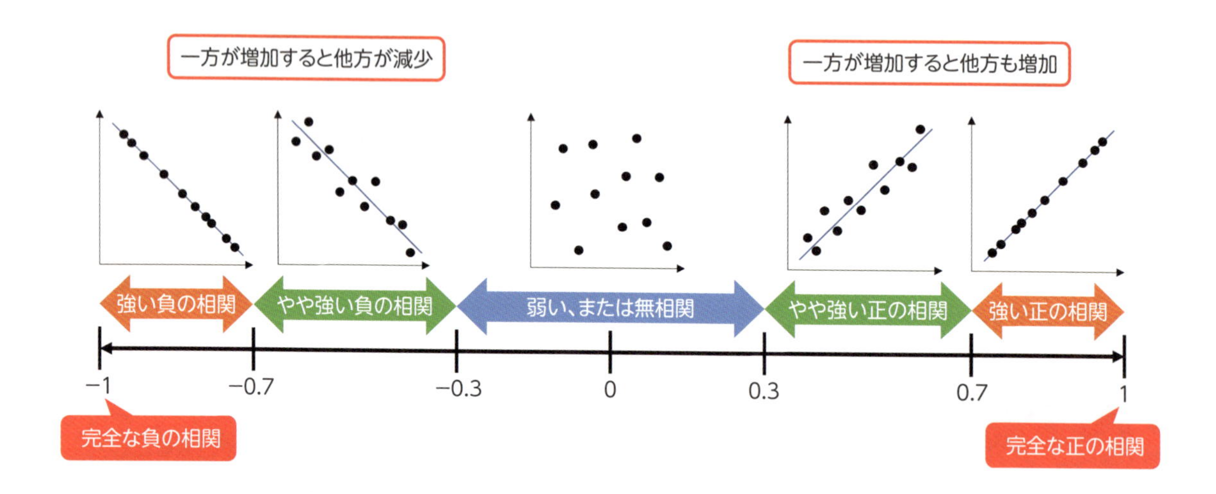

3 例題

14_相関分析データ.xlsx

次のデータは、1年1組40名分の定期テスト5教科の結果の一部です。この結果を基に、国語と数学、数学と理科の2つの教科間の相関を調べましょう。また、1つの教科の組み合わせだけでなく、分析ツールを用いて複数の教科を組み合わせた相関行列を求め、2つの教科間の関係の強さと方向を把握してみましょう。

	A	B	C	D	E	F	G	H	I	J
1	年	組	番号	氏名	国語	数学	英語	理科	社会	
2	1	1	1	相田 靖子	63	88	61	66	67	
3	1	1	2	荒巻 紀子	64	63	85	77	87	
4	1	1	3	碇 香央里	100	63	100	81	68	
5	1	1	4	石川 綾乃	60	41	27	43	88	
6	1	1	5	石渡 和也	61	38	57	41	72	
7	1	1	6	伊藤 光一	36	46	49	66	79	

4 Excel操作

まずは国語と数学、また数学と理科の相関をそれぞれ調べてみます。右側に相関係数を求める表を用意し、そこにPEARSON関数の式を入れましょう。引数の配列には、40人分の国語の点数（セルE2〜E41）と数学の点数（セルF2〜F41）、そして理科の点数（セルH2〜H41）をそれぞれ指定します。

なお、ほかの書籍などでは「CORREL」関数を用いて相関を調べている場合がありますが、どちらも同じ相関係数を求める関数ですので、同じ数値になります。

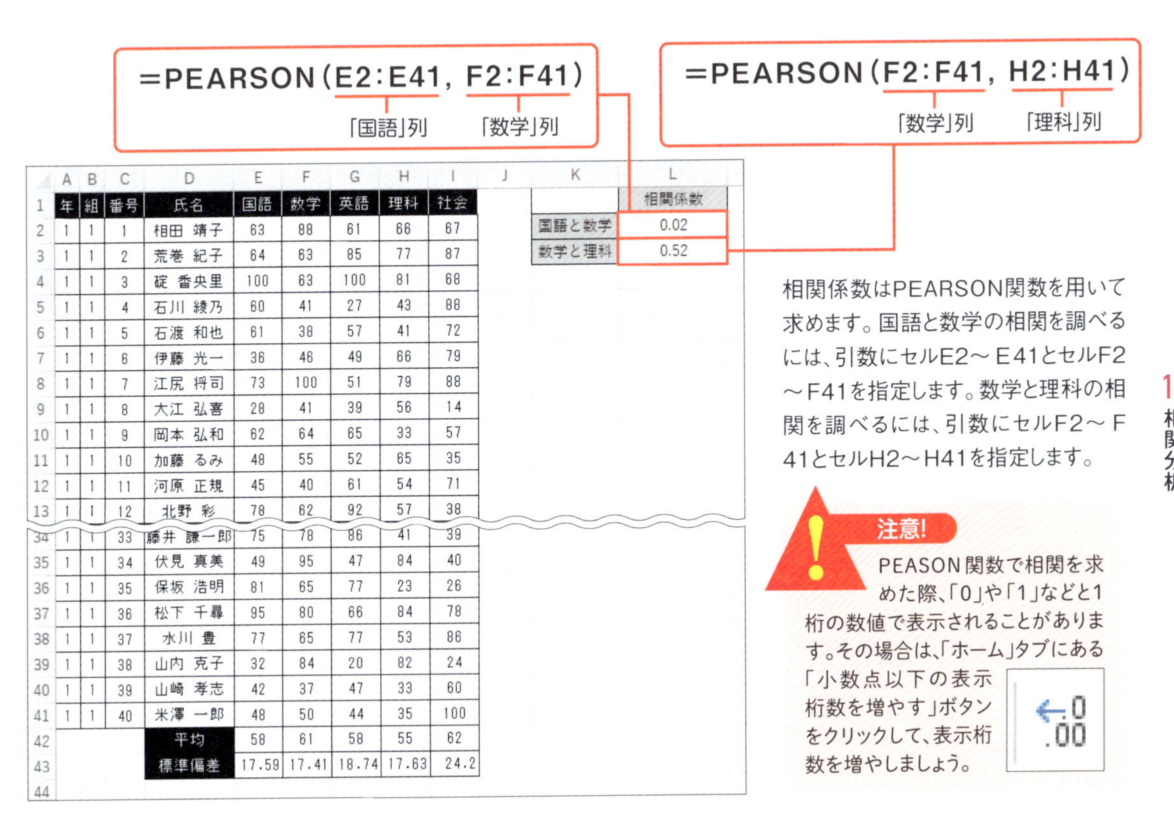

	A	B	C	D	E	F	G	H	I
1	年	組	番号	氏名	国語	数学	英語	理科	社会
2	1	1	1	相田 靖子	63	88	61	66	67
3	1	1	2	荒巻 紀子	64	63	85	77	87
4	1	1	3	碇 香央里	100	63	100	81	68
5	1	1	4	石川 綾乃	60	41	27	43	88
6	1	1	5	石渡 和也	61	38	57	41	72
7	1	1	6	伊藤 光一	36	46	49	66	79
8	1	1	7	江尻 将司	73	100	51	79	88
9	1	1	8	大江 弘喜	28	41	39	56	14
10	1	1	9	岡本 弘和	62	64	65	33	57
11	1	1	10	加藤 るみ	48	55	52	65	35
12	1	1	11	河原 正規	45	40	61	54	71
13	1	1	12	北野 彩	78	62	92	57	38
34	1	1	33	藤井 謙一郎	75	78	86	41	39
35	1	1	34	伏見 真美	49	95	47	84	40
36	1	1	35	保坂 浩明	81	65	77	23	26
37	1	1	36	松下 千尋	95	80	66	84	78
38	1	1	37	水川 豊	77	65	77	53	86
39	1	1	38	山内 克子	32	84	20	82	24
40	1	1	39	山崎 孝志	42	37	47	33	60
41	1	1	40	米澤 一郎	48	50	44	35	100
42				平均	58	61	58	55	62
43				標準偏差	17.59	17.41	18.74	17.63	24.2
44									

	K	L
1		相関係数
2	国語と数学	0.02
3	数学と理科	0.52

相関係数はPEARSON関数を用いて求めます。国語と数学の相関を調べるには、引数にセルE2〜E41とセルF2〜F41を指定します。数学と理科の相関を調べるには、引数にセルF2〜F41とセルH2〜H41を指定します。

注意!

PEASON関数で相関を求めた際、「0」や「1」などと1桁の数値で表示されることがあります。その場合は、「ホーム」タブにある「小数点以下の表示桁数を増やす」ボタンをクリックして、表示桁数を増やしましょう。

続いて、Excelのデータ分析ツールを利用した分析を行ってみます。「データ」タブの「データ分析」ボタンをクリックして、「相関」を選びます。設定画面が開いたら、「入力範囲」欄に5教科の点数が入っているセル範囲を見出しを含めて指定します（ここではセルE1〜I41）。「データ方向」欄は「列」を選択し、「先頭行をラベルとして使用」にチェックを付けます。「出力オプション」欄は、今回は「新規ワークシート」を選びました。「OK」ボタンをクリックすると、新規のシートに、指定したラベルの組み合わせによる複数の相関係数の表（相関行列）が分析結果として表示されます。

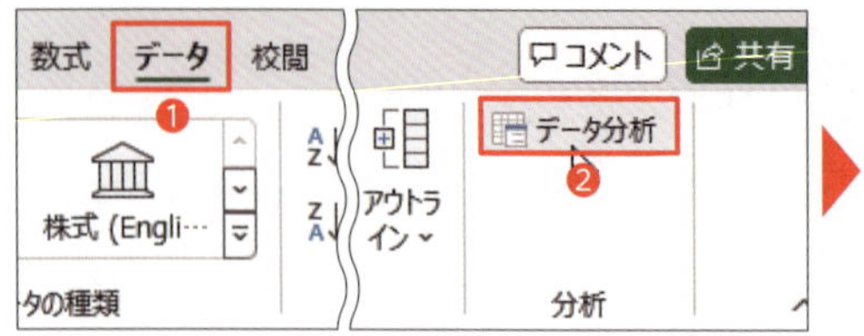

「データ」タブの「データ分析」ボタンをクリックします（❶❷）。右のようなツールの選択画面が開いたら、「相関」を選んで「OK」を押します（❸❹）。

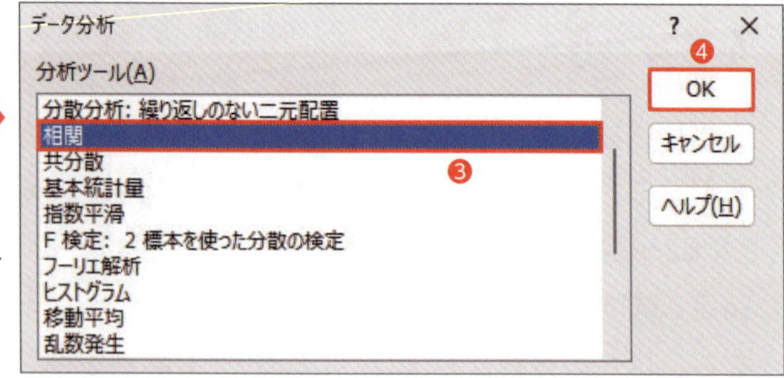

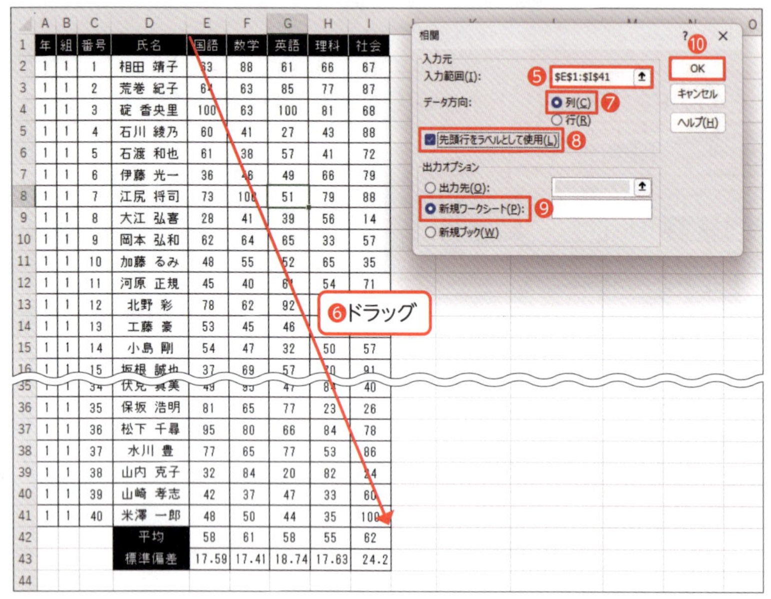

設定画面が開くので、「入力範囲」欄を選択し（❺）、国語から社会までの点数が入力されている範囲（セルE1～I41）をドラッグして指定します（❻）。「データ方向」欄は「列」を選択します（❼）。「先頭行をラベルとして使用」をチェックして（❽）、「出力オプション」欄で「新規ワークシート」を選択し（❾）、「OK」ボタンを押します（❿）。

	A	B	C	D	E	F	G
1		国語	数学	英語	理科	社会	
2	国語	1					
3	数学	0.019696	1				
4	英語	0.652686	0.111156	1			
5	理科	-0.04253	0.51654	-0.00194	1		
6	社会	0.223501	-0.18006	0.079513	0.05741	1	
7							

新規シートに、相関係数を計算した表（相関行列）が作成されます。

5 解釈

相関係数を求めることができましたか？ PEARSON関数による計算結果を見ると、国語と数学のテストの点数の相関係数は約0.02のため、相関はありませんでした。しかし、数学と理科のテストの点数の相関係数は約0.52と、やや強い正の相関があることがわかりました。すなわち、一方のテストの点数が増加すると他方のテストの点数も増加する傾向があるということです。

また、分析ツールを用いて作成した相関行列では、5つの教科から2つずつ組み合わせた複数の相関係数を同時に求めることができました。この相関行列を用いると、何度もPEASON関数を用いて相関係数を求める必要がなくなるので大変便利です。相関行列の結果を見ると、先ほどの、数学と理科のテストの点数以外にも、国語と英語のテストの点数の相関係数が約0.65であることがわかりました。

今回の例題では、国語と数学、数学と理科の点数の相関係数をPEARSON関数を用いて求めましたが、本来は2変数の散布図を先に作成することをお勧めします。これにより、素早く教育データの傾向やパターンを直感的に把握できます。また、外れ値を明確に示し、それらをさらに調査するか、分析から除外するかの判断にも役立ちます。また、相関分析は、直線関係の強さを測定しますが、2変数間の関係が複雑なパターンの場合もあり、新しい仮説や因果関係の洞察など、分析の方向性を得ることの役にも立ちます。

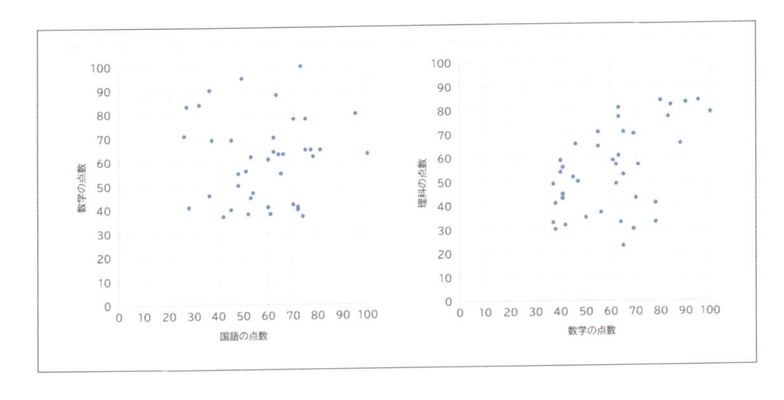

国語と数学の点数、数学と理科の点数を基にそれぞれ散布図を作成すると、左図のようになります。あらかじめ散布図を作成しておくと、点の散らばり具合から直感的にデータの傾向やパターンを把握できます。

そのほか、「相関がない＝関係がない」ではないということにも注意が必要です。相関係数がほぼ0という結果になった場合、直線関係はほぼないという結論になりますが、2変数間に関係がないとは限らないということです。例えば、下の散布図を見てください。相関係数を求めると、ほぼ0になるのですが、中央部分を底に、明らかに谷形となっているように見えないでしょうか。

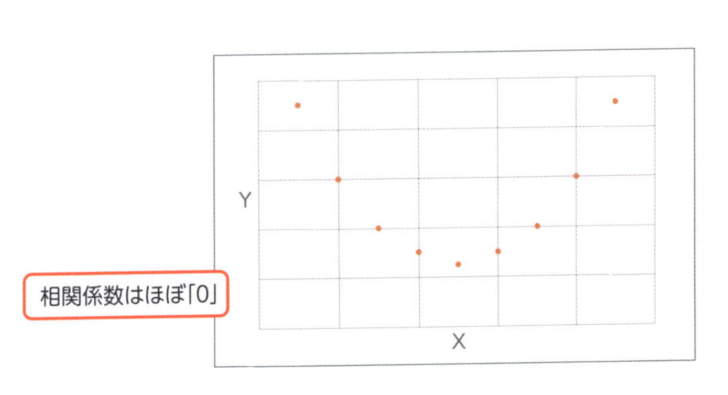

左の散布図にした元のデータは、XとYの相関係数がほぼ0になります。しかし、見た目には明らかに中央部分を底に谷形の分布を取っていて、何らかの関係がありそうです。

このような場合は、中央部分で区切って相関係数を求めれば、それぞれに負の相関と正の相関があるでしょう。つまり、単に相関係数を求めるだけでは関係を把握できず、散布図を作ることで、変数の関係を把握できることもあるわけです。相関分析はあらゆる関係性を把握できるものではないことを頭の片隅に入れておきましょう。

ほかにも、相関分析にはデメリットもあります。最も重要なのは、「相関関係は因果関係を示さない」ということです。例えば、ある学校で数学の点数と読書量が正の相関を示しているとしても、これは「読書が数学の成績を直接改善する」ということを意味するわけではありません。

また、外れ値や異常値が相関係数に大きな影響を与える可能性もあり、分析結果を誤解させることがあります。そのほか、多変量の関係を無視して2変数の関係のみを見ると、間違った解釈を招く可能性があります。例えば、一般にテストの成績と勉強時間には相関関係が見られるかもしれません。そのため、この単純な2変数の相関分析では、勉強時間が長い生徒は成績が良いという結論に至りがちです。しかし、この相関分析では既有知識や学習環境、学習の質、教育方法など、重要な変数となり得る他の要因を考慮していません。このように多変量の関係性を無視すると、勉強時間と成績の間の真の関係性を見落とすことになるため、他の要因による影響はないかなど、可能な限りよく考えたうえで分析を行うことが望ましいでしょう。

したがって、相関分析の結果を用いる際は慎重に解釈し、必要に応じて他の分析手法と組み合わせるとよいでしょう。そうすることで、より正確にデータを理解することができます。

6 まとめ

本章では、相関分析の重要な概念とその実施方法、そして教育データにおける応用について学びました。相関分析は、2変数間（教科の点数など）の関係の強さと方向を定量的に評価する手法であり、2変数間の関連性を簡単に識別することができます。そのため、例えば生徒の出席率と成績の間にあるかもしれない関連性など、データ内の隠れたパターンや傾向を発見することや、教育的な洞察や今後の方針決定などにとても有用です。教育分野での応用においては、生徒の成績、出席率、行動パターンなど多様な教育データを分析する際に不可欠といえます。

一方で、相関が因果関係を意味しないこと、外れ値の影響があることなど、解釈には注意が必要です。次章で学ぶ「回帰分析」などの予測モデルや他の統計的手法への橋渡しをする基礎となりますので、しっかりと押さえておきましょう。

練習問題 Practice

14_相関分析データ.xlsx

下記の表は、小学6年生男女40名のスポーツテストの結果です。この結果を基に、男女別の10項目の相関行列を作成し、全体、男女別の結果の違いを比較したり、関係を分析したりしてみましょう。

	A	B	C	D	E	F	G	H	I	J	K	L	M
1		男/女	身長	体重	握力	上体起こし	長座体前屈	反復横跳び	20mシャトルラン	５０m走	立ち幅跳び	ソフトボール投げ	
2	1	女	154.6	40.0	21.5	18	31.5	40	41	9.1	77	15	
3	2	男	140.6	37.0	18.0	12	22	48	80	8.1	172	28	
4	3	女	144.4	41.4	19.5	17	32.5	18	38	9.7	155	12	
5	4	男	146.0	40.2	21.0	21	30	40	90	8.6	130	18	
6	5	男	147.0	37.0	14.0	31	33	37	40	7.0	164	33	
7	6	男	131.6	32.4	8.5	10	31	55	69	8.1	155	14	
8	7	女	134.5	39.4	17.5	42	45	25	53	9.8	164	16	
9	8	女	148.2	36.6	17.9	36	30	47	55	8.5	161	15	
10	9	男	142.6	38.0	22.0	39	35	49	100	7.3	197	38	
11	10	男	146.4	37.4	16.5	17	22	27	70	8.4	164	23	
12	11	女	143.8	40.2	20.0	21	32	44	43	8.0	179	16	
13	12	女	149.6	39.4	13.5	12	38	49	51	8.3	159	18	
14	13	男	132.1	34.4	15.5	5	27	52	55	8.2	154	16	
15	14	男	141.3	38.4	17.5	28	34.5	47	42	9.0	149	28	
16	15	女	146.4	37.7	15.0	15	35	27	72	7.2	194	22	

ワンポイント

単位が異なっていても相関分析は可能

相関分析を行う際には、変数の単位（例えば、握力の「kg」と50m走の「秒」）が異なっていても問題ありません。相関係数は、2つの変数間の関係の強さと方向を示す指標であり、その計算には変数の単位は影響しません。

しかしながら第6章で学んだ標準化（特に z 値への変換）は、異なる単位を持つ変数を共通の単位に変換することで、変数間の比較が容易なります。それにより、変数の単位に依存せずに、相関の強さをより公平に評価することが可能になります。したがって、単位が異なる場合は標準化することもお勧めです。

第15章

回帰分析

「回帰分析」は、2つ以上の変数間の関係をモデリングし、特定の変数（目的変数）を1つまたは複数の他の変数（説明変数）によってどの程度説明できるかを分析する統計的手法です。本章では、線形回帰分析の基本的な概念から始め、教育データにおいてどのように回帰分析を設定し実行するかを解説します。Excelを用いた回帰分析の具体的な手順、回帰係数の解釈など、教育分野でのデータ分析における回帰分析の適切な使用方法を学びます。

お疲れさまです、百花先生。最近、生徒の成績と勉強時間の関係について考えてみたことはありますか？

成績が良い生徒ほど勉強時間も長い気がします。でも、それがどの程度関連しているのかは、明確にはわかりません。

それを明確にするのが、回帰分析の役割です。回帰分析を行えば、1つの変数（例えば、成績）が他の変数（例えば、勉強時間）にどの程度影響されるかを分析できるんです。

興味深いです。実際にはどのように回帰分析を行うのですか？

まず、Excelなどのツールを使ってデータを整理し、勉強時間と成績のデータをプロットします。次に、これらのデータを基に線形回帰モデルを作成し、勉強時間が成績にどの程度影響を与えるかを示す回帰係数を計算します。

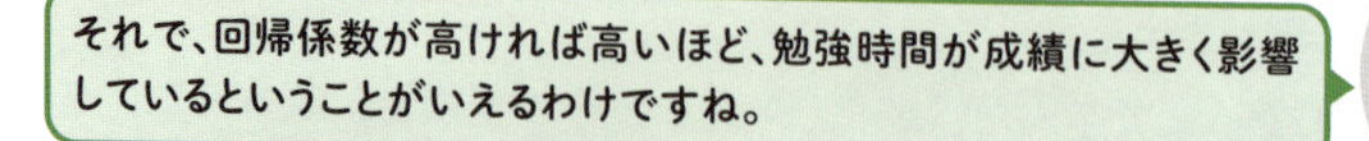

それで、回帰係数が高ければ高いほど、勉強時間が成績に大きく影響しているということがいえるわけですね。

正解です。ただし、回帰分析では因果関係を直接的に証明できません。この点は注意が必要です。勉強時間が長いからといって成績が良いとは限りませんが、両者の関係性を数値で示すことはできます。

わかりました。回帰分析を使えば、データからより深い洞察を得ることができそうですね。実際に試してみたいと思います。

1 回帰分析とは何か

回帰分析は、教育データから深い洞察を得るために使用される統計的手法であり、特定の**目的変数**（従属変数）が1つ以上の**説明変数**（独立変数）によってどのように影響を受けるかをモデル化します。教育データ分析において回帰分析を用いると、生徒の学習成果に影響を与える要因を特定し、将来の成績を予測することが可能になります。

例えば、目的変数が生徒のテストの点数であり、説明変数に勉強時間、出席率、参加している課外活動の数などがある場合、回帰分析を通じて、これらの説明変数がテストの点数にどのように影響を与えるかを定量的に理解することができます。分析の結果、勉強時間がテストの点数に最も大きな正の影響を与えるという結論に至った場合、勉強時間が増えるほど、テストの点数が向上する傾向があることを意味します。

本書では、回帰分析の中でも最も基本的な形態である単回帰分析を扱い、線形関係を示す直線をデータに適用することで、1つの説明変数による目的変数の変化を説明します。

回帰分析を行うには、**最小二乗法**を用いて**回帰直線**または**線形回帰モデル**のパラメータ（単回帰の場合は傾きと切片）を求めます。単回帰直線は次のように表されます。

●回帰直線

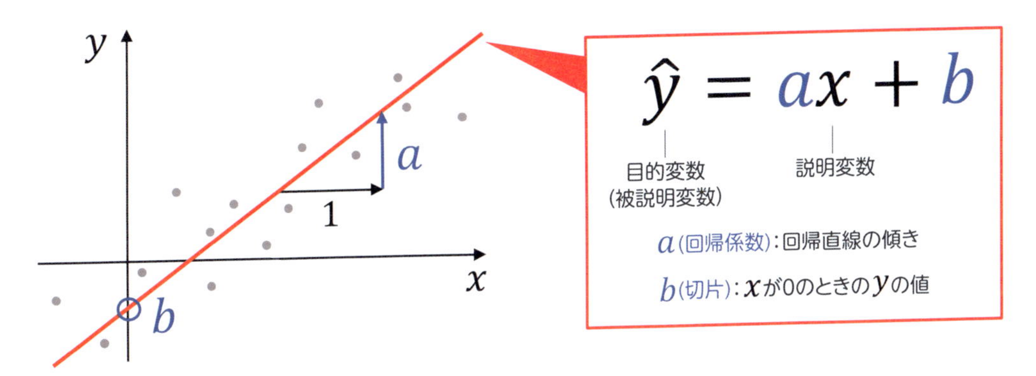

また、傾きaと切片bの求め方は、次の通りです。

$$a = \frac{\text{X と Y の共分散}}{\text{X の分散}} = \frac{\sum_{i=1}^{n}(X_i - \bar{X})(Y_i - \bar{Y})}{\sum_{i=1}^{n}(X_i - \bar{X})^2}$$

$$b = \text{Y の平均値} - \text{X の平均値} \times \text{回帰係数}(a) = \bar{Y} - a\bar{X}$$

X_i：説明変数の観測値
$\bar{X}$：説明変数の平均値
Y_i：目的変数の観測値
$\bar{Y}$：目的変数の平均値
n：観測値の総数

2 Excelでの回帰分析の方法

Excelでは、「**SLOPE**」関数と「**INTERCEPT**」関数を利用して、回帰直線の傾きと切片を求めることができます。

スロープ
SLOPE 回帰直線の傾きを求める

=SLOPE(既知の y , 既知の x)

既知の目的変数 y と既知の説明変数 x のデータ要素を基に、回帰直線の傾きを求める

インターセプト
INTERCEPT 回帰直線の切片を求める

=INTERCEPT(既知の y , 既知の x)

既知の目的変数 y と既知の説明変数 x のデータ要素を基に、回帰直線の切片を求める

例えば、セルA1～A10に説明変数（例：学習時間）の値が、セルB1～B10に目的変数（例：テストの点数）の値が入力されているとします。このとき、説明変数から目的変数の値を予測する回帰直線の傾き（Slope）と切片（Intercept）は、SLOPE関数とINTERCEPT関数を使用して以下の数式で計算できます。

傾き（Slope）：=SLOPE（B1：B10, A1：A10）

切片（Intercept）：=INTERCEPT（B1：B10, A1：A10）

ここで、SLOPE関数は説明変数と目的変数のセル範囲を引数に取り、これらのデータに基づく最適な直線の傾きを計算します。一方、INTERCEPT関数は、計算された傾きを用いてY軸での切片を求めます。これにより、以下の形式の線形回帰モデルが構築されます。

Y ＝（Slope × X）＋ Intercept

このモデルを用いることで、新しい説明変数（X）の値に対する目的変数（Y）の予測値を得ることが可能になります。

原因	y に対する x の影響(a) →	結果
学習時間 (x)		テストの点数 (y)

$$\hat{y} = ax + b$$

y：目的変数
x：目的変数
$\hat{y}$：回帰直線の式から算出される y の予測値
a：回帰係数
b：切片

また、得られた線形回帰モデルが参照したデータにどれだけ適合しているか示す指標に、**決定係数（寄与率、R^2）**があります。決定係数（R^2）は、説明変数が目的変数の変動をどれだけ説明できるかの割合を表しています。Excelで決定係数（R^2）を求めるには、「**RSQ**」関数を用います。

アールエスキュー
RSQ 決定係数(R^2)を求める
=RSQ(既知の y , 既知の x)
既知の目的変数 y と既知の説明変数 x のデータ要素を基に、決定係数(R^2)を求める

先ほどと同様、セルA1～A10に説明変数、セルB1～B10に目的変数の値が入力されているとき、決定係数（R^2）は次の数式で計算できます。

決定係数（R^2）：=RSQ（B1：B10, A1：A10）

決定係数（R^2）の値は、0～1の値を取り、大きければ大きいほど線形回帰モデルの適合度が高いと考えられます。

R^2=1	モデルがデータの全変動を完全に説明できる（データが回帰直線上に完全に位置する）
R^2=0	モデルがデータの変動をまったく説明できない（説明変数が目的変数の変動に対して無関係）
0<R^2<1	モデルがデータの一部の変動を説明できる。R^2が大きければ大きいほど、モデルの適合度が高い（目安 0.5以上：高い、0.8以上：非常に高い）

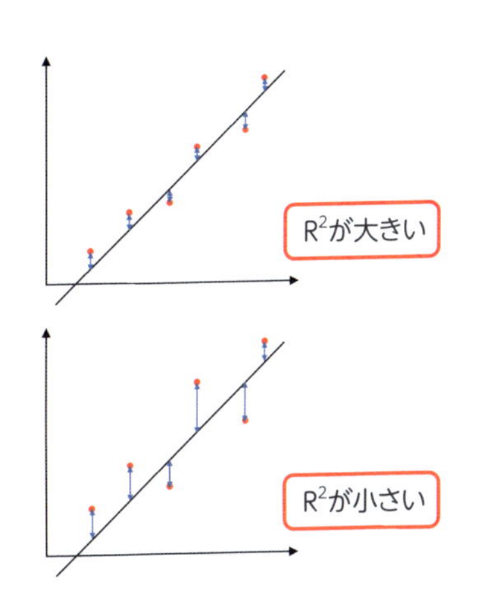

3 例題

15_回帰分析データ.xlsx

次のデータは、1年1組40名分の家庭学習時間とテストの点数です。テストの点数を目的変数、家庭学習時間を説明変数として回帰分析を行い、テストの点数と家庭学習時間の関係を把握してみましょう。

	A	B	C	D	E	F	G	H
1	年	組	番号	氏名	家庭学習時間	テスト点数		
2	1	1	1	相田 靖子	3	80		
3	1	1	2	荒巻 紀子	2	75		
4	1	1	3	碇 香央里	5	90		
5	1	1	4	石川 綾乃	4	85		
6	1	1	5	石渡 和也	1	65		
41	1	1	40	米澤 一郎	5	95		
42				平均	3	80		
43				標準偏差	1.44	10.39		
44								

4 Excel操作

（1）関数を使う方法

まずは関数を使って回帰直線の傾きと切片を求めてみます。ここでは家庭学習時間のセルE2～E41が説明変数で、テスト点数のセルF2～F41が目的変数です。したがって、下図のようなSLOPE関数の式とINTERCEPT関数の式で、傾きと切片を計算できます。

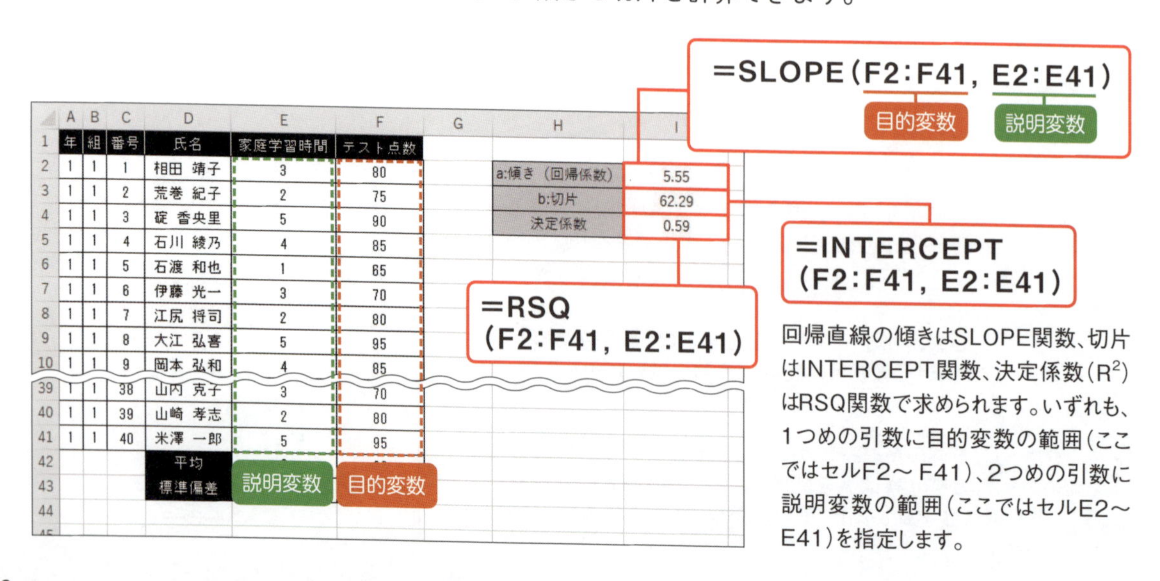

回帰直線の傾きはSLOPE関数、切片はINTERCEPT関数、決定係数（R^2）はRSQ関数で求められます。いずれも、1つめの引数に目的変数の範囲（ここではセルF2～F41）、2つめの引数に説明変数の範囲（ここではセルE2～E41）を指定します。

（2）散布図を使う方法

続いて、散布図を用いる方法で、回帰直線の式や決定係数（R^2）を求めてみます。

まずは説明変数である家庭学習時間と目的変数であるテスト点数の値を使って散布図を作成します。セルE2～F41を選択して「挿入」タブにあるボタンから「散布図」を選ぶと、シートに散布図が作成されます。右上の「＋」ボタンをクリックして「近似曲線」にチェックを付けると、散布図に回帰直線が破線で追加されます。さらに、チェックを付けた「近似曲線」のところにマウスポインターを合わせて「>」をクリックすると、サブメニューが表示されます。「その他のオプション」を選ぶと、画面右側に「近似曲線の書式設定」ウインドウが開くので、「グラフに数式を表示する」と「グラフにR-2乗値を表示する」の2つにチェックを付けます。これで、散布図の中に回帰直線の式と、決定係数（R^2）を表示することができます。

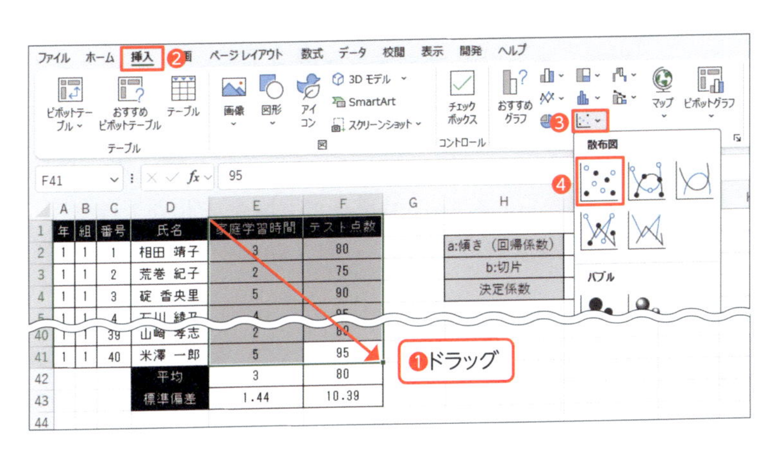

説明変数である家庭学習時間と目的変数であるテスト点数（ここではセルE1～F41）を選択します（❶）。「挿入」タブにあるボタンから「散布図」を選びます（❷～❹）。

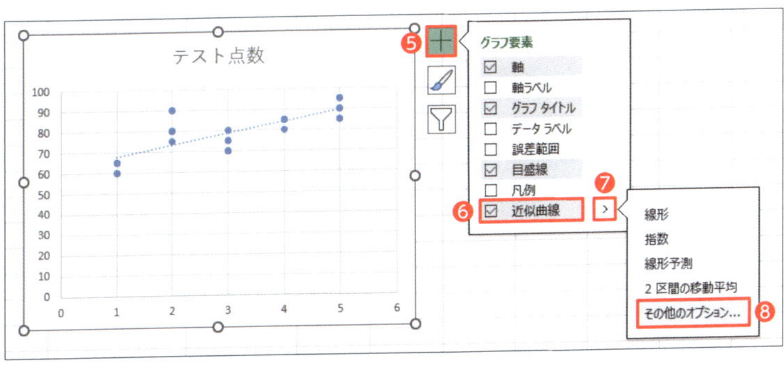

散布図が作成されたら、右上の「＋」をクリックして（❺）、「近似曲線」にチェックを付けます（❻）。さらに、「近似曲線」の右側の「>」をクリックして（❼）、「その他のオプション」を選びます（❽）。

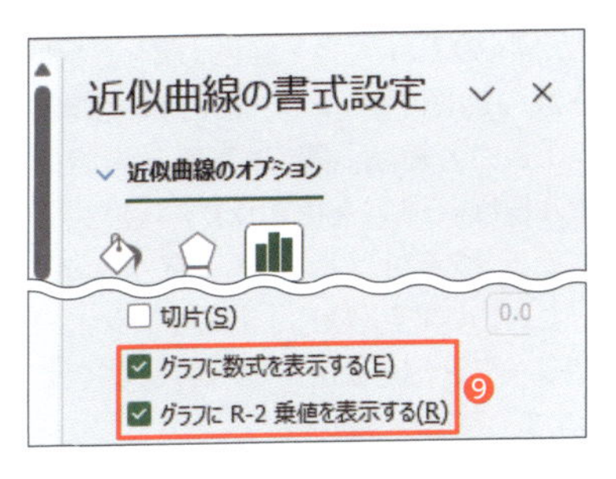

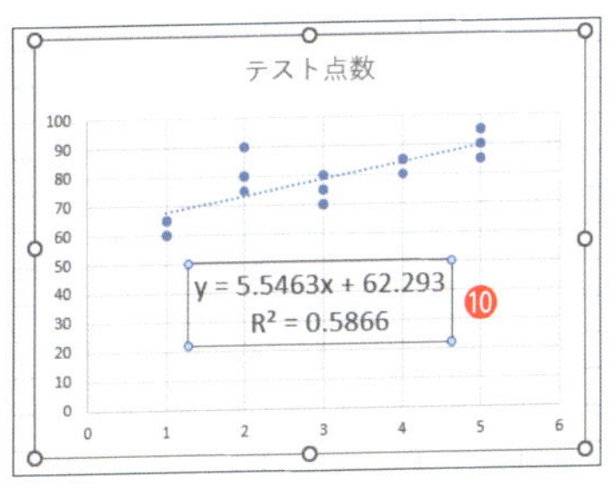

「近似曲線の書式設定」ウインドウで、「グラフに数式を表示する」と「グラフにR-2乗値を表示する」の2つにチェックを付けると（❾）、散布図上に回帰直線の式と決定係数（R^2）の値が表示されます（❿）。

回帰分析の散布図は、横軸に説明変数を取る

相関分析では2つの変数の間に「因果」を想定していませんでしたが、回帰分析では2つの変数の間に「因果」を想定します。そのため、散布図を作成する際には、横軸に原因となる説明変数、縦軸に結果となる目的変数を取るようにすることで視覚的にわかりやすくなります。

(3) 分析ツールを使う方法

Excelのデータ分析ツールを使用して回帰分析をすることもできます。それには「データ」タブにある「データ分析」ボタンをクリックし、開く画面で「回帰分析」を選んで「OK」を押します。すると設定画面が開くので、「入力Y範囲」欄に目的変数であるテスト点数の範囲（ここではセルF1～F41）、「入力X範囲」欄に説明変数である家庭学習時間（ここではセルE1～E41）の範囲を指定します。このとき、列見出しのセルも含めた指定すると、「ラベル」欄にチェックを付けることで、分析結果に列見出しの文字を表示できます。「有意水準」欄を「95%」にして、出力先を「新規ワークシート」として「OK」ボタンを押します。 これで新規シートに回帰分析の結果が出力されます。

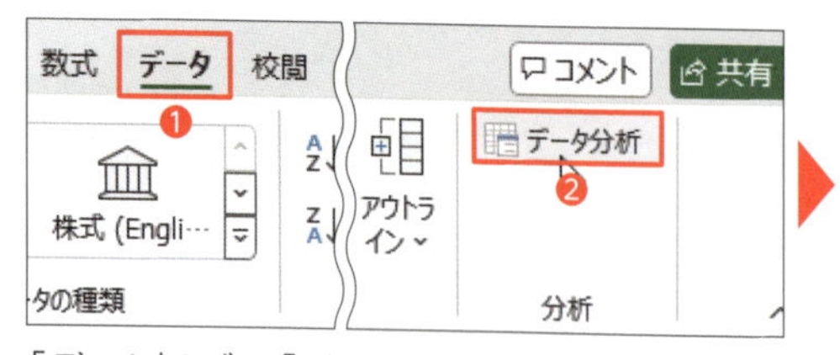

「データ」タブの「データ分析」ボタンをクリックします(❶❷)。右のようなツールの選択画面が開いたら、「回帰分析」を選んで「OK」を押します(❸❹)。

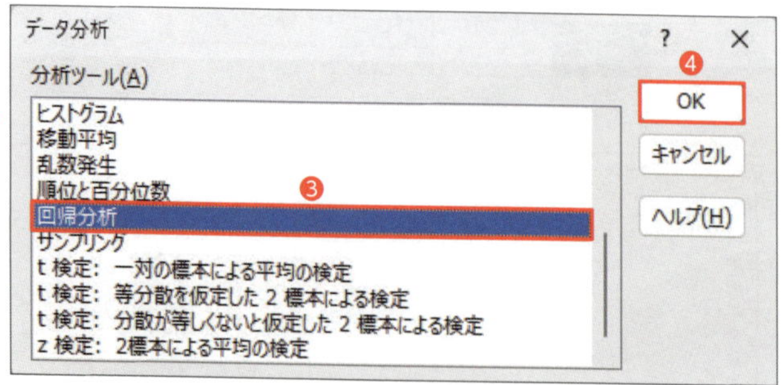

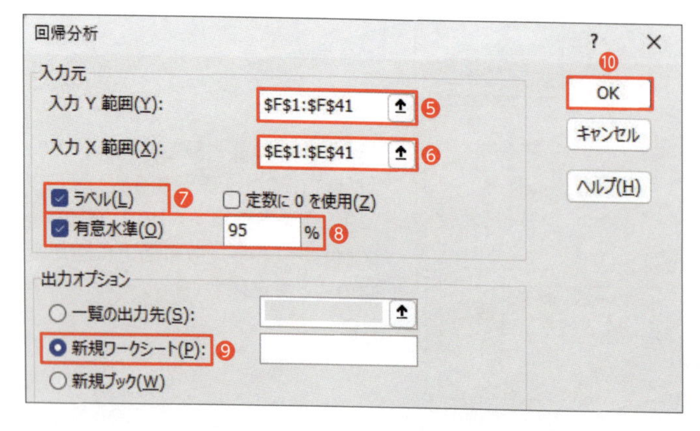

設定画面が開くので、「入力Y範囲」欄を選択してテスト点数の範囲（セルF1～F41）を指定します(❺)。「入力X範囲」欄には家庭学習時間の範囲（セルE1～E41）を指定します(❻)。「ラベル」欄にチェックを付けて(❼)、「有意水準」欄に「95」と入力します(❽)。「出力オプション」欄で「新規ワークシート」を選択し(❾)、「OK」ボタンを押します(❿)。

	A	B	C	D	E	F	G	H	I
1	概要								
2									
3	回帰統計								
4	重相関 R	0.76593							
5	重決定 R2	0.586649							
6	補正 R2	0.575772							
7	標準誤差	6.854536							
8	観測数	40							
9									
10	分散分析表								
11		自由度	変動	分散	観測された分散比	有意 F			
12	回帰	1	2533.958	2533.958	53.93158938	8.47E-09			
13	残差	38	1785.417	46.98467					
14	合計	39	4319.375						
15									
16		係数	標準誤差	t	P-値	下限 95%	上限 95%	下限 95.0%	上限 95.0%
17	切片	62.29287	2.597054	23.98598	1.48629E-24	57.03541	67.55033	57.03541	67.55033
18	家庭学習時間	5.546282	0.755232	7.343813	8.46652E-09	4.017395	7.075169	4.017395	7.075169
19									

新規ワークシートに回帰分析の結果が出力されます。様々な値が出力されますが、その中に回帰直線の傾き（回帰係数）と切片も示されています。「重決定R2」という欄が決定係数（R^2）です。p値も示されています。

5 解釈

回帰分析はできましたか？ Excelでは複数の方法で回帰分析を行うことができます。説明変数（X）に家庭学習時間、目的変数（Y）にテストの点数を指定し、関数を使って回帰分析をした結果、回帰係数（傾き）が5.55、切片が62.29であることがわかりました。これにより、回帰直線の式は「Y＝5.55X＋62.29」となります。散布図や分析ツールを使用して求めた結果も、それぞれの値を四捨五入すれば同じです。

つまり、家庭学習時間が1時間増えるとテストの点数が5.55点増えるという傾向が全体的にあるということです。また、この回帰直線の式がデータをどれだけ説明しているかを示す決定係数（R^2）が0.59なので、この回帰直線の式によりデータを約59％説明できるということになります。一方で、まだ説明できない（すべき）データが$1-R^2$＝約41％あることになりますので注意が必要です。

決定係数（R^2）は、ある値以上でなければならないというような絶対的な指標ではありません。教育データ分析においては、感覚的には50％以上あれば十分だといえるでしょう。

分析ツールを用いた回帰分析では、回帰係数（傾き）や決定係数（R^2）以外にもp値を求めることができます。これにより、説明変数が目的変数に与える影響の有無を統計的に判断できるようになります。今回の場合は、帰無仮説を「家庭学習時間がテストの点数に影響を与えない（決定係数＝0）」、対立仮説を「家庭学習時間がテストの点数に影響を与える（決定係数≠0）」とします。回帰分析の結果、p値が0.05（5％）より小さいことが示されたため、帰無仮説が棄却され、対立仮説が支持されることになります。つまり、家庭学習時間がテストの点数に影響を与える可能性が示唆されたということです。また、切片にもp値が出力されますが、切片は説明変数ではないため、一般的にp値の解釈は不要です。

今回の例では、家庭学習時間が1時間増えるとテストの点数が5.55点増えるということが統計的にも明らかになりました。この結果は絶対的なものでないにしても、例えば生徒への指導の際に家庭学習時間を聞き、目標とする点数を満たしていないのであれば、家庭学習時間を増やすことでテストの点数の向上につながるということを統計的な根拠を持って助言できるのではないでしょうか。このように回帰分析を用いることで、学習成果と睡眠時間や通学時間、通塾など様々な因果関係の洞察を深め、将来の成果を予測することができます。指導や教育政策の改善などにも役立つことでしょう。

しかし、回帰分析を使って教育データを分析するとき、いくつか気を付けるべきポイントがあります。例えば、**過剰適合**という現象が起こることがあります。回帰分析により得られた回帰直線が元の教育データにうまく適合しているように見えても、新しい教育データにはうまく適合しない場合があるのです。また、データ間に見られる関連性を、一方が他方を引き起こしていると誤解してしまうリスクがあります。さらに、分析時に考慮していない他の要因が結果に影響を与えている場合、それを見落としてしまうこともあります。これらの問題は、分析の結果を間違った方向で使ってしまう原因にもなり得るため、データを解釈する際には特に注意が必要です。

重回帰分析

重回帰分析は、複数の説明変数(原因)と1つの目的変数(結果)の関係を分析する統計的手法です。例えば前述の例題では、目的変数であるテストの点数に対し、1つの説明変数として家庭学習時間を用いた単回帰分析を行いました。しかし、重回帰分析では、説明変数に通塾や部活の有無、出席率など、複数の変数を指定することができるため、それぞれがどの程度、目的変数に影響を与えるかがわかり、因果関係の理解、予測の精度向上に役立ちます。実際に重回帰分析を行う際には、分析ツールを用いて複数の説明変数を同時に選択することで分析が可能です。

しかしながら、説明変数間に強い相関がある場合や変数が多すぎる場合などには、分析結果の解釈が困難になることもありますので注意が必要です。

6 まとめ

本章では、目的変数(従属変数)が1つ以上の説明変数(独立変数)によってどのように影響を受けるかをモデル化する手法として、回帰分析について学びました。回帰分析は、学習成果や学習行動、教育政策など様々な変数間の関係を評価し、その影響を理解することに役立ちます。

例えば、以下のようなことでも回帰分析を行うことが考えられます。

●個別学習プランの最適化

特定の学習活動や教材が生徒のテストの点数にどう影響するか。

●教育介入の効果の評価

新しい教育政策や教育技術の導入が生徒の学習成果にどう影響するか。

●学習行動と成果の関連性の理解

図書館の利用頻度やオンライン教材のアクセス回数が学習成果にどう影響するか。

●教育政策の立案と評価

学校の授業開始時刻の変更やカリキュラム改革が出席率や成績にどう影響するか。

回帰分析は上記のようなことに活用できますが、過剰適合、相関関係と因果関係の混同、隠れた変数の問題など、回帰分析を適用する際に注意すべき点も存在します。そのため、これらの課題に対処するためには、分析結果の慎重な解釈が必要です。

練習問題 Practice

15_回帰分析データ.xlsx

次の表は、例題で用いた同じクラスのデータに出席率を追加したものです。テストの点数と出席率の関係について回帰分析を行い考察してみましょう。

	A	B	C	D	E	F	G	H
1	年	組	番号	氏名	出席率	家庭学習時間	テスト点数	
2	1	1	1	相田 靖子	0.95	3	80	
3	1	1	2	荒巻 紀子	0.75	2	75	
4	1	1	3	碇 香央里	1.00	5	90	
5	1	1	4	石川 綾乃	0.90	4	85	
6	1	1	5	石渡 和也	0.70	1	65	
7	1	1	6	伊藤 光一	0.65	3	70	
8	1	1	7	江尻 将司	0.90	2	80	
9	1	1	8	大江 弘喜	1.00	5	95	
10	1	1	9	岡本 弘和	0.90	4	85	
11	1	1	10	加藤 るみ	0.75	1	60	
12	1	1	11	河原 正規	0.90	4	80	
13	1	1	12	北野 彩	0.85	3	75	
14	1	1	13	工藤 豪	1.00	2	90	
15	1	1	14	小島 剛	0.90	5	85	
16	1	1	15	坂根 誠也	0.70	1	65	
17	1	1	16	佐々木 佑介	0.80	3	70	

コラム③ column

生成AIとデータ分析

1 生成AIの登場

「**生成AI**（generative AI）」は、学習したデータに基づいて新たなデータを生み出す技術であり、2022年にOpenAIが「ChatGPT」を発表して以来、広く知られるようになりました。この技術は、膨大なデータから統計的特徴やパターンを学習し、既存のデータに似ているが新しい内容を生成します。この技術の核心は「ディープラーニング（deep learning）」です。ディープラーニングは、コンピュータが大規模なデータから複雑なパターンを学習するプロセスです。そして、存在しないデータを確率的に推測し生成することができます。

過去には様々な技術的制約により、このような機能の実現が困難でした。データ不足やコンピュータの処理能力に限界があったためです。しかし、近年の目覚ましい技術革新により、これらの問題は次々と解決され、はるかに複雑なデータ分析が可能になりました。現在、自然言語処理、プログラミング、音楽、美術など多岐にわたる分野で活用されています。これらの進歩のおかげで、生成AIは私たちが想像もつかない新しいアイデアやコンテンツを提供することができるようになりました。

2 生成AIを利用したデータ分析の可能性とその限界

本コラムでは、教育データを分析する際に生成AIをどのように活用できるかを説明します。生成AIには無料および有料の様々なプラットフォームが存在します。代表的なものとして、ChatGPTや、グーグルの「Gemini」が無料で利用可能です。

例えば、「月別のクラブ参加生徒数」をテキスト形式やCSVファイルでアップロードし、「このデータに基づいて基礎統計を作成してください」と依頼文（プロンプト）を入力すると、生成AIは入力されたデータを基に基本的なデータ分析の結果を出力してくれます。

実際に試してみればわかりますが、その結果には不正確なものが出ることがあります。生成AIは与えられたデータを基にパターンを分析・学習しただけで、実際の推論を行うわけではありません。そのため、正確ではない、または事実ではないことを正しい答えのように提示することがあります。これを「**ハルシネーション**（幻覚）現象」と呼びます。この特性は創造的な作業には向いているかもしれませんが、正確さを要求するデータ分析には適していません。

しかし、一部の有料モデルでは、比較的正確な基礎統計分析が可能です。これらのモデルは、生成AIの限界を克服するために、データを言語モデルでそのまま処理するのではなく、内部的に計算式を生成し、Pythonなどのプログラムを実行する方式を採用しています。つまり、生成AIは数式を作るまでを担当し、計算についてはほかのプログラムが担当します。これにより、生成AIがどのような数式を作成し、Pythonにどのようなデータを入れたかも確認でき、ユーザーが直接検証することが可能です。

生成AIはデータを視覚化することもできます。例えば、「月別のクラブ参加生徒数」を入力し、その増減を視覚化することが可能です。一部のモデルでは、他社のBIツールで直接使用できるようにコードを提供してくれることもあります。

しかし、生成AIでデータを分析する際には、最終的にそのデータをどこまで信じられるかという問題に直面します。ハルシネーション現象はないか、入力されたデータがそのまま分析されたかを検証する必要があります。少量のデータや単純な分析の場合は検証が容易ですが、多量のデータを扱う場合や複雑な分析を行う場合は、その検証には多くの時間と労力がかかります。

したがって、データ分析において生成AIの利用は、あくまで参考程度にとどめるべきであるという懐疑的な見解も存在します。

3 教育現場での生成AI活用と注意点

教育現場で生成AIを利用する際には、特に注意が必要です。学校や生徒の情報セキュリティに大きな問題が生じる可能性があるためです。生成AIに入力するデータを匿名化したにもかかわらず個人や学校が特定されることもあり、1回の小さなミスが取り返しのつかない情報漏洩を引き起こす可能性もあります。

しかし、生成AIを安全かつ効果的に活用する方法は存在します。私たちは有料モデルの作動方式からヒントを得て、生成AIに計算式だけを要求することができます。生成AIにデータをそのまま入力せず、ExcelやPythonなどでデータ分析に使用できる数式を生成してもらう方式です。例えば、「生徒の国語、英語、数学の成績がそれぞれC、D、E列にあります。セルC1～E30の範囲に成績データがある場合、各科目の平均値、標準偏差、相関係数を計算するExcelの数式を提供してください」といった依頼文を入力すれば、生成AIは要求に応じた関数とその使用方法を説明してくれます。

このように教育現場で生成AIを使用する場合は、データを直接入力するのではなく、必要な機能や数式を質問し、その結果を受け取って活用するほうがより安全で正確といえるでしょう。

4 練習問題

30人分の架空の教科別成績データを準備し、生成AIに基礎統計分析を依頼してみましょう。その後、Excelを使って自分で計算した値と比較してみましょう。

第16章

データの集計と可視化

本章では、教育分野でのデータ分析における様々な集計とグラフの作成技術に焦点を当てます。初めに、データ集計の目的と基本的なプロセスを紹介し、実際の教育データで集計を行う方法を学びます。また、データを視覚化するための様々なグラフと、それらを教育現場でどのように活用するかについて解説します。さらに、集計とグラフ作成の際に考慮すべきデータの正確性や視覚化の方法、その解釈に与える影響についても学びます。

百花先生、最近、授業で使うデータの集計やグラフの作成に挑戦してみましたか? これらは生徒の理解を深めるのに役立ちますよ。

実は、データの集計やグラフ作成に苦労しています。どのグラフを使えばいいのか、どう集計すればいいのか、よくわかっていないんです。

そうですか。データの集計とグラフ作成は、教育データを視覚的に示すうえで非常に重要です。例えば、Excelの「SUM」や「AVERAGE」などの関数を使って簡単に集計できますし、棒グラフや折れ線グラフは成績の傾向を示すのに適していますよ。

なるほど、Excelの関数を使って集計するんですね。でも、どのような状況で棒グラフや折れ線グラフを選べばいいのでしょう?

良い質問です。棒グラフはカテゴリ別のデータ比較に適しています。例えば、クラスごとの平均点を比較したいときなどです。折れ線グラフは、時間の経過とともにデータがどのように変化するかを示したい場合に役立ちます。

なるほど、グラフの選択にも戦略が必要なんですね。集計したデータをどのように解釈すればいいのか、何かアドバイスはありますか?

データを解釈する際には、集計の結果が何を示しているのかを考え、それが生徒や教育プログラムにどのような意味を持つかを分析することが重要です。また、外れ値やデータの偏りが結果にどのような影響を与える可能性があるかも検討してください。

生徒たちにもわかりやすく情報を伝えられるように、練習してみます。

1 データを集計するための準備

これまでの章では、平均値、中央値、最頻値、分散、標準偏差などの統計量の計算の練習をしてきました。データが既に整形されていれば、これらの計算をすぐに実行できるのですが、そうでない場合、計算する前に**データクレンジング**（Data Cleansing）という作業が必要になります。

データクレンジングとは、与えられたデータ内のエラーや不正確な情報を特定し、修正・削除するプロセスです。データクレンジングを行うことで、データの品質が向上し、信頼性の高い分析や意思決定につながります。

データクレンジングの目的は、次のように区分できます。

●正確性の向上

間違ったデータや異常値を修正し、誤った結論や予測を防止する。

● 一貫性の確保

表記方法を統一したり、データ型を統一したりして一貫性を確保する。

●完全性の確保

欠損値があると、分析やモデリングの結果にバイアスが生じる可能性があるため、欠損値を処理してデータの完全性を確保する。

欠損値や異常値を処理するためには、代入（平均値、中央値、最頻値などによる欠損値の補完）したり、削除（欠損値を持つ行や列の削除）したりする方法が採られることが一般的です。また、同じ人が複数回入力してしまうなどのデータの重複についても確認しましょう。最後に、不要な情報の除去も忘れてはいけません。収集したデータの近くに不要な入力内容があるとそれも分析結果に表示されることがあります。

2 集計したデータの見方

次ページの図Aと図Bは、ある学年の4クラス分の進路希望調査を集計した表です。2つの表は、行と列がそれぞれ入れ替わったものであり、どちらも同じ集計データです。どちらもクロス集計したという点では共通ですが、行と列の配置にはそれぞれ意味があります。

図A

	女	男	総計
国公立大学	32	24	56
私立大学	17	24	41
就職	9	9	18
短期大学・専門学校	17	28	45
総計	75	85	160

図B

	国公立大学	私立大学	就職	短期大学 専門学校	総計
女	32	17	9	17	75
男	24	24	9	28	85
総計	56	41	18	45	160

行に配置された要素は、通常、調査対象や主要な要因（説明したい目的）を表します。行に配置された要素を基準にして、列に配置された要素がどのようにそれに関連しているかを説明することが一般的です。

つまり、図Aの表は、希望進路ごとに、男女の人数を把握するためのものであることを示しています。また図Bの表は、男女別に希望進路の人数を把握するためのものであることを示しています。

具体的に、図Aの表を使って説明する際には、国公立大学の進学を希望している生徒は女性のほうが多いことを説明できます。また図Bの表からは、女性は国公立大学希望の生徒が一番多く、就職希望の生徒が一番少ないことがわかります。

このように、表の体裁によって説明できることが異なりますので、資料を作成する際には、目的を持ってデータを整理しましょう。

3 データの可視化

欠損値などの整理ができたら、実際に集計や可視化をしましょう。集計の方法については、これまでに紹介してきていますので、ここではデータの可視化の方法について学びます。

特にデータの可視化をするためには、データのタイプや可視化の目的を把握することが求められます。その理由は、グラフの種類によって表すデータに特徴があるためです。例えば、数値データの場合は**ヒストグラム**や**散布図**が有効ですが、カテゴリカルデータの場合は**棒グラフ**や**円グラフ**が適しています。また、可視化の目的については、データの分布を理解したいのか、異なる変数間の関係を探りたいのか、時系列データのトレンドを見たいのかなど、目的に応じた可視化手法を選択する必要があります。

次に、一般的なデータのタイプとそれに適するグラフの例を紹介します。

様々な数値を扱う場合、その代表値だけでは把握できない部分もあります。そこで、使われるのが**度数分布表**やヒストグラムです。数学の教科書にも出てきますので、聞いたことがある人もいると思います。データの幅ごとにどの程度存在するのか把握できる表を、Excelの分析ツールを用いて簡単に作成し、グラフ化することができます。

構成比を比較するためのグラフとしては円グラフが一般的ですが、**100%積み上げ棒グラフ**（帯グラフ）もお薦めです。というのも円グラフには、データの差が大きく見えてしまう、複数のデータを示す際に紙面を多く使用してしまうといったマイナス面もあります。一方、100%積み上げ棒グラフを用いると、複数のデータを並べて表記しやすいため、データの可視化と比較が容易になります。

また、**箱ひげ図**は、統計的なデータの分布やばらつきを可視化するためのグラフです。箱ひげ図は、データの中央値、四分位範囲（データの真ん中を含む50%）、最小値、最大値、外れ値などの統計的な特徴を表現します。この箱ひげ図を活用することで、上述のデータを視覚的に把握できるだけでなく、データのばらつき具合を把握することができます。一方で、データの数が少ないと個々の数値が大きく影響されるため注意が必要です。

●主なグラフの種類

データの種類	グラフの種類	用途の例	Excelのアイコン例
数値データ	ヒストグラム	データの分布や頻度を可視化	
	散布図	2つの数値変数の関係を視覚化	
	折れ線グラフ	時系列データの変化	
カテゴリカルデータ	棒グラフ	カテゴリごとの頻度や割合	
	円グラフ	カテゴリごとの相対的な割合	
	積み上げ棒グラフ	カテゴリごとの割合や合計の比較	
時系列データ	折れ線グラフ	時間に沿った変化やトレンド	
	棒グラフまたは棒グラフと折れ線グラフの組み合わせ	時間に基づいたカテゴリごとの変化	

4 例題

16_集計と可視化データ.xlsx

(1) データを集計するための準備

次の表は、生徒が実施した体力測定の結果を記入したものの一部です。この表の中にある異常値や欠損値を探してみましょう。後の分析のために適切に整理し、必要に応じてデータクレンジングを行います。

	A	B	C	D	E	F	G	H
1		男/女	身長	体重	握力	上体起こし	長座体前屈	反復横跳び
2	1	女	116.7	21.8	9.0	12	36	34
3	2	男	120.4	25.6	11.5	15	32	29
4	3	女		115.9	8.0	13	28	26
5	4	男	122.8	22.7	6.5	14回	30	24
6	5	男	120.4	25.6	11.5	15	32	29
7								

初めに気付くのは、3の女性の身長がセルC4に入っていないことです。これは欠損値となります。また、その隣の体重を見ると、1人だけ明らかに大きな数が入っています。これは異常値の可能性が高いです。

次に、入力されている数をよく見てみると2と5の生徒の入力内容が、全ての項目について同一です。重複して入力されたと考えられます。また、4の生徒の上体起こしの数にだけ「回」という単位が入力されています。特にExcelを使用する際には、単位を付けて入力するとデータの種類が「文字列」になってしまうので、計算できなくなります。標準設定では、文字列データは左揃えになることを覚えておくと、このようなミスを早期に発見できるかもしれません。

(2) 集計したデータの見方

下の図の2つの表を見てください。左の表の集計方法を、割合に直してみたのが右の表です。割合に直すことで、過年度の生徒との比較やクラスごとの比較をした際に、その特徴を把握しやすくなります。

	国公立大学	私立大学	就職	短期大学 専門学校	総計
女	32	17	9	17	75
男	24	24	9	28	85
総計	56	41	18	45	160

	国公立大学	私立大学	就職	短期大学 専門学校	総計
女	57%	41%	50%	38%	47%
男	43%	59%	50%	62%	53%
総計	100%	100%	100%	100%	100%

ちなみに、割合を求めるには、下図であればセルJ3に「＝C3/C＄5」という数式を入力して、セルN5までの範囲にコピーします。最初は小数で割合が表示されますが、「ホーム」タブの「数値」の欄にある「％」ボタンをクリックすると、パーセント表示に変えられます。また、今回の式に入れた「＄」記号は、オートフィル機能などを使って数式をコピーするときに、コピー先でも同じ総計の行を参照して計算できるようにするためのものです（245ページ参照）。

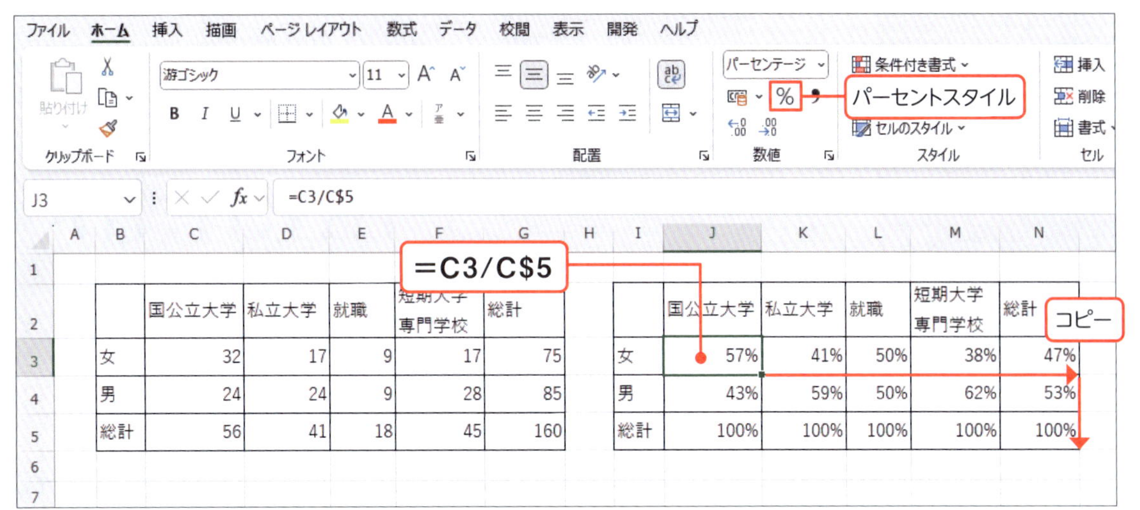

この図では、元表の右側に同じ表をコピーした後、セルJ3に図のような数式を入れて割合を計算します。この式をセルN5までコピーしました。計算結果は小数で表示されるので、「％」ボタンをクリックし、パーセントスタイルにしましょう。

（3）データの可視化

データの特徴を把握するためには、実際に教育データを用いて様々なグラフを作って、体験的に学ぶことが大切です。ここでは、教育データにおいて使用することが多い棒グラフと円グラフ、積み上げ棒グラフを作成してみましょう。

まず、部活動ごとの人数を集計した表から、棒グラフを作成してみましょう。Excelでグラフを作成するためには、データの入力されたセル範囲を選択して、「挿入」タブの「グラフ」欄にある各グラフのボタンを使うか、「おすすめグラフ」ボタンを押します。

「おすすめグラフ」を押すと、「グラフの挿入」画面が開き、「おすすめグラフ」タブに、Excelが推奨するグラフが提案されます。適当なグラフがそこにあれば、クリックして選択し、「OK」ボタンを押します。「グラフの挿入」画面で「すべてのグラフ」タブを選ぶと、左側に「縦棒」「折れ線」「円」などのグラフの種類が一覧表示され、目的にかなうものを選択できます。

標準では、グラフは表と同じワークシート上に作成されます。グラフエリアの四隅や各辺の中央付近にあるハンドルをドラッグすると、サイズを調整できます。グラフのタイトルをクリックして書き換えるなどして、見やすく調整しましょう。

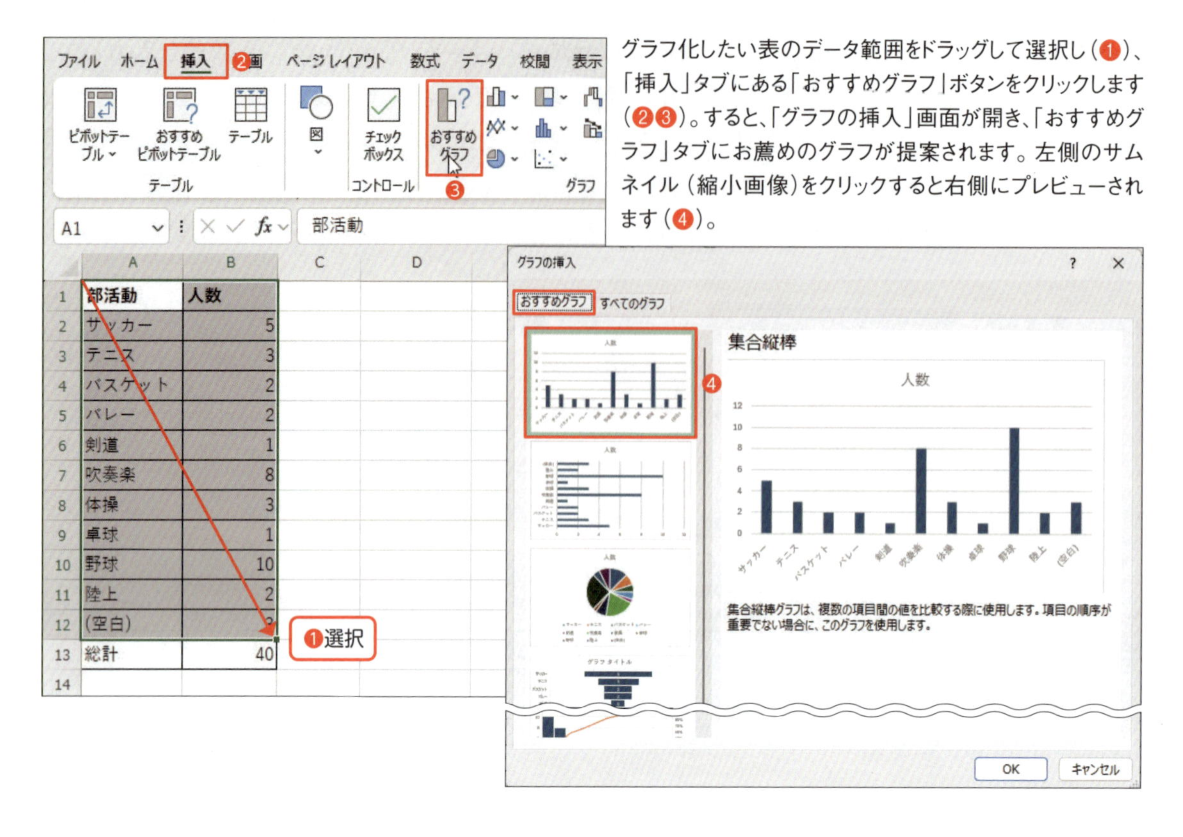

グラフ化したい表のデータ範囲をドラッグして選択し(❶)、「挿入」タブにある「おすすめグラフ」ボタンをクリックします(❷❸)。すると、「グラフの挿入」画面が開き、「おすすめグラフ」タブにお薦めのグラフが提案されます。左側のサムネイル(縮小画像)をクリックすると右側にプレビューされます(❹)。

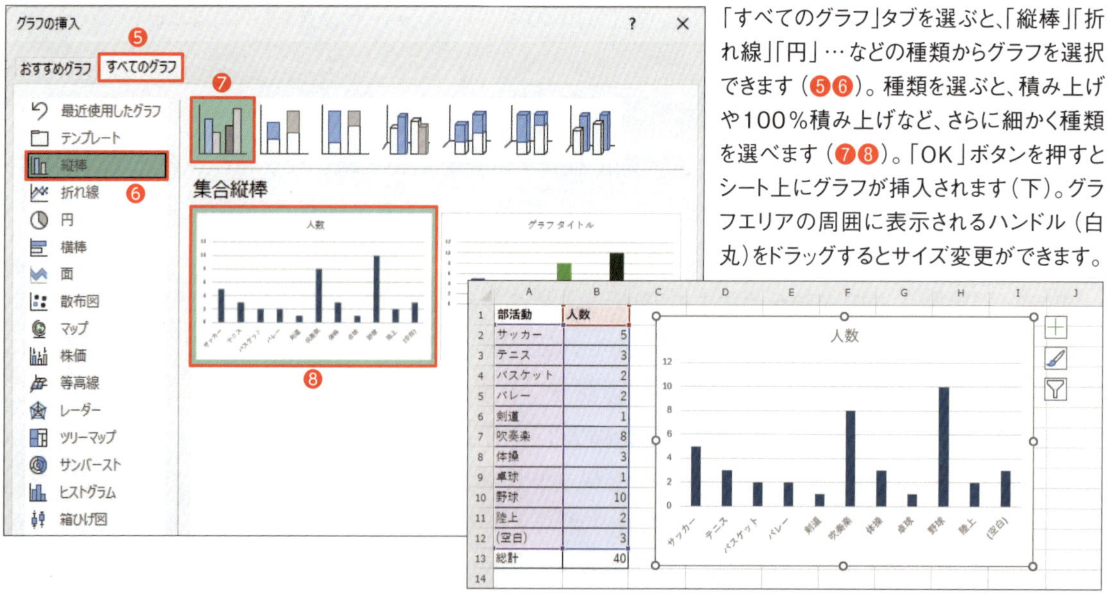

「すべてのグラフ」タブを選ぶと、「縦棒」「折れ線」「円」…などの種類からグラフを選択できます(❺❻)。種類を選ぶと、積み上げや100%積み上げなど、さらに細かく種類を選べます(❼❽)。「OK」ボタンを押すとシート上にグラフが挿入されます(下)。グラフエリアの周囲に表示されるハンドル(白丸)をドラッグするとサイズ変更ができます。

このようにグラフは簡単に作成することができます。上の縦棒グラフを見ると、野球部の人数が一番多く、次に吹奏楽部が多いことが視覚的にわかりやすくなります。さらに、各部の人数構成比を見たいときは、先ほどと同じ手順で「グラフの挿入」画面を開き、「横棒」の中にある「100%積み上げ横棒」を選択します。すると、下の図のようなグラフを作成できます。

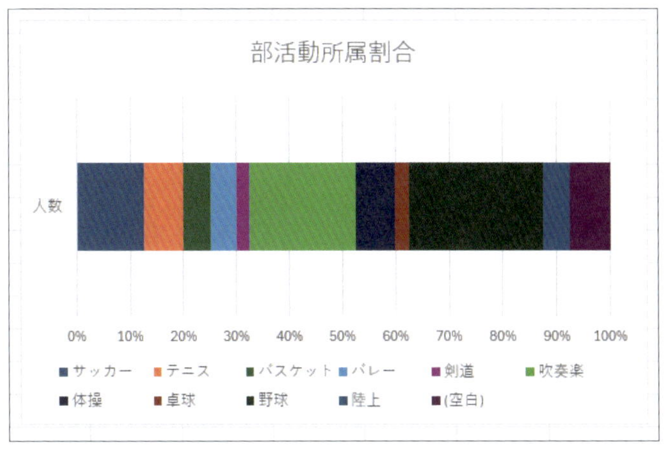

「おすすめグラフ」ボタンを押すと開く「グラフの挿入」画面で「すべてのグラフ」タブを選び、「横棒」の1つである「100%積み上げ横棒」を選択します。すると、全体を100%に見立てた横棒グラフに、各部の人数が占める割合が表現されます。人数構成比が一目瞭然になります。

構成比を表現するとき、円グラフを利用する方法もありますが、複数のデータを対象に構成比を比較する場合には、複数の円グラフを別々に作成することになり、比較しにくいという欠点があります。例えば、4クラス分の部活動の人数構成比を表記する場合、円グラフを4個作成して並べる必要があります。そこでお薦めなのが100%積み上げ横棒グラフです。100%積み上げ横棒グラフなら、1つ作成するだけで4つの棒を並べて、正確に比較することができます。

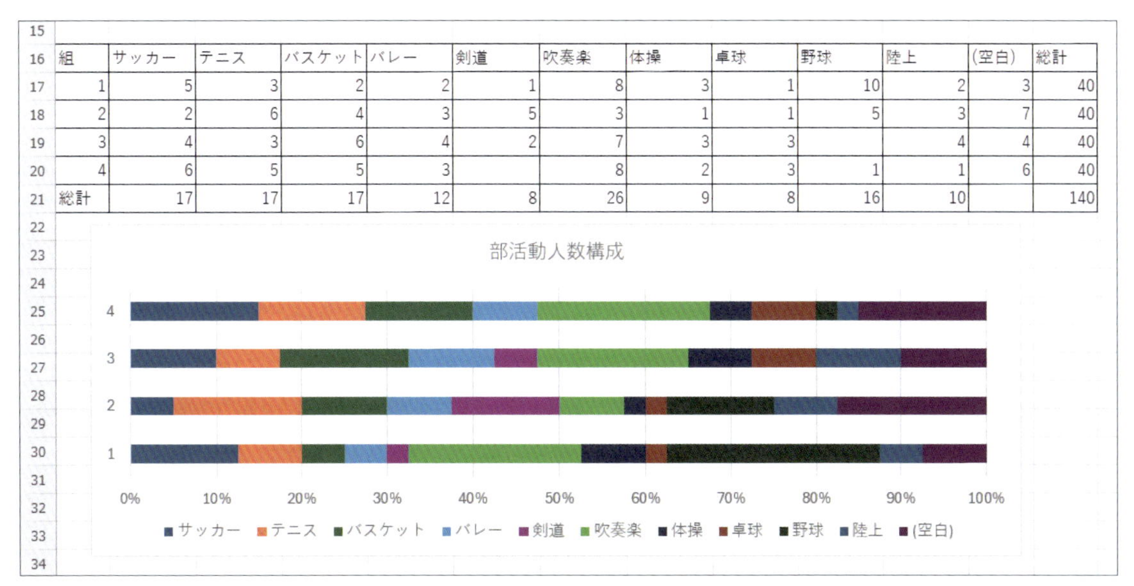

組	サッカー	テニス	バスケット	バレー	剣道	吹奏楽	体操	卓球	野球	陸上	(空白)	総計
1	5	3	2	2	1	8	3	1	10	2	3	40
2	2	6	4	3	5	3	1	1	5	3	7	40
3	4	3	6	4	2	7	3	3		4	4	40
4	6	5	5	3		8	2	3	1	1	6	40
総計	17	17	17	12	8	26	9	8	16	10		140

1組から4組までの部活動の人数構成比を、100%積み上げ横棒グラフで表した例です。円グラフを4つ作成して並べるよりも、クラス間での比較がしやすくなります。

グラフを作成する以外にも、様々な可視化の方法があります。Excelでは「条件付き書式」を使用することで、表の中に小さなグラフを作成することもできます。下の図では「データバー」を使用していますが、ほかにも便利な機能もありますので、ぜひ使ってみてください。

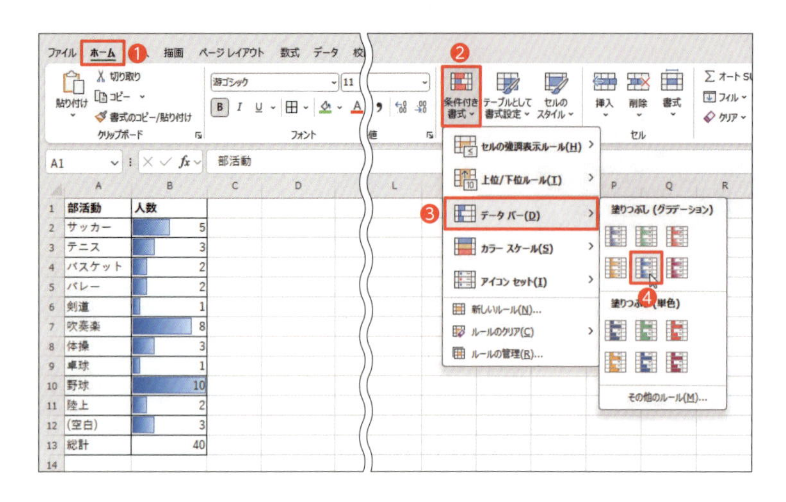

セルB2～B12を選択して、「ホーム」タブにある「条件付き書式」ボタンをクリックします（❶❷）。開くメニューで「データバー」を選び、デザインを選びます（❸❹）。すると、セルの中に色付きのバーを表示して、各セルの値の大きさを視覚的に表現できます。バーの長さは、最も大きな値がセルの横幅いっぱい（100％）になるように表現されます。

次に、「ヒストグラム」を作成してみましょう。下の図のA列は、生徒1人ひとりの家庭学習時間を1列に並べたものです。これを基にヒストグラムを作成し、家庭学習時間の分布を視覚化したいと思います。

Excelでは、データ分析ツールを利用してヒストグラムを作成できます。それには下準備として、データをどのような区間に分けるかを、セルに入力しておく必要があります。ここでは、セルE3～E16に、0、10、20、30、…、130という値を入力しています。セルE2には「階級」と見出しを入れています。

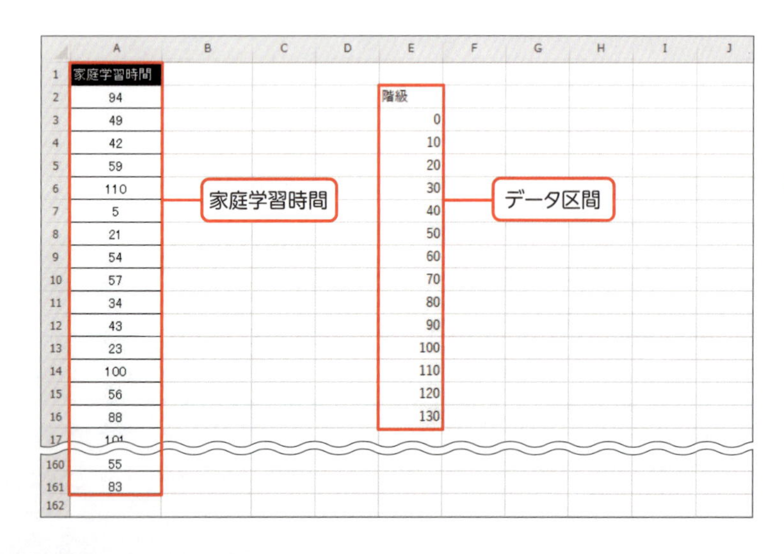

A列に並んだ生徒1人ひとりの家庭学習時間の値を基に、ヒストグラムを作成してみましょう。Excelのデータ分析ツールを利用する場合、ヒストグラムの階級をどのように分けるのか、区間の境目になる値をセルに入力しておく必要があります。ここではセルE3～E16に0～130までの値を10ずつ区切って入力しました。

以上の準備ができたら、「データ」タブの「データ分析」ボタンをクリックして、開く画面で「ヒストグラム」を選択します。設定画面が開いたら、「入力範囲」欄に家庭学習時間のデータ範囲（セルA1〜A161）、「データ区間」欄に先ほど入力した階級の値（セルE2〜E16）を指定しましょう。見出しを含めて指定しているので、「ラベル」欄にチェックを入れます。「出力先」は見やすいように、階級の右側あたりを指定してください。「グラフ作成」欄にチェックを付けたら、「OK」ボタンを押します。すると、度数分布表とヒストグラムがそれぞれ作成され、データの分布がひと目でわかるようになります。

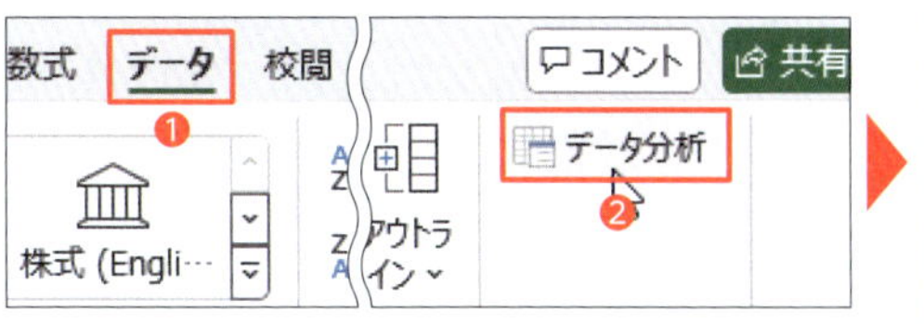

「分析ツール」アドインを追加すると「データ」タブに表示される「データ分析」ボタンをクリックします（❶❷）。右のようなツールの選択画面が開いたら、「ヒストグラム」を選んで「OK」を押します（❸❹）。

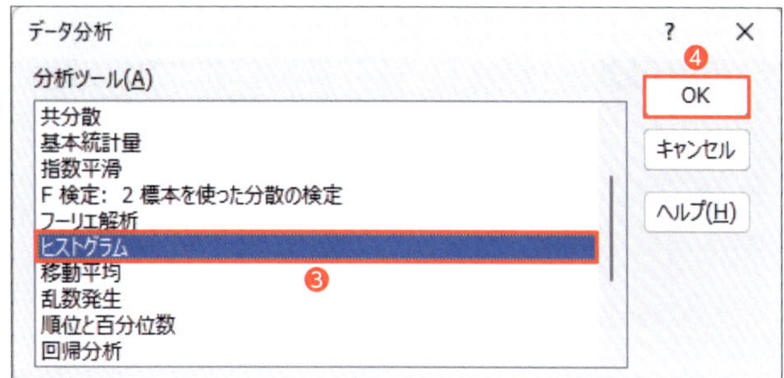

設定画面が開くので、「入力範囲」欄に家庭学習時間の範囲（セルA1〜A161）、「データ区間」欄に階級の値（セルE2〜E16）を指定します（❺❻）。「ラベル」欄にチェックを入れて（❼）、「出力先」欄に適当な場所（ここではセルH3）を指定します（❽）。「グラフ作成」欄にチェックを付けて「OK」ボタンを押すと（❾❿）、度数分布表とヒストグラムが作成されます（下）。

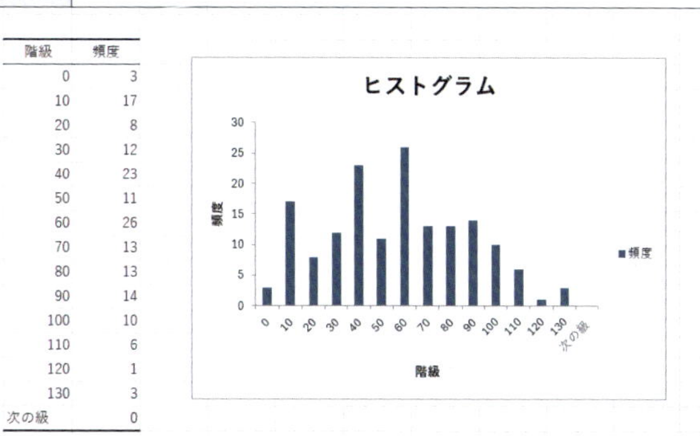

階級	頻度
0	3
10	17
20	8
30	12
40	23
50	11
60	26
70	13
80	13
90	14
100	10
110	6
120	1
130	3
次の級	0

さらに、同じデータを使って「箱ひげ図」を作成してみましょう。A列にある家庭学習時間のデータを選択したら、「挿入」タブにある「統計グラフの挿入」ボタンから、「箱ひげ図」を選びます。「おすすめグラフ」ボタンをクリックし、開く画面の「すべてのグラフ」タブで「箱ひげ図」を選んでもOKです。すると右側でヒストグラムか箱ひげ図を選択できます。

箱ひげ図を選択すると下図のようなグラフを作成できます。グラフをよく見ると、データの中央値、四分位範囲、最小値、最大値がそれぞれ表示されており、学習時間の半数が約30〜約80の間にあることが確認できます。

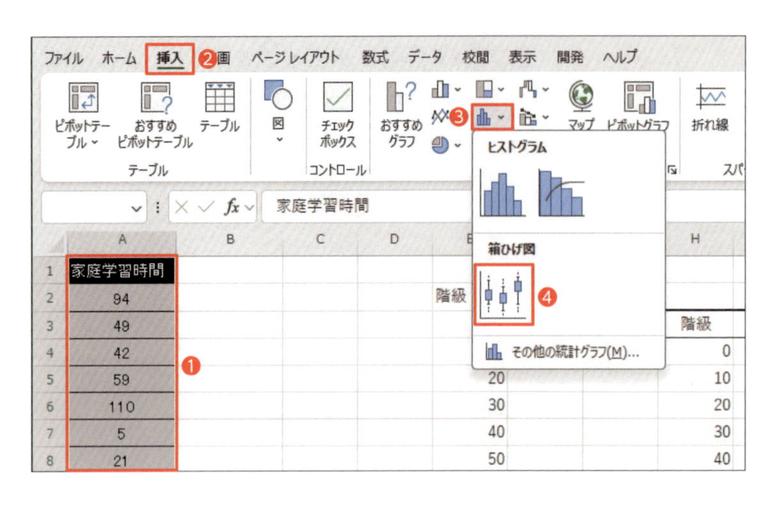

家庭学習時間のセルA1〜A161を選択して(❶)、「挿入」タブにある「統計グラフの挿入」ボタンをクリックします(❷❸)。開くメニューから「箱ひげ図」を選びます(❹)。「おすすめグラフ」ボタンをクリックして、開く画面の「すべてのグラフ」タブで「箱ひげ図」を選んでもかまいません。

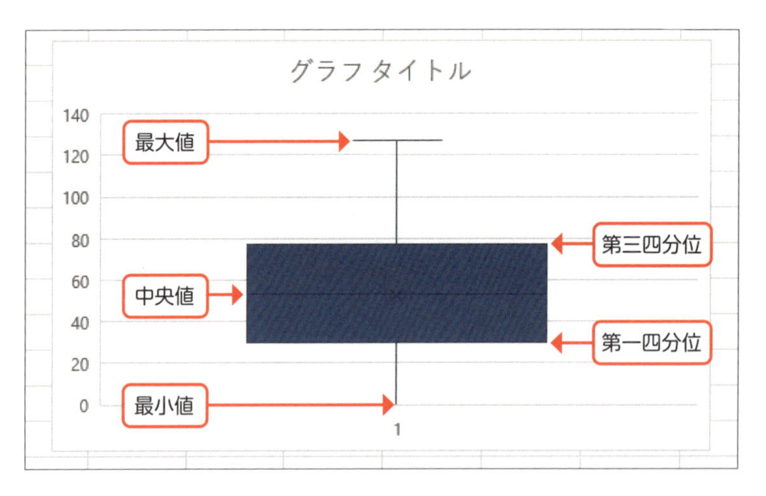

箱ひげ図が作成されます。グラフを見ると、中央値、四分位範囲(データの真ん中を含む50%)、最小値、最大値がそれぞれ表示されています。図の例では、半数の生徒の学習時間が約30〜約80の間に含まれていることがわかります。

なお、「統計グラフの挿入」ボタンをクリックして開くメニューから「ヒストグラム」を選んでもヒストグラムを作成できますが、右図のように、階級の幅が自動で設定されてしまい、変更の仕方もわかりにくいです。そのため、このグラフは目安として使い、実際の分析には「分析ツール」のヒストグラムを利用することをお勧めします。

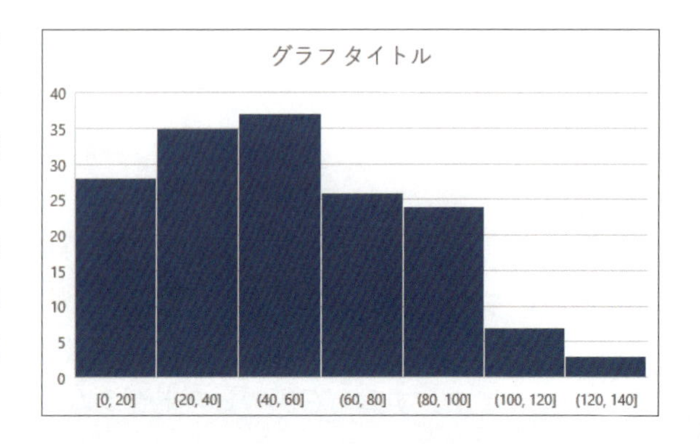

5 まとめ

本章では、データを集計するための準備から、集計したデータの見方、可視化の方法についてまで学びました。データの集計方法や可視化の方法によって、相手に与える印象は変わります。目的に合った手法を選択できるようになることが大切です。

練習問題 Practice

16_集計と可視化データ.xlsx

生徒の進路希望とテストの点数、観点別の成績を4クラス分まとめたデータがあります（下図はその一部）。これを基にクロス集計表や横棒グラフ、ヒストグラムを作成してみましょう。

	A	B	C	D	E	F	G	H	I	J
1	年	組	番号	氏名	進路希望	1学期中間テスト	1学期期末テスト	1学期主	1学期知・技	1学期思判表
2	1	1	1	阿達 貴至	私立大学	66	72	A	B	B
3	1	1	2	足立 文恵	私立大学	74	66	B	B	B
4	1	1	3	伊藤 久美子	国公立大学	62	56	A	B	C
5	1	1	4	岩田 ひろみ	国公立大学	57	55	A	B	B
6	1	1	5	大塚 浩市	私立大学	83	71	A	A	B
7	1	1	6	大宮 達哉	国公立大学	42	41	B	C	C
8	1	1	7	加賀屋 仁	私立大学	60	19	A	C	C
9	1	1	8	川野 龍	短期大学・専門学校	60	37	A	B	C
10	1	1	9	木村 陽	就職	69	61	B	B	B
11	1	1	10	工藤 剛	短期大学・専門学校	52	29	B	C	C
12	1	1	11	栗原 祥司	短期大学・専門学校	59	47	B	B	C
13	1	1	12	黒澤 歩	国公立大学	20	10	B	C	C
14	1	1	13	小林 貴之	国公立大学	59	49	A	B	C
15	1	1	14	酒井 友則	国公立大学	69	63	A	A	C
16	1	1	15	笹川 伸久	国公立大学	66	69	A	B	B
17	1	1	16	佐藤 志保	国公立大学	76	77	B	B	A
18	1	1	17	志賀 智哉	私立大学	71	86	A	B	A
19	1	1	18	関口 正俊	私立大学	75	66	A	B	B
20	1	1	19	高田 宏輔	短期大学・専門学校	7	0	C	C	C
21	1	1	20	高橋 さつき	国公立大学	73	51	A	B	B
22	1	1	21	武田 麻衣子	短期大学・専門学校	62	46	A	B	C
23	1	1	22	立石 知美	私立大学	72	66	A	B	B
24	1	1	23	田中 実希	短期大学・専門学校	59	64	B	B	B
25	1	1	24	谷川 明日美	就職	63	51	A	B	B
26	1	1	25	中西 香織	国公立大学	85	90	A	A	A
27	1	1	26	中村 洋平	短期大学・専門学校	78	66	B	B	B
28	1	1	27	西村 知子	就職	56	35	B	B	C
29	1	1	28	沼田 進	私立大学	31	5	B	C	C

第17章 ピボットテーブル

本章では、「ピボットテーブル」の基本的な概念と機能を紹介し、教育データを効率的に分析する方法を学びます。学校現場で遭遇する様々なデータから、成績分析、出席状況の概観、教科ごとのパフォーマンス比較など、具体的な情報を迅速に抽出し、整理する手順を解説します。さらに、教育関係者が直面する問題に対する洞察を深める手法や、データの選択や集計方法の選定が分析結果に与える影響についても探ります。

こんにちは、百花先生。データの分析にピボットテーブルを使ったことはありますか？ 教育データを扱ううえで非常に便利なツールですよ。

ピボットテーブルですか？ 名前は聞いたことがありますが、実際に使ったことはないんです。どのように活用するのですか？

ピボットテーブルを使えば、大量の教育データから必要な情報を素早く抽出し、様々な角度から分析することができます。例えば、クラスごとの成績分布や、異なる教科間の成績比較など、データを簡単にまとめて視覚化することが可能です。

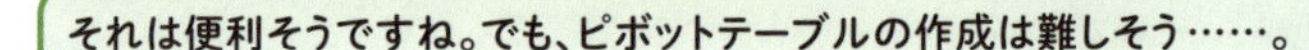

実は、Excelにはピボットテーブルを簡単に作成できる機能が備わっています。データ範囲を選択し、数回クリックするだけで基本的なピボットテーブルを作成できるんです。使い方を少し覚えるだけで、分析作業がぐっと楽になりますよ。

それならぜひ試してみたいと思います。実際にデータを使ってみないと、その便利さは実感できないでしょうし。

ピボットテーブルをマスターすれば、データに基づいた教育的な判断がより迅速かつ的確にできるようになります。何かわからないことがあれば、いつでも聞いてくださいね。

1 ピボットテーブルとは何か

Excelが備えるデータ分析・可視化のためのツールとして「**ピボットテーブル**」があります。ピボットテーブルで数値データやテキストデータを集計し、さらに要約や可視化をする機能を活用することで、生徒の成績、出席情報や、そのほかの教育関連データを効率的に分析し、指導や支援のための洞察を得たり、様々な状況を把握したりできます。

また、ピボットテーブルは、大量のデータを迅速に処理してクロス集計を行えるため、様々な教育現場での活用が期待できます。例えば、テストの点数の結果と、生徒の出席状況や学習活動、部活動など他の要素を組み合わせたクロス集計をすることにより、多様な視点でのデータ分析ができます。生徒の状況をより深く把握できるため、教育的な意思決定に役立ちます。

2 クロス集計とは

クロス集計は、異なるデータ要素を交差させて分析する手法です。この集計を行うと、異なるカテゴリや変数を組み合わせてデータを表示し、相関関係や傾向を把握することができます。具体的には、行と列にそれぞれ異なるデータ要素を配置し、それぞれの交点でデータを集計します。これにより、複数の要因が同時に影響を与える場合や、異なる変数がどのように連動しているかを可視化できます。

3 クロス集計の見方

ピボットテーブルには、縦方向だけの行集計（左図）と、縦横２方向のクロス集計（右図）があります。

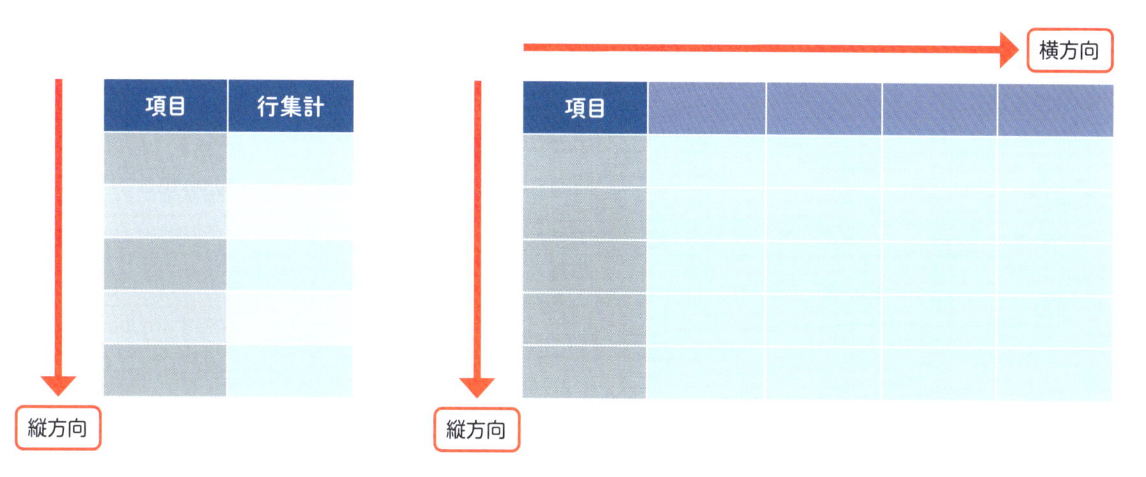

主なクロス集計の仕方や種類

- 男性と女性の数を別々に計算する周辺集計
- 特定の年齢層や地域などに絞って集計する条件付き集計
- 各都道府県の男女別の人口をクロス集計し、各セルの値を総人口に対する割合として表現する相対度数の集計
- 年齢層ごとの売り上げデータをクロス集計し、各セルの値を累積する累積集計

4 データベースの準備（注意点）

ピボットテーブルを使うためには、対象にするデータベースを用意しなくてはいけません。用意するデータベースは、次の3つの条件を整える必要があります。

①1行目にタイトル行（項目名）がある
②2行目以降のデータが連続している
③隣接するセルに、データ以外の余計なセルがない
④セルの結合をしていない

●データベースとしてダメな例

	A	B	C	D	E	F	G
1	氏名		部活動	学習時間	通学時間	進路希望	
2	阿達 貴至	男	野球	94	50	私立大学	
3	足立 文恵	女		49	50	私立大学	
4							
5	大宮 達哉	男	テニス	5	60	国公立大学	
6	加賀屋 仁	男	野球	21	50	私立大学	
7	伊藤 久美子	女	野球	42	50	国公立大学	
8	岩田 ひろみ	女	野球	59	20		
9	川野 龍	男	吹奏楽	54	40	短期大学・専門学校	
10	木村 陽	男		57	30	就職	
11	工藤 剛	男	サッカー	34	70	短期大学・専門学校	
12					※家庭における学習時間		
13							

× タイトル（項目名）が抜けている
× 途中に空白行がある（連続していない）
× セルが結合されている
× 隣接するセルに余計な入力がある

ピボットテーブルを作成するには、基になるデータベースを適切なものにする必要があります。この図の例のように、列のタイトル（項目名）が抜けていたり、セルが結合されていたりした場合は、修正が必要です。途中に空白行が挿入されていたり、隣接したセルに余計な文字や数値が入力されていると、データベースの範囲が誤って認識されてしまうので要注意です。

5 例題

17_ピボットテーブルデータ.xlsx

ここからは、実際にピボットテーブルを作成し、活用する手順を解説していきます。

下の図は、生徒1人ひとりの数学の成績データと学籍情報などがまとめられた表です。この表のデータを基にピボットテーブルを作って分析してみましょう。

(1) 適切なデータベースにする

ただし、表をよく見ると、列のタイトル部分が複雑な構造になっていて、セルの結合により大項目や中項目としてまとめられたタイトルもあります。学校現場でよく見みられる表の作り方ですが、先ほど示した注意点①や④の通り、このままではピボットテーブルのデータベースとして使用できません。

	A	B	C	D	L	M	N	O	P	Q	R	S	T	U	V	W	X
1						1学期											
2	年	組	番号	氏名	進路希望	主体的に取り組む態度						知識・技能			思考判断表現		
3						提出物			態度	発表	合計						
4						ノート	ワーク	プリント	参画			中	期	合計	中	期	合
5	1	1	1	阿達 貴至	私立大学	30	24	6	30	4	94	34	36	70	32	36	
6	1	1	2	足立 文恵	私立大学	30	8	4	28	6	76	38	34	72	36	32	
7	1	1	3	伊藤 久美子	国公立大学	30	24	6	28	10	98	38	32	70	24	24	
8	1	1	4	岩田 ひろみ	国公立大学	30	24	6	30	9	99	25	34	59	32	21	
9	1	1	5	大塚 浩市	私立大学	30	24							85	39	30	
10	1	1	6	大宮 達哉	国公立大学	30	8							47	21	15	
11	1	1	7	加賀屋 仁	私立大学	30	10							43	33	3	
12	1	1	8	川野 龍	期大学･専門学校	25	19	6	25	10	85	33	16	49	27	21	
13	1	1	9	木村 陽	就職	25	10	4	25	10	74	40	31	71	29	30	
14	1	1	10	工藤 剛	期大学･専門学校	24	10	6	23	2	65	23	25	48	29	4	
15	1	1	11	栗原 祥司	期大学･専門学校	25	19	6	25	2	77	36	22	58	23	25	

✕ セルの結合があり、各列のタイトル(項目名)が1行に並んでいない

ピボットテーブルを作成するデータベースは、1行目にタイトル行(項目名)が並んでいて、セルの結合は避けなければいけません。図の表はデータベースとしては不適切なので、修正する必要があります。

そのため、ピボットテーブルを作成するためには、セルの結合を解除して、それぞれの項目の名前を1行にまとめて記入する必要があります。ただし、1〜3行目を単純に削除するだけでは、同じ項目名が複数できてしまうので、ピボットテーブルの項目名として区別がつかなくなります。そこで、「1学期」の「ノート」の列であれば「1学期ノート」のように書き換え、項目名が重複せず、かつ内容がわかるように工夫しましょう。

こうした点を修正したのが次ページの図の表です。元のシートをコピーして新しいシートを作り、タイトル部分を修正してピボットテーブル用に整形しました。

	A	B	C	D	L	M	N	O	P	Q	R	S
1	年	組	番号	氏名	希望	1学期ノート	1学期ワーク	1学期プリント	1学期参画	1学期発表	1学期合計	1学期中
2	1	1	1	阿達 貴至	私立大学	30	24	6	30	4	94	34
3	1	1	2	足立 文恵	私立大学	30	8	4	28	6	76	38
4	1	1	3	伊藤 久美子	国公立大学	30	24	6	28	10	98	38
5	1	1	4	岩田 ひろみ	国公立大学	30			30	9	99	25
6	1	1	5	大塚 浩市	私立大学	30			30	5	95	44
7	1	1	6	大宮 達哉	国公立大学	30			28	4	74	21
8	1	1	7	加賀屋 仁	私立大学	30	10	4	28	9	81	27
9	1	1	8	川野 龍	期大学・専門学校	25	19	6	25	10	85	33
10	1	1	9	木村 陽	就職	25	10	4	25	10	74	40
11	1	1	10	工藤 剛	期大学・専門学校	24	10	6	23	2	65	23
12	1	1	11	栗原 祥司	期大学・専門学校	25	19	6	25	2	77	36
13	1	1	12	黒澤 歩	国公立大学	29	5	4	25	2	65	11

〇 重複せず、わかりやすい項目名を1行に並べた

余計な1～3行目を削除して、項目名が1行に並ぶように修正しました。同じ項目名ができないように、「1学期ノート」などと項目名を書き換えています。

（2）ピボットテーブルの作成

ピボットテーブルを作成するときは、データベース内のいずれかのセルを選択して、「挿入」タブにある「ピボットテーブル」ボタンをクリックします。すると、データの範囲や作成場所を指定する画面が開きます。「テーブル/範囲」欄には、データベース全体が自動で認識され範囲指定されていますので、正しく指定されているかどうかを確認してください。作成場所に「新規ワークシート」を選ぶと、新しいシートが挿入し、そこにピボットテーブルを作成できます。

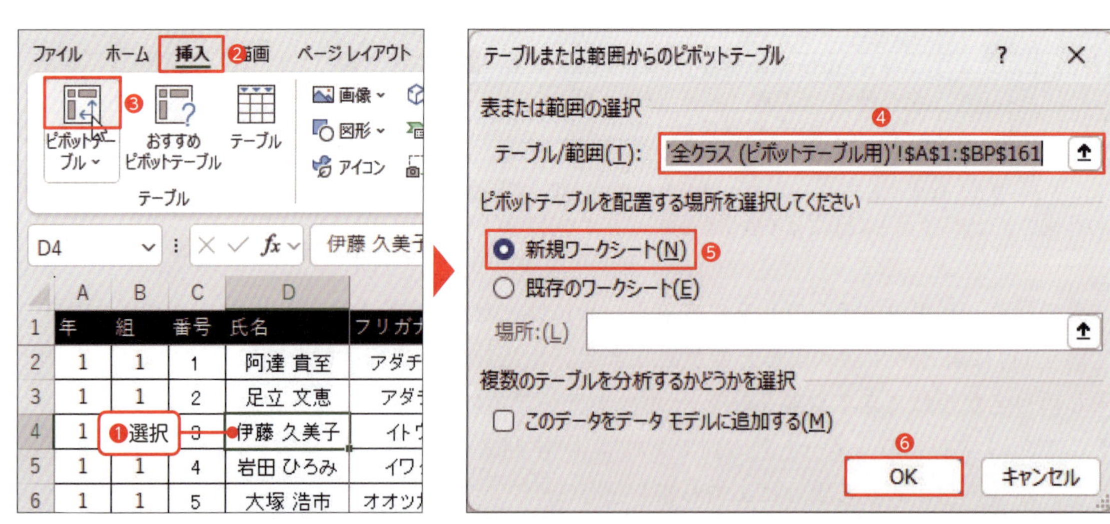

データベース内のセルを1つ選択し（❶）、「挿入」タブにある「ピボットテーブル」をボタンの上半分（アイコン部分）をクリックします（❷❸）。すると設定画面が開くので、「テーブル/範囲」欄にデータベース全体のセル範囲が正しく指定されているか確認します（❹）。作成場所として「新規ワークシート」を選んで（❺）、「OK」ボタンを押します（❻）。

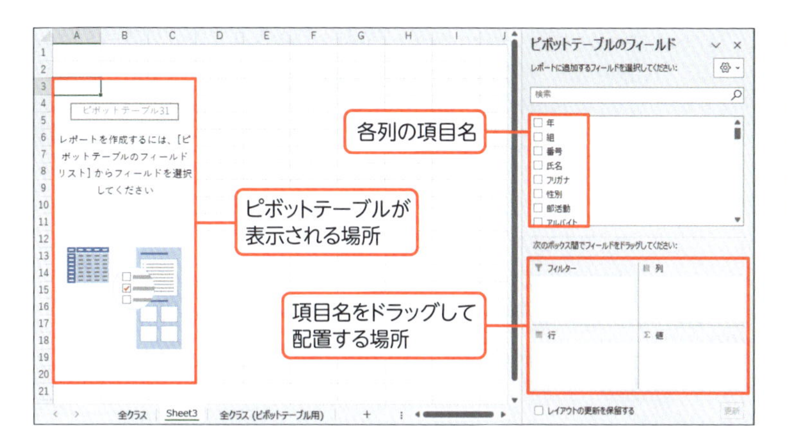

新規ワークシートが挿入され、「ピボットテーブルのフィールド」というウインドウが画面右側に表示されます。ウインドウの上部には、元データの1行目にあった項目名が並んでいます。ここから項目を選び、下にある「フィルター」「列」「行」「値」という4つの枠内にドラッグ・アンド・ドロップすることで、ピボットテーブルで集計する項目を指定します。

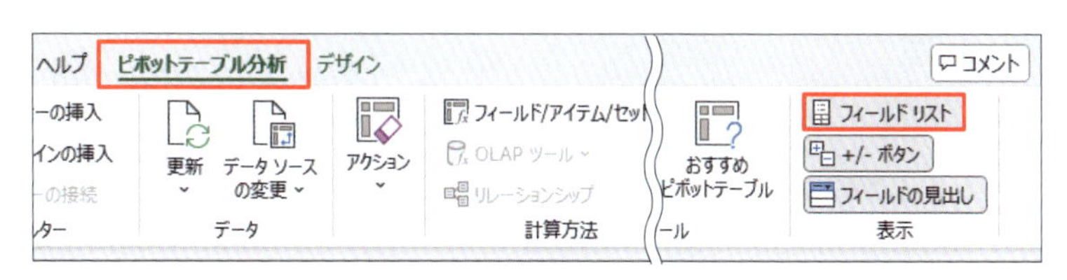

「ピボットテーブルのフィールド」ウインドウを閉じてしまった場合は、「ピボットテーブル分析」タブにある「フィールドリスト」ボタンをクリックすると再表示できます。

（3）ピボットテーブルの操作方法

ピボットテーブルで集計する項目は、「ピボットテーブルのフィールド」ウインドウの上部に並んだ項目名を、下にある「フィルター」「列」「行」「値」という4つの枠内にドラッグ・アンド・ドロップすることで指定します。

フィルター：一部のデータのみを集計する際に、絞り込みに使う項目を指定する
列：集計表の列見出しに並べる項目を指定する
行：集計表の行見出しに並べる項目を指定する
値：集計対象にする項目を指定する

まずは、1学期中間テストのクラスごとの平均点を、ピボットテーブルで集計してみましょう。それには、「行」の枠内に「組」の項目を、「値」の枠内に「1学期中間テスト」の項目をドラッグ・アンド・ドロップします。

すると、行見出し（行ラベル）に1～4の数字（組）が並んだ行集計の表が出来上がります。ただしよく見ると、「合計 / 1学期中間テスト」と書かれていて、1学期中間テストの結果が合計された表になっていることがわかります。ピボットテーブルは、数値を含む項目を「値」に指定すると、標準では合計を求めてしまうのです。今回は平均を求めたいので、集計方法を変更する必要があります。

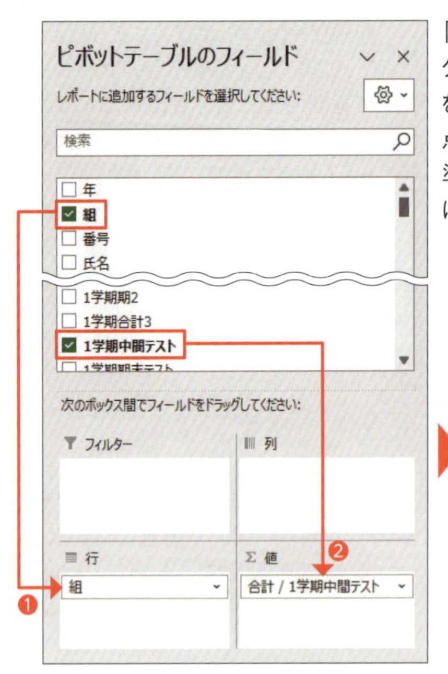

「ピボットテーブルのフィールド」ウインドウの上部から、まず「組」の項目をドラッグして「行」の枠内にドロップします（❶）。続いて、「1学期中間テスト」の項目をドラッグして「値」の枠内にドロップします（❷）。これで、1学期中間テストの点数を組（クラス）ごとに集計したピボットテーブルが作成されます。ただし、標準では「合計」を求めてしまう点に注意しましょう（❸）。平均点を計算したければ、集計方法を変更する必要があります。

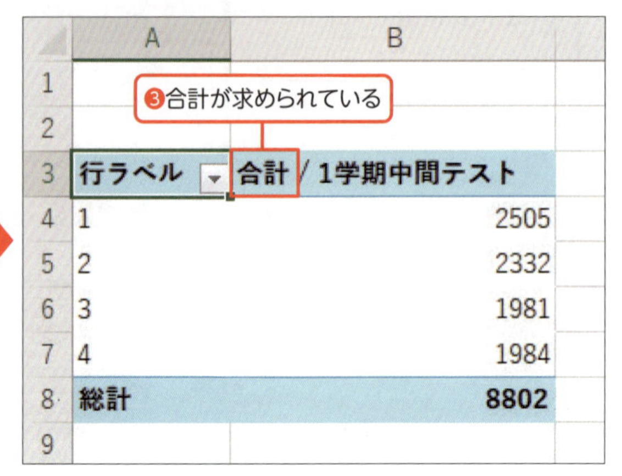

	A	B
1		
2		
3	行ラベル	合計 / 1学期中間テスト
4	1	2505
5	2	2332
6	3	1981
7	4	1984
8	総計	8802
9		

集計方法を変更するには、「値」の枠内に表示された「合計 / 1学期中間テスト」の右端にある「▼」をクリックして、開くメニューから「値フィールドの設定」を選びます。すると、開く設定画面で集計方法を「合計」「個数」「平均」「最大」「最小」などから選ぶことができます。これまで学習してきた「標準偏差」や「分散」を選ぶことも可能です。「平均」を選ぶと、クラスごとの平均点を集計した表に変わります。

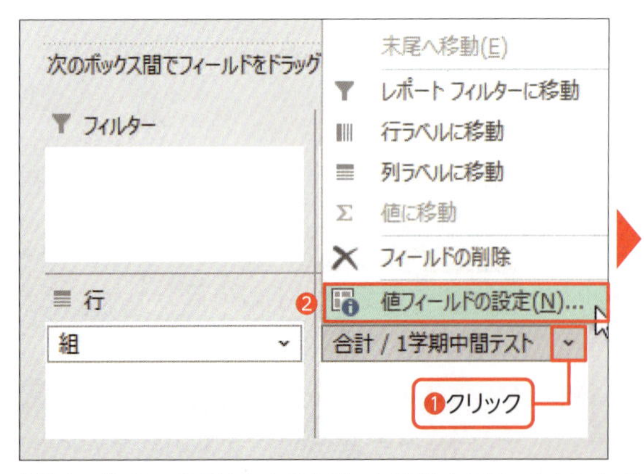

「値」の枠内に表示された「合計 / 1学期中間テスト」の右端にある「▼」をクリックして、開くメニューから「値フィールドの設定」を選びます（❶❷）。すると、集計方法を変更するための設定画面が開くので、「平均」を選んで「OK」ボタンをクリックします（❸❹）。

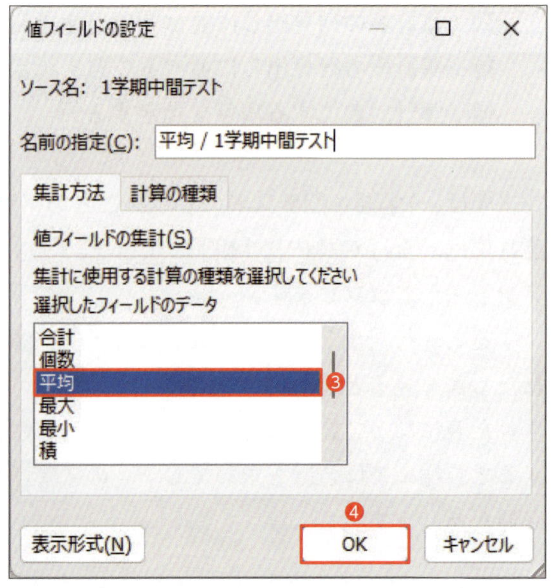

2		
3	行ラベル	平均 / 1学期中間テスト
4	1	62.625
5	2	58.3
6	3	49.525
7	4	49.6
8	**総計**	**55.0125**
9		

集計方法が「平均」に変わり、1学期中間テストの平均点をクラスごとに集計した表になりました。「総計」欄には、全体の平均点も計算されています。

次に、同様の手順で部活動ごとの成績を出してみましょう。

先ほど「行」の枠内に指定した「組」の項目名は、作業ウインドウの外側へとドラッグ・アンド・ドロップすることで、削除することができます。そこに、今度は「部活動」の項目をドラッグ・アンド・ドロップして配置しましょう。すると、部活動ごとに1学期中間テストの平均点をまとめた表が出来上がります。

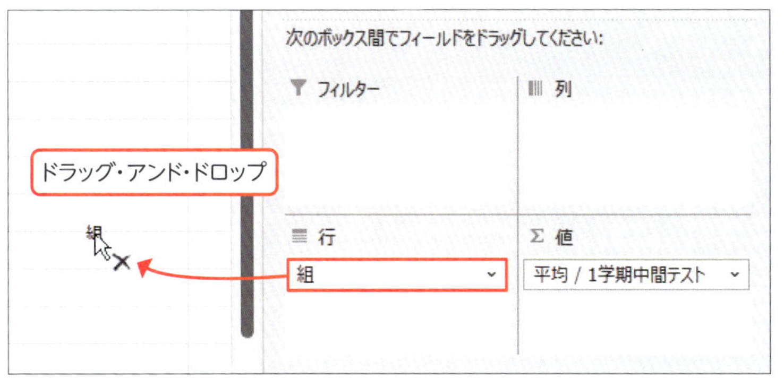

ピボットテーブルでは、一度配置した項目をドラッグ・アンド・ドロップで入れ替えたり削除したりできます。ここでは「行」の枠内に配置した「組」の項目を、シート側へドラッグ・アンド・ドロップして削除します。

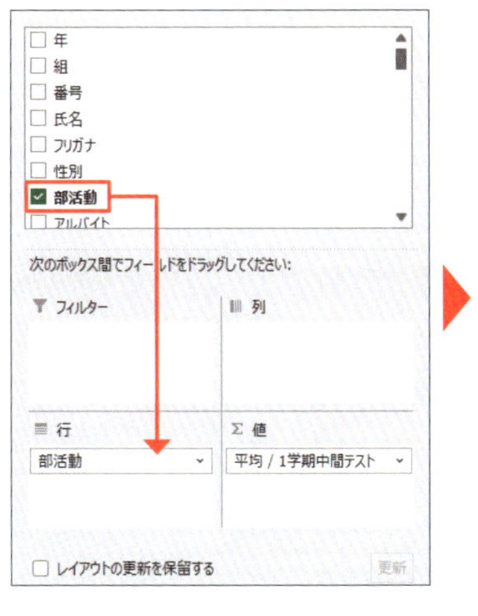

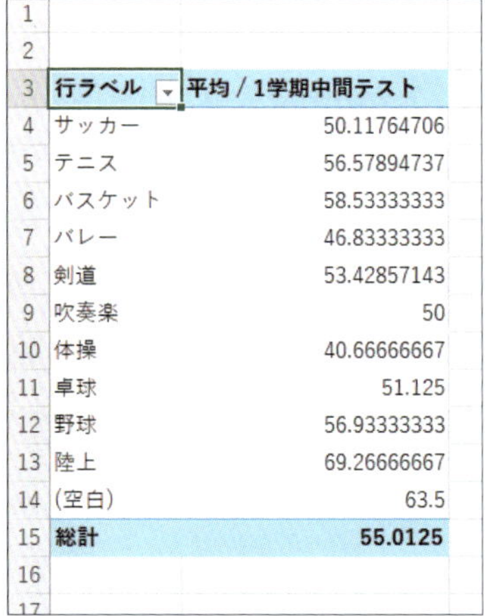

1		
2		
3	行ラベル	平均 / 1学期中間テスト
4	サッカー	50.11764706
5	テニス	56.57894737
6	バスケット	58.53333333
7	バレー	46.83333333
8	剣道	53.42857143
9	吹奏楽	50
10	体操	40.66666667
11	卓球	51.125
12	野球	56.93333333
13	陸上	69.26666667
14	(空白)	63.5
15	**総計**	**55.0125**
16		
17		

「行」の枠内に「部活動」の項目をドラッグ・アンド・ドロップして配置します。すると、行見出しに部活動の名前が並び、部ごとの平均点を集計した表に変わります。このように集計する項目をマウス操作で簡単に変更できるのもピボットテーブルの利点です。

この結果からは、簡単に部活動ごとの特徴を把握することができます。今回は陸上部の成績が高く、体操部の成績が低いことが読み取れます。テスト期間中に大会があったため成績が振るわなかった可能性があるなど、一概にはいえませんが、1つの判断基準になるでしょう。

（4）クロス集計の方法

次に、「行」と「列」の両方に値を入れたクロス集計を行ってみましょう。「行」に「組」、「列」に「部活動」、「値」に「部活動」の項目をドラッグ・アンド・ドロップします。すると、下の図のようなピボットテーブルが出来上がり、クラスごとの部活動の人数を把握することができます。

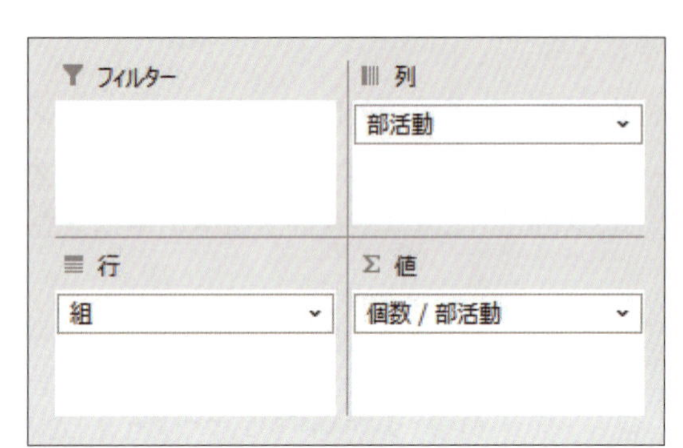

「行」の枠内に「組」、「列」の枠内に「部活動」、「値」の枠内に「部活動」の項目をドラッグ・アンド・ドロップして、ピボットテーブルを作成しましょう。すると下のように、クラスごとの各部の人数を集計した表が出来上がります。「値」の枠内に数値以外の項目を指定すると、標準で「個数」の計算が行われます。そのため、人数を集計することができます。

個数 / 部活動	列ラベル											
行ラベル	サッカー	テニス	バスケット	バレー	剣道	吹奏楽	体操	卓球	野球	陸上	（空白）	総計
1	4	8		2		7	3		11			35
2	2	5		3	7	2	1		4	12		36
3	5	2	8	4		8	3	2		3		35
4	6	4	7	3		8	2	6				36
総計	**17**	**19**	**15**	**12**	**7**	**25**	**9**	**8**	**15**	**15**		**142**

一方で、「行」に「組」、「列」に「1学期中間テスト」、「値」に「1学期中間テスト」を入れてみるとどうでしょうか。次ページのようなピボットテーブルとなり、横長で見にくい表となってしまいます。これは、元の表の「1学期中間テスト」の列には様々な点数のデータが入っていて、その1つひとつが列見出し（列ラベル）として表の上側に並んでしまうためです。これを10点区切りなどでまとめて「グループ化」する方法もありますが（171ページ参照）、入力されている値が多岐にわたるようなものを「列」や「行」に入れることはお勧めしません。

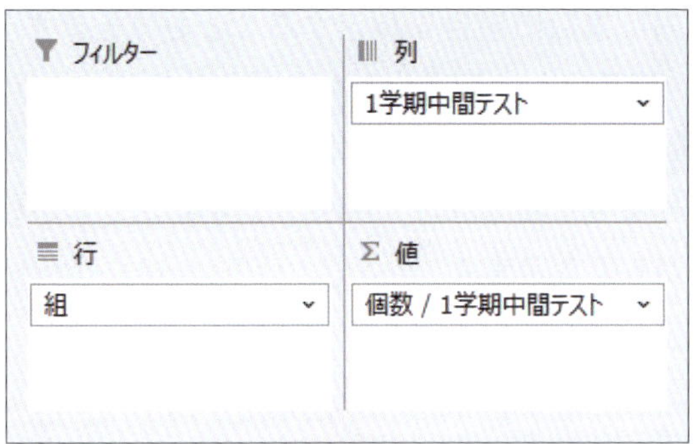

「行」の枠内に「組」、「列」の枠内に「1学期中間テスト」、「値」の枠内に「1学期中間テスト」の項目をドラッグ・アンド・ドロップして、集計方法を「個数」に変更しました。すると下のように、列見出しとして全ての点数データが0点、3点、7点…と並び、その点数ごとに人数を集計した表になってしまいます。このように、多数の値を含む項目を「行」や「列」に指定するのは避けたほうがよいでしょう。もしくは、後述する「グループ化」の機能を使って、10点ずつに区切るなどの調整を行います。

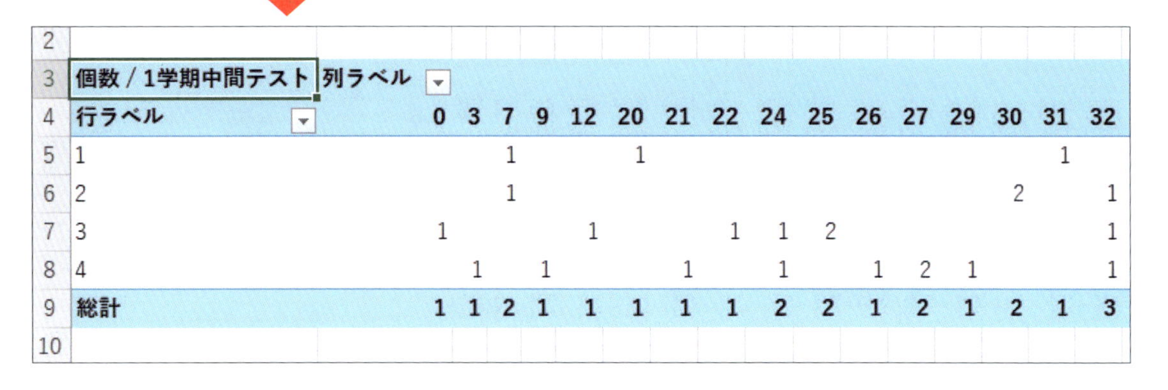

個数 / 1学期中間テスト	列ラベル															
行ラベル	0	3	7	9	12	20	21	22	24	25	26	27	29	30	31	32
1			1			1									1	
2			1											2		1
3	1				1			1	1	2						1
4		1		1			1		1		1	2	1			1
総計	**1**	**1**	**2**	**1**	**1**	**1**	**1**	**1**	**2**	**2**	**1**	**2**	**1**	**2**	**1**	**3**

そのため、クラスごとの成績状況を知りたければ、数値を評価に変換した後の項目を使用するほうが簡単です。今回使用しているデータには、5段階評価をした「1学期基本評定」という項目があります。例えばこれを利用して、「行」に「組」、「列」に「1学期基本評定」、「値」に「1学期基本評定」を入れると、下図のような表を作ることができます。この結果からは、全体として評定3や4の生徒が多いことや、1組は半数以上の生徒が評定4であることがわかります。

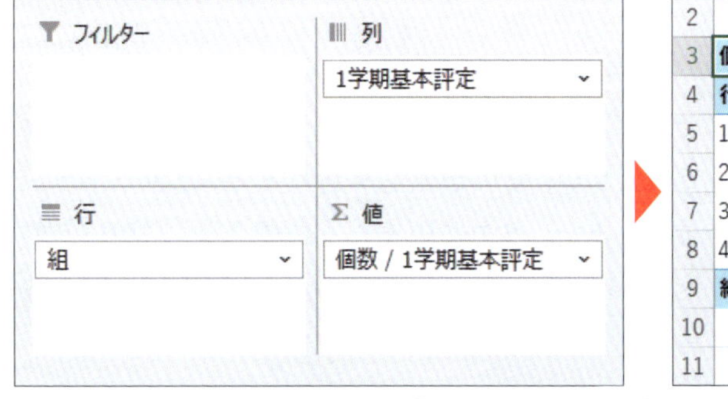

個数 / 1学期基本評定	列ラベル					
行ラベル	1	2	3	4	5	総計
1	3	1	11	22	3	40
2	2	3	12	16	7	40
3	1	2	19	13	5	40
4	2	2	18	12	6	40
総計	**8**	**8**	**60**	**63**	**21**	**160**

「行」の枠内に「組」、「列」の枠内に「1学期基本評定」、「値」の枠内に「1学期基本評定」の項目をドラッグ・アンド・ドロップしてピボットテーブルを作成しました。「1学期基本評定」は5段階評価なので、右のようにシンプルな表で、各クラスの成績の状況を示せます。なお、5段階評価の数値は、標準では「合計」されてしまうので、「値フィールドの設定」から集計方法を「個数」に変更することで、このように評価ごとの人数を集計できます。

ピボットテーブルでは、「行」や「列」などの枠内に複数の項目を指定することもできます。ただし、「行」や「列」に複数の項目を指定すると、行見出しや列見出しが多層化してデータが見づらくなることもあるので注意してください。「値」に複数の項目を指定して集計することもできます。例えば、下図のように「1学期基本評定」「2学期基本評定」「3学期基本評定」の3項目を「値」に指定すれば、時系列での変化を見ることもできます。

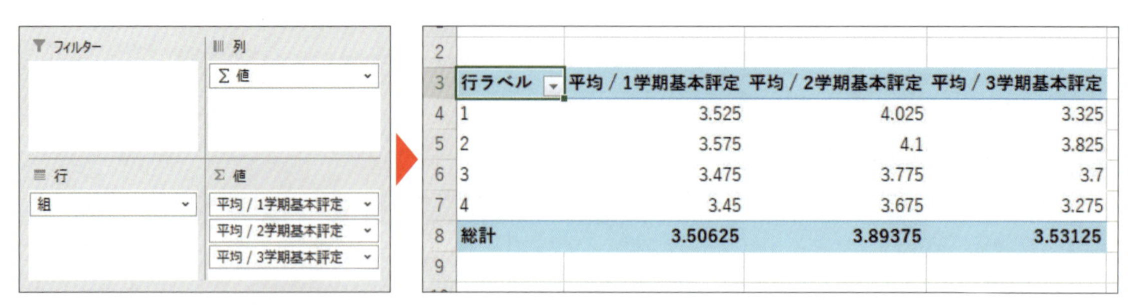

行ラベル	平均 / 1学期基本評定	平均 / 2学期基本評定	平均 / 3学期基本評定
1	3.525	4.025	3.325
2	3.575	4.1	3.825
3	3.475	3.775	3.7
4	3.45	3.675	3.275
総計	3.50625	3.89375	3.53125

「行」の枠内に「組」、「値」の枠内に「1学期基本評定」「2学期基本評定」「3学期基本評定」の3項目を指定し、それぞれ集計方法を「平均」に変更することで、クラスごとの評定平均を時系列で見ることもできます。なお、「値」に項目を入れると、自動で「列」に「Σ値」と追加されます。

このように、各学期の評定平均を併記することで、各学期の難易度やクラスごとの学習への取り組み具合を数値で表し、比較できるようになります。今回紹介したのは、基本的なピボットテーブルの使い方にとどまります。今回のサンプルデータを使いながら、様々な項目の組み合わせにチャレンジして、生徒やクラスなどの特徴の把握に努めてみてください。

6 ピボットテーブルの便利機能

●ピボットテーブルのコピー

ピボットテーブルに慣れてくると、同じデータで複数のピボットテーブルを作成したいときや、クロス集計した結果を編集したいケースが出てきます。その際には、次ページの図のように、ピボットテーブル全体を選択して、コピーを行ってください。そのまま貼り付けると、ピボットテーブルの機能を保ったまま貼り付けることができます。また、自由に編集したい場合は、「貼り付け」メニューの中にある「値」を選択することで、ピボットテーブルの機能をなくして表の値だけを貼り付けることができます。

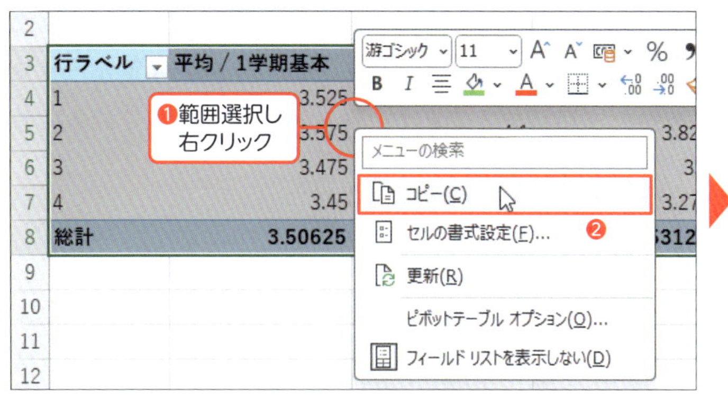

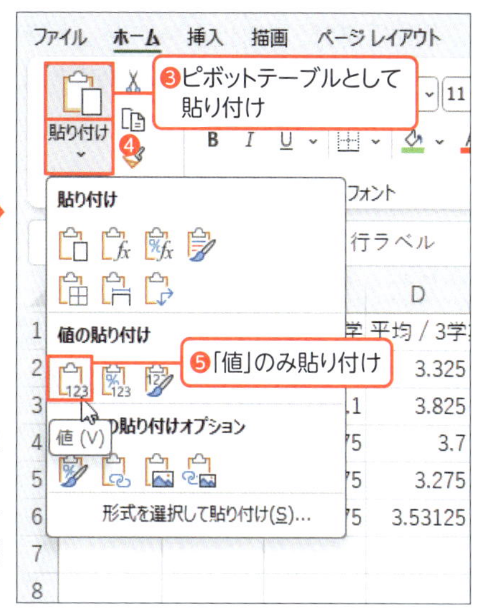

ピボットテーブル全体を範囲選択し、右クリックメニューから「コピー」を選択します(❶❷)。「貼り付け」ボタンの上半分(アイコン部分)をクリックすると、ピボットテーブルとしてそのまま貼り付けられます(❸)。一方、下半分をクリックしてメニューを開き、「値」を選択すると(❹❺)、ピボットテーブルの結果だけを値として貼り付けられます。

●スライサー

「ピボットテーブル分析」タブにある「スライサーの挿入」を使うと、特定の条件に合致するデータのみを集計対象にすることができます。例えば、1学期の期末テストの平均点をクラスごとにクロス集計した表があった場合に、部活動で絞り込むためのスライサーを挿入し、選択した部に所属する生徒だけを集計することなどができます。

ピボットテーブル内のセルが選択された状態で、「ピボットテーブル分析」タブにある「スライサーの挿入」ボタンをクリックします(❶❷)。項目名の一覧が表示されるので、例えば「部活動」にチェックをして「OK」を押します(❸❹)。すると、「部活動」に含まれるデータがボタンとして表示され(❺)、クリックして選択した部のみに集計対象を絞り込めます(❻❼)。「Ctrl」キーを押しながらスライサーをクリックすれば、複数の部を選択することもできます。

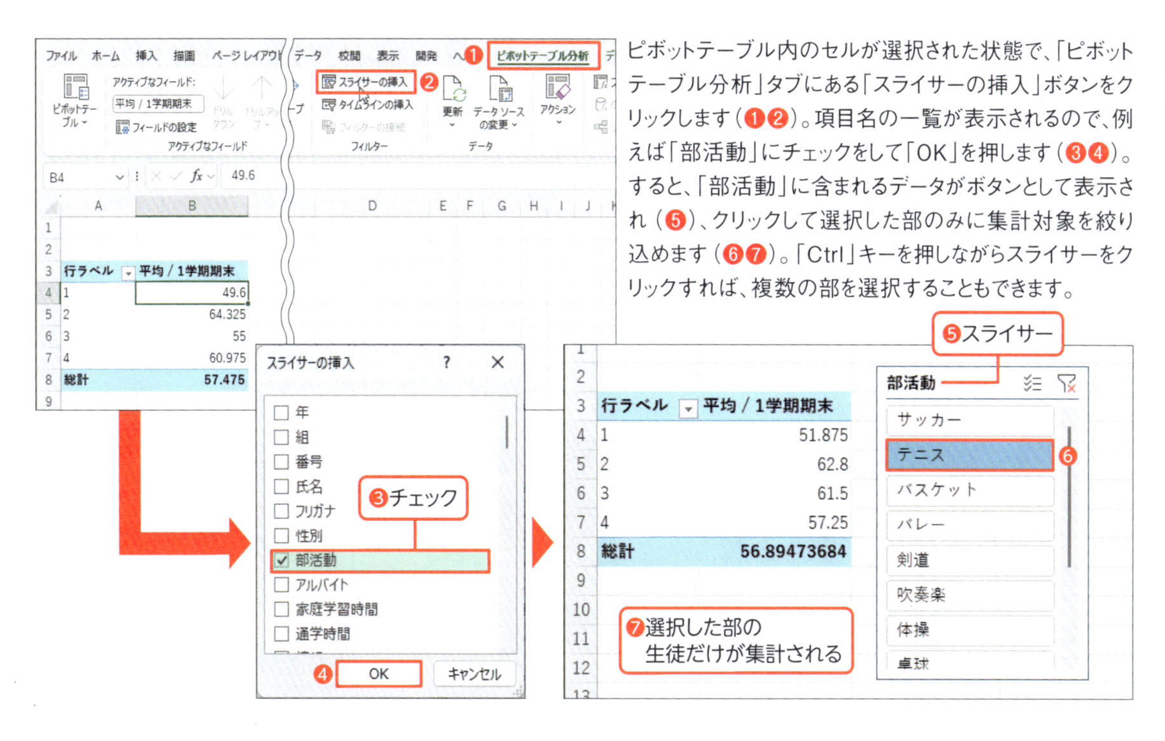

ピボットテーブルを選択している状態で、「スライサーの挿入」ボタンを押すと、絞り込みの条件に使う項目の選択画面が開きます。ここで「部活動」を選択すると、部活動の一覧がボタンとして挿入されます。このボタンをクリックして選択することで、その部の生徒だけを対象にした集計結果を表示できます。

●ピボットグラフ

ピボットテーブル内のセルを選択した状態で「ピボットテーブル分析」タブにある「ピボットグラフ」ボタンを押せば、ピボットテーブルを基にグラフを作成することもできます。グラフはピボットテーブルと連動しているので、ピボットテーブルの集計項目を変更すれば、グラフの表示も自動で変わります。

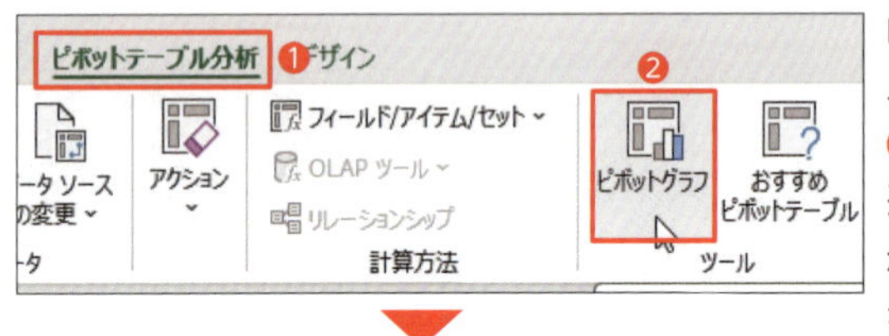

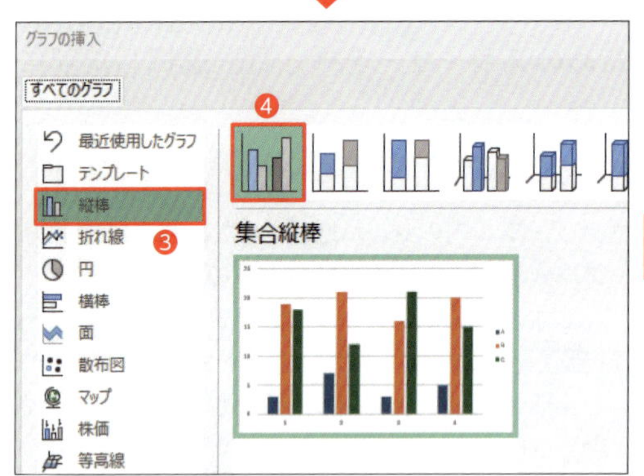

ピボットテーブル内のセルが選択された状態で、「ピボットテーブル分析」タブにある「ピボットグラフ」ボタンをクリックします（❶❷）。グラフの種類の選択画面が表示されるので、適当なものを選んで「OK」を押します（❸❹）。すると、ピボットテーブルの内容がグラフ化されます（❺）。このグラフは「ピボットグラフ」と呼ばれ、通常のグラフにはない便利な機能を備えています。

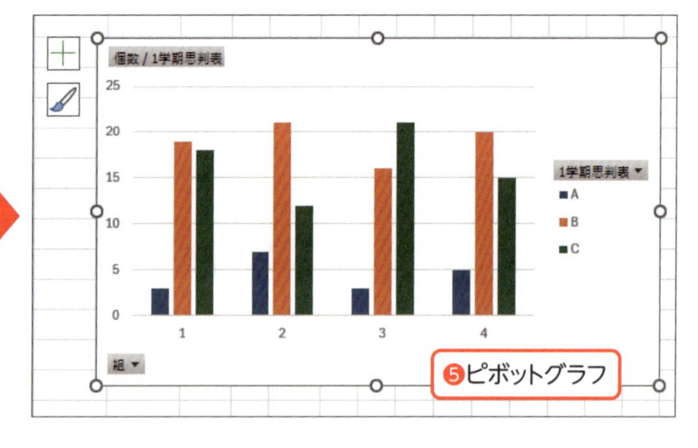

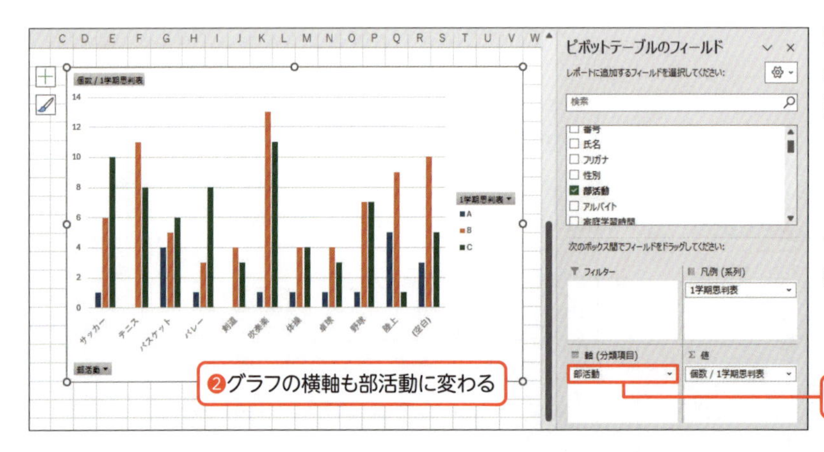

ピボットグラフを選択すると、「ピボットテーブルのフィールド」ウインドウの下部が、「行」ではなく「軸（分類項目）」、「列」ではなく「凡例（系列）」に変わります。例えば「軸（分類項目）」を「部活動」に変更すると（❶）、グラフの横軸も部活動に変わります（❷）。

さらに、ピボットグラフの横軸や縦軸、凡例のところに表示されている「▼」印の付いた灰色のラベルをクリックするとメニューが開き、その項目に含まれるデータが一覧表示されます。そこで、チェックボックスをオン／オフすることで、グラフに表示する対象を絞り込むことができます。

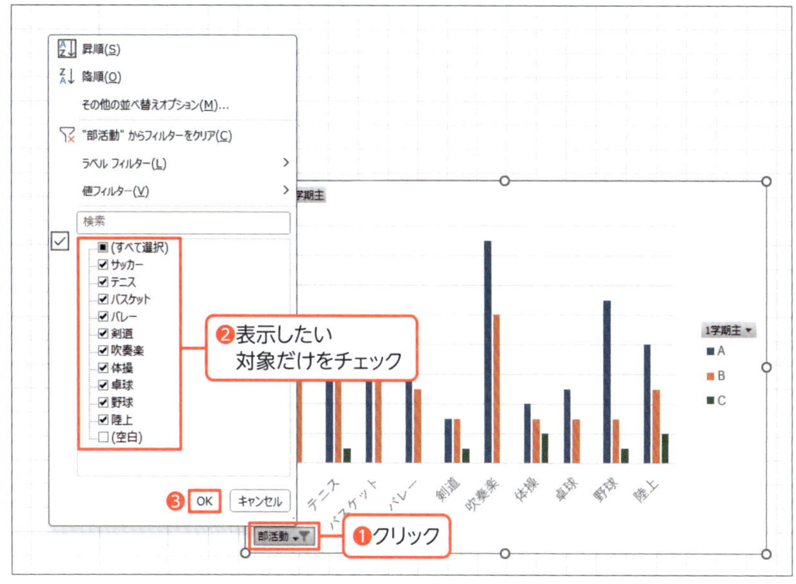

ピボットグラフの軸や凡例のラベルはボタンになっていて、クリックするとメニューが開きます（❶）。そこには、項目に含まれるデータが一覧表示され、チェックボックスをオン／オフすることで、グラフに表示する対象を絞り込むことができます（❷❸）。

●グループ化

例題の167ページで、下図のように「行」に「組」、「列」に「1学期中間テスト」、「値」に「1学期中間テスト」を配置すると、列見出しに個々の点数が並び、横長で見にくいピボットテーブルになってしまうことを紹介しました。このような場合、ピボットテーブルの「グループ化」という機能を使うことで、点数を10点刻みなどにまとめて表記することもできます。

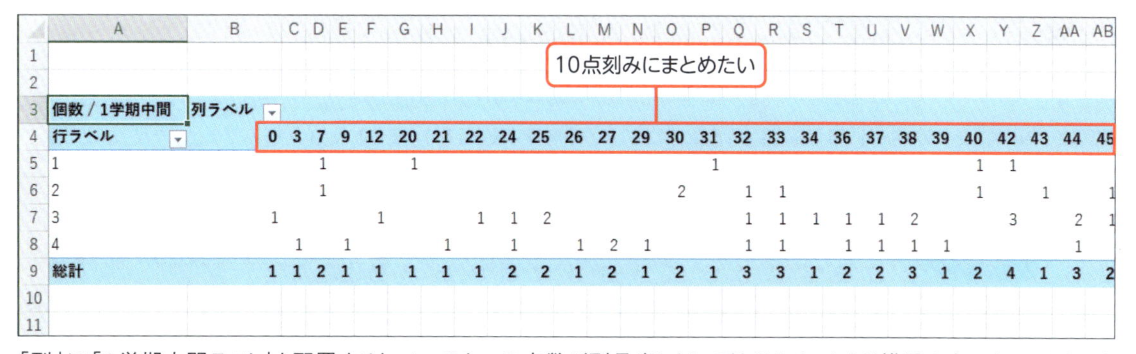

個数 / 1学期中間	列ラベル																										
行ラベル	0	3	7	9	12	20	21	22	24	25	26	27	29	30	31	32	33	34	36	37	38	39	40	42	43	44	45
1			1			1									1								1	1			
2			1											2		1	1						1		1		1
3	1				1			1	1	2						1	1	1	1	1	2			3		2	1
4		1		1			1		1		1	2	1			1	1		1	1	1	1				1	
総計	1	1	2	1	1	1	1	1	2	2	1	2	1	2	1	3	3	1	2	2	3	1	2	4	1	3	2

「列」に「1学期中間テスト」を配置すると、1つひとつの点数が列見出しとして並ぶため、かなり横長の表になってしまいます。これでは傾向も捉えにくいので、10刻みに「グループ化」して、まとめて集計してみましょう。

列見出し（列ラベル）をグループ化するには、列見出しのセルのどこかを選択した状態で、「ピボットテーブル分析」タブにある「グループの選択」ボタンをクリックします。すると、まとめる単位を指定する画面が開くので、「単位」を「10」と入力して「OK」ボタンを押します。必要に応じて、先頭や末尾の値も指定するとよいでしょう。すると、列見出しが「0-9」「10-19」「20-29」…のように変わり、0～9点の人数、10～19点の人数、20～29点の人数…というように、まとめて集計されます。

こうしてクラスごとの度数分布表を作成することができ、その傾向を把握することができます。Excelの「分析ツール」機能でヒストグラムを作成するよりも簡単に集計できるため、細かい数値での集計に適しています。

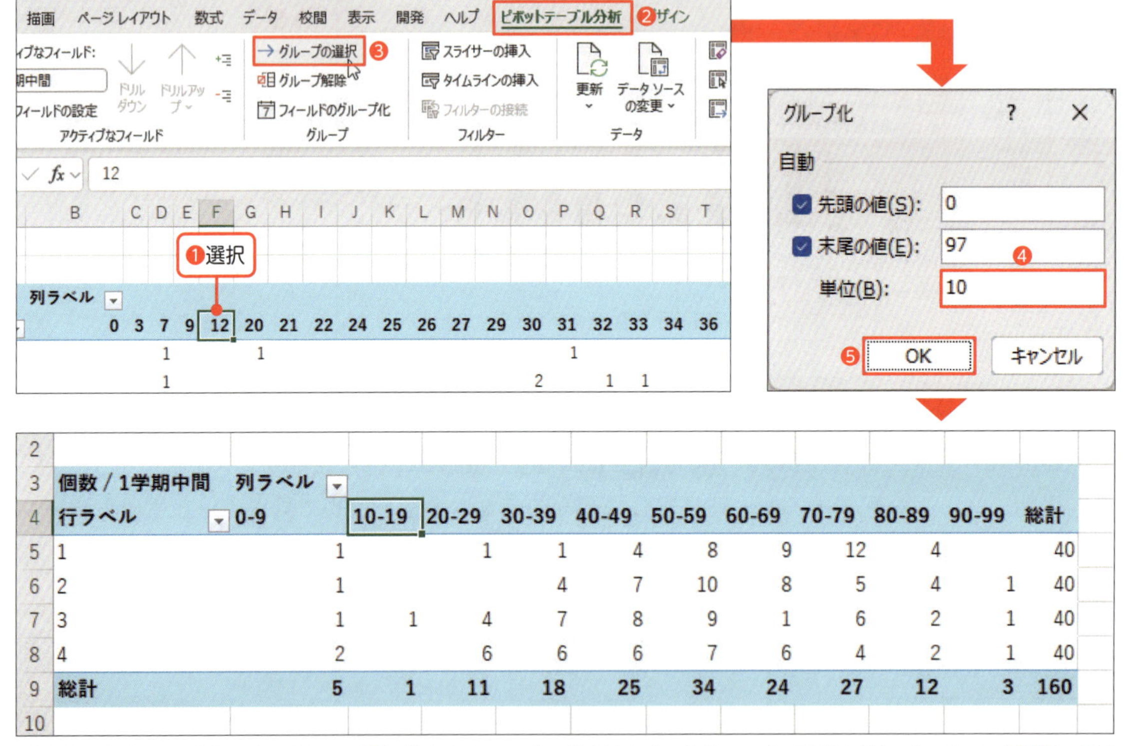

個数 / 1学期中間	列ラベル										
行ラベル	0-9	10-19	20-29	30-39	40-49	50-59	60-69	70-79	80-89	90-99	総計
1	1		1	1	4	8	9	12	4		40
2	1			4	7	10	8	5	4	1	40
3	1	1	4	7	8	9	1	6	2	1	40
4	2		6	6	6	7	6	4	2	1	40
総計	5	1	11	18	25	34	24	27	12	3	160

列見出し（列ラベル）部分を選択して（❶）、「ピボットテーブル分析」タブの「グループの選択」ボタンをクリック（❷❸）。開く画面でグループ化の単位を「10」と指定し（❹）、「OK」ボタンを押します（❺）。すると、10点刻みでまとめた度数分布表が出来上がります（下）。

テストの点数以外にもこの機能を効果的に使える場面は多くあります。学習時間や通学時間、遅刻回数など、テストの点数や評価に直接関係ない項目をデータ化して、その特徴を分析してみましょう。

例えば、「行」に主体的な態度の評価項目である「1学期主」、「列」に「家庭学習時間」、「値」

に同じく「1学期主」を入れて個数を集計します。標準ではかなり横長の表になりますが、「グループ化」により、「20」分単位でまとめると、下図のようになります。

2									
3	個数 / 1学期主	列ラ							
4	行ラベル	0-19	20-39	40-59	60-79	80-99	100-119	120-139	総計
5	A	5	19	25	21	13	5	3	91
6	B	19	12	13	6	8	3		61
7	C	2	3		1	1	1		8
8	総計	26	34	38	28	22	9	3	160
9									

「列」に「家庭学習時間」、「行」と「値」に「1学期主」という主体的態度の評価を指定し、人数の分布をまとめた表です。「列」を20分単位でグループ化することで、傾向を把握しやすくしています。

この表からは、家庭学習の時間は20～39分、あるいは40～59分である生徒が多く、その生徒の半数以上はAの評価が付いていることがわかります。このことから、学習時間が0～19分と少ない生徒に対して、追加でどの程度の学習時間を確保する必要があるのかを伝えることができます。一方で、60分以上の家庭学習を行っているにもかかわらず、評価がBやCの生徒もいます。これらの生徒は、家庭学習のやり方などに問題を抱えている可能性がありますので、個別の支援が必要かもしれません。

さらに可視化を進めたいときには、ピボットグラフも活用するとよいでしょう。

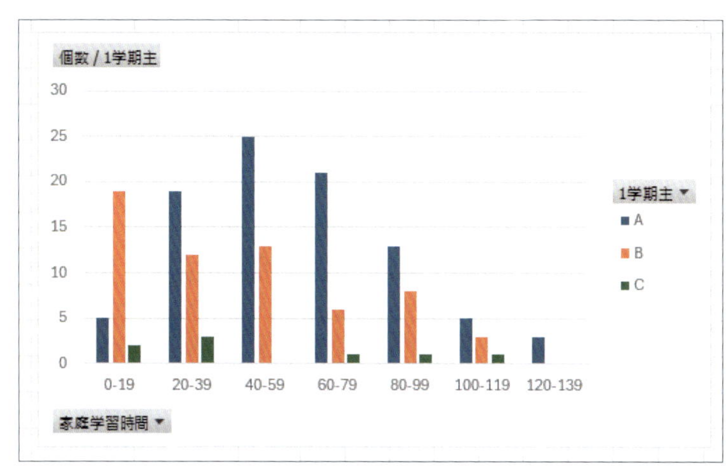

上のピボットテーブルを基にピボットグラフを作成した例です。「軸（分類項目）」が「1学期主」のままだとグラフの横軸にA、B、Cと並んでしまうので、「デザイン」タブにある「行 / 列の入れ替え」ボタンをクリックして、横軸に「家庭学習時間」が並ぶように変更しています。

7 解釈

ピボットテーブルの基本操作や便利機能を紹介してきましたが、使えるようになりましたか？ここまでは機能を紹介するたびに、その結果の解釈を少しずつ紹介してきましたが、最後にまとめておきます。

まず、クラスごとや部活動ごとに1学期中間テストの平均を出しました。部活動と成績が直接関係しない人もいるかもしれませんが、大会やコンクールなどのイベントが学習時間に影響を与えることも考えられます。

さらに、部活動について深堀りしてみましょう。右の表は、部活動と主体的な態度の評価をクロス集計した結果です。主体的な態度には、ノート、ワーク、プリント、授業参画が含まれます。この観点の評価が低い生徒は、宿題をしっかりできていないことや余裕を持って授業を受けられていないことが考えられます。部活動に所属していなくてもC評価の生徒はいますので、一概に部活動の影響があるとはいえません。ただし、その可能性も考慮して、オーバーワークになっていないかも含め、生徒の様子を観察したり、声がけしたりするとよいでしょう。

2					
3	**個数 / 1学期主**	**列ラ**			
4	**行ラベル**	**A**	**B**	**C**	**総計**
5	サッカー	9	8		17
6	テニス	9	9	1	19
7	バスケット	9	6		15
8	バレー	7	5		12
9	剣道	3	3	1	7
10	吹奏楽	15	10		25
11	体操	4	3	2	9
12	卓球	5	3		8
13	野球	11	3	1	15
14	陸上	8	5	2	15
15	(空白)	11	6	1	18
16	**総計**	**91**	**61**	**8**	**160**
17					

8 まとめ

本章では、ピボットテーブルの基本的な使い方と、実際の教育データを用いた具体例を紹介しました。ピボットテーブルを使わなくても集計することはできますが、複数の関数を組み合わせたり、複雑な数式になってしまうため、ミスが起きたり修正しにくいものになってしまいます。

一方、ピボットテーブルでは、前述した注意点に即した表を一度作成してしまえば、簡単に様々な組み合わせでのデータ集計やクロス集計を行うことができます。今回紹介したようなデータの作成方法や、そのデータを基にしたピボットテーブルの活用方法を身に付けると、懇談時の資料作りに役立つだけでなく、クラス替えの際の資料などにもなるでしょう。そのような活用を見越した項目で表を作成しておくと、仕事量の軽減にもつながることが期待されます。

練習問題 Practice

17_ピボットテーブルデータ.xlsx

本章でサンプルとして使用した、生徒1人ひとりの情報をまとめたExcelデータを基に、その学年の担任になったつもりで、特徴を読み取ってみましょう。

特に、これまでの例題では使っていない学習時間や通学時間、家庭学習時間、成績の関係について、ピボットテーブルを作成して調べてみましょう。

コラム④ column

様々な図解表現

1 図解表現とその目的

本コラムでは、教育分野でのデータを効果的に伝えるための様々な図解表現に焦点を当てます。図解表現とは、情報や概念を視覚的にわかりやすく伝える手法です。文字や言葉だけでなく、図やグラフを用いて複雑な情報を整理し、視覚的な要素を取り入れることで、複雑な概念をシンプルに表現できます。これにより、情報の効果的な伝達や学習の促進が可能となります。

このような図解表現はデータ分析においてとても効果的です。まず、分析した結果については、第16章で学習した様々なグラフを使い分けます。収集したデータや分析した結果について適切なグラフやチャートを使用することで、視覚的にわかりやすく伝えることができます。例えば、折れ線グラフや棒グラフは時系列データの変化を示し、円グラフはカテゴリごとの割合を強調します。散布図は変数間の関係を理解しやすくし、ヒートマップはパターンや傾向を地図的に表現します。このようにデータの種類によってグラフを使い分けることが重要です。

グラフ以外にも、抽象的な概念や仕組みなどを円や矢印、吹き出しなどの記号を用いて表現する手法が効果的です。特に、データ分析の過程では、分析を行うだけではなく、分析の意図や結果の解釈が重要となるため、その過程を記録することが大きな意味を持ちます。

2 データ分析の流れ

教育現場においては、様々なデータを利活用することが想定されます。具体的には、各生徒のテストの成績や端末の利用ログなどの学習系データ、学籍情報や出席情報などの校務系データの２種類が想定されます。それぞれのデータは多岐にわたり、ただ組み合わせるだけでは、本当は効果がない（関係がない）にもかかわらず、関係があるように見えてしまうこともあります。これは「第2種の過誤」と呼ばれます。

第2種の過誤を防ぐためには、データ分析（PPDACサイクル）の過程を大切にし、問題の発見や解消したい課題を明確にする必要があります。例えば、あるクラスの数学の成績が他のクラスに比べて悪いとします。このとき、クラスの特徴を調べると、身長が高い生徒が多く、部活動に所属している生徒が多くいたとします。このデータだけを信じると、身長が高い生徒や部活動に所属している生徒は数学の成績が悪いという結論に至ってしまい、適切な解決策を取ることができません。これは極端な例なので、皆さんもミスリードであることが容易に想像できたと思いますが、結論が正しいかどうか見分けにくい場合もあります。誤った結論を導き出さないように、しっかり手順を追って分析することが大切です。

前述の例でいうと、クラスの平均点が低いということですから、代表値を計算し、「平均点の近くの生徒が多い」「学力の高い生徒や低い生徒が多い」などの全員の特徴の把握に努めます。また、代表値だけでなく、通学時間や家庭学習時間、部活動の種類など、生徒を取り巻く校務系のデータとの関係も調査することで、別の角度からの分析を基に支援・指導を行うことができるかもしれません。

3 データ分析に効果的な図解表現の種類

これまでは、データを分析する過程において、問題の発見や解消したい課題を明確にする必要があることを説明してきました。そこで、その方法について解説していきます。

まず、問題と課題については、下図のような関係性があります。

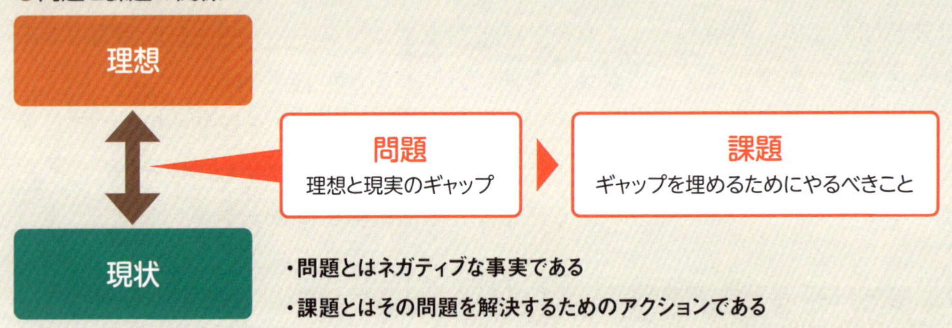

そのため、問題を何とかしようとするのではなく、ギャップを埋めるためにどのような課題があるのか予測を立て、その原因を分析していくことが求められます。この原因を分析する過程において、次ページの表に記載するような記号を活用していきます。

まず、データ分析を行う場面では、対象の生徒やグループが属する集団に関するデータを基に、代表値などからその集団の特徴や特性の把握に取り組みます。その際には、丸や四角の記号を使用し、記録することで、属性ごとに視覚的に区別することができます。同様に分岐や判断の記号を使用し、記録することで、集団の特徴を示すための条件やその結果を関連付けて表記することができます。この記録の積み重ねが意図を持った分析には大切です。意図した分析結果が出た際には、その数値を書き込むとともに、その記号を強調記号へと変換させたり、吹き出しの記号で補足を入れたりすることで、結果を明確にします。

一方で、予想した分析結果が得られないときには、そのことをうやむやにしがちです。しかし、意図した結果が出なかったことも重要な結果といえます。それは、その分析結果によって、可能性を排除することにつながるからです。

例えば、成績が低下している生徒を分析する際、成績の低下の可能性としては、欠席数、登校時間、家庭学習時間、部活動の時間など、様々な要因が考えられます。

これらのデータについて、該当の生徒の状況から、単純な数値の増減や同じ条件の生徒との比較などを行うことで、特徴を探ることができます。この際、差が見られる項目とそうでない項目をそれぞれ記録しておくことで、さらなる調査が必要となった場合でもその範囲を限定することができます。

記号	名称	意味
	矢印	記号同士の処理の流れを示す
	強い結び付き	処理の流れの中で、強い結び付きを示す
	双方向	交換や相互作用を示す
	分岐	1つの要素から目的に応じて2つ以上への分岐を示す
	丸	抽象的な言葉（広がり、変化）を表す
	四角	安定した言葉（システム、構造的）を表す
	強調	丸や四角の重要性を示す
	判断	条件によって対象を選択する基準を示す。その際には、記号の横に判断基準を併記する
	人	人の存在の区別を示す
	リスト	箇条書きで複数の項目や内容を示す
	吹き出し	気付きや補足を示す

4 記号を使用した図解の例

これまで紹介してきた記号について、その使用例を紹介しますので、一緒に手を動かして練習してみましょう。

第17章ではピボットテーブルを使用しましたが、そこで扱ったデータだけでは、特徴を把握することが難しかったため、新たなデータを収集することにしましょう。つまり、PPDACサイクルの2周目に入ることを想定します。1周目では、各クラスの特徴を把握するために、テストの点数や部活動、希望進路などを収集しました。データを整理していく中で、4組の数学の成績が悪いことがわかってきたので、その原因を探るために生活習慣や余暇時間に関するアンケートを追加で収集することにしました。

今回のアンケートは、「規則正しい生活習慣と学力には関係がある」といわれることを参考に、自身の担任するクラスでもそれが該当するのか検証します。そして該当するのであれば、それを改善するための指導を行うことを目的とします。そこで、今ある成績データに今回アンケートした項目（2項目）を追加して検証してみます。

与えられた課題とデータから、図解表現を用いたデータ分析の良い例と悪い例を紹介します。次の図を見てください。

良い例

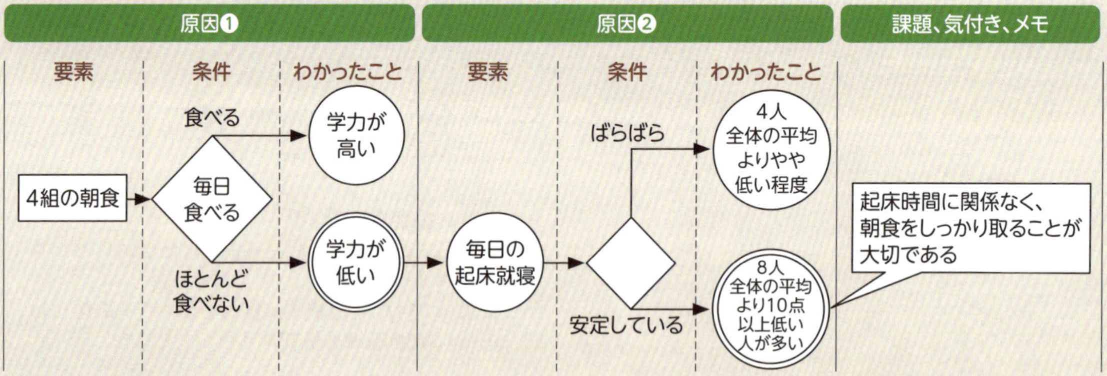

原因❶
原因❷
課題、気付き、メモ
要素
条件
わかったこと
要素
条件
わかったこと
4組の朝食
毎日食べる
食べる
学力が高い
ほとんど食べない
学力が低い
毎日の起床就寝
ばらばら
4人 全体の平均よりやや低い程度
安定している
8人 全体の平均より10点以上低い人が多い
起床時間に関係なく、朝食をしっかり取ることが大切である

悪い例

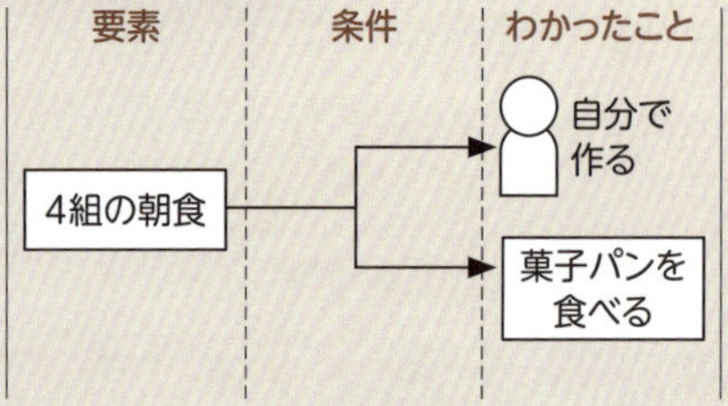

要素
条件
わかったこと
4組の朝食
自分で作る
菓子パンを食べる

良い例では、朝食の摂食状況について着目しています。その結果、担当するクラスにおいても、同様の傾向があることがわかりました。さらに、一度の分析で終わるのではなく、朝食をほとんど食べていない生徒について、起床就寝時間が安定しているのか調べました。すると、安定していると答えた生徒に成績下位の生徒が多いことがわかりました。

なお、今回の結論に直接関係のない「毎日朝食を食べている学力の高い生徒」がいたことについても、その記録を残しておくことが大切です。それは、ほかの要素から再分析を行う際に比較したり関係性を整理したりできるからです。

一方、悪い例では、今回分析するために与えられたデータ以外のものから、勝手に原因を推測しています。確かに、食べるものや保護者の介入の有無によって、学力に影響があるかもしれません。しかし、このような項目での分析をしたい場合には、新たなデータの収集が必要となります。これまでの経験など、データに存在しないものを持ち込むのは避けなければいけません。

つまり、統計的な問題解決（PPDACサイクル）においては、収集したデータとしっかり向き合うことが大切です。足りない場合やさらなる問題が発見された場合には、既有知識や経験に頼るのではなく、次のサイクルに入ることを検討すべきです。

練習問題 Practice

C4_図解表現データ.xlsx

下の図は、第17章でピボットテーブルを用いて分析したデータベースに、今回の2つのアンケート項目（朝食を毎日食べるか、起床就寝時間は安定しているか）の結果を追加したものです。そのサンプルファイルを利用して、さらなる分析に取り組んでみましょう。

	A	B	C	D		J	K	L	P	Q	R	S	T	U
1	No	年	組	番号	氏名	朝食	起床就寝	家庭学習時間	1学期ノ	1学期ワ	1学期プ	1学期参	1学期発	1学期合
2	1101	1	1	1	阿	4	2	94	30	24	6	30	4	94
3	1102	1	1	2	足	4	2	49	30	8	4	28	6	76
4	1103	1	1	3	伊藤	3	2	42	30	24	6	28	10	98
5	1104	1	1	4	岩田	4	4	59	30	24	6	30	9	99
6	1105	1	1	5	大	4	2	110	30	24	6	30	5	95
7	1106	1	1	6	大	4	4	5	30	8	4	28	4	74
8	1107	1	1	7	加	4	2	21	30	10	4	28	9	81
9	1108	1	1	8	川	4	3	54	25	19	6	25	10	85
10	1109	1	1	9	木	3	1	57	25	10	4	25	10	74
11	1110	1	1	10	工	3	2	34	24	10	6	23	2	65
12	1111	1	1	11	栗	1	2	43	25	19	6	25	2	77
13	1112	1	1	12	黒	4	4	23	29	5	4	25	2	65
14	1113	1	1	13	小	4	4	100	30	24	6	30	2	92
15	1114	1	1	14	酒	4	4	56	30	24	6	30	10	100
16	1115	1	1	15	笹	4	4	88	26	24	4	30	2	86
17	1116	1	1	16	佐	4	4	101	15	20	4	29	6	74
18	1117	1	1	17	志	4	3	55	29	24	4	26	10	93
19	1118	1	1	18	関	4	4	78	27	24	6	30	7	94
20	1119	1	1	19	高	3	3	5	5	3	4	10	2	24
21	1120	1	1	20	高	4	4	53	30	15	6	30	2	83
22	1121	1	1	21	武田	4	3	25	25	19	6	25	6	81
23	1122	1	1	22	立	4	4	74	30	24	6	30	6	96

第18章 BIツールの活用

本章では、教育分野でのデータ分析における「BI（ビジネスインテリジェンス）ツール」の重要性と活用法に焦点を当てます。BIツールの基本的な概念を紹介し、教育データを効率的に分析し、理解を深めるための強力なツールとしての価値を解説します。また、グーグルのBIツール「Looker Studio」を使用して、実際の教育データで分析を行う方法について学びます。さらに、BIツールの選定と導入時に考慮すべき点なども説明します。

こんにちは、百花先生。最近、BIツールを活用してみたことはありますか？データを深く理解するのに大変役立ちますよ。

BIツールですか？聞いたことはありますが、正直なところ活用方法がよくわかっていません。どのように使うのでしょうか？

BIツールを使えば、生徒の成績データや出席状況など、教育に関する様々なデータを一元的に管理し、分析することができます。例えば、生徒の学習進捗をリアルタイムで追跡したり、成績の傾向を視覚的に把握したりできるんです。

なるほど、それなら生徒1人ひとりに合わせた指導がしやすくなりそうですね。でも、BIツールの導入は難しくないですか？

いえ、多くのBIツールはユーザーフレンドリーな設計になっているので、特別な知識がなくても基本的な操作は簡単にできます。もちろん、データを最大限に活用するためには、使いこなすための学習が必要になりますが。

そうなんですね。具体的にどんなツールがお薦めですか？

いくつか人気のあるBIツールがありますが、グーグルの「Looker Studio」やマイクロソフトの「Power BI」などは特に使いやすく、教育分野での活用例も多いですよ。

ありがとうございます。それらについて調べてみます。BIツールを活用して、より良い教育支援ができるようになりたいです。

1 BIツールとは何か

BIツールは、企業や学校にある様々なデータを収集・分析・可視化して、経営や業務に役立てるためのソフトウエアです。従来、データ分析は専門知識を持つデータ分析担当者のみが行う作業でしたが、BIツールを用いることで、誰でも簡単にデータ分析を行うことができるようになりました。

具体的なBIツールとしては、Excelとの連携が強みの「Power BI（パワービーアイ）」、データ可視化に特化した「Tableau（タブロー）」、グーグル製品との連携が強みの「Looker Studio（ルッカースタジオ）」などがあります。ただし、教育現場で活用する場合は、各所属先でのセキュリティポリシーに留意する必要があります。

2 「Looker Studio」とは

本章では、グーグルのBIツール「Looker Studio」を紹介します。無料で利用でき、またソフトウエアをインストールしなくても、ブラウザ上で使用できる手軽さが魅力です。なお、何度か名称が変更されており、以前は「Googleデータスタジオ」や「Googleデータポータル」とも呼ばれていました。 主な機能は、以下の通りです。

- **詳細な設定が可能なグラフや表を使ってデータを視覚化できる**
- **様々なデータに簡単に接続できる**
- **個人間やチームで共有して共同編集できる**

ピボットテーブルにも似たような機能がありますが、Looker Studioは複数のデータを組み合わせて使用できるため、学校にある様々なデータを統合して分析することができます。

そこで、今回はこれまでの成績データだけではわからなかったクラスの特徴を把握するために、新たにアンケート調査を行ったデータを統合して分析してみましょう。

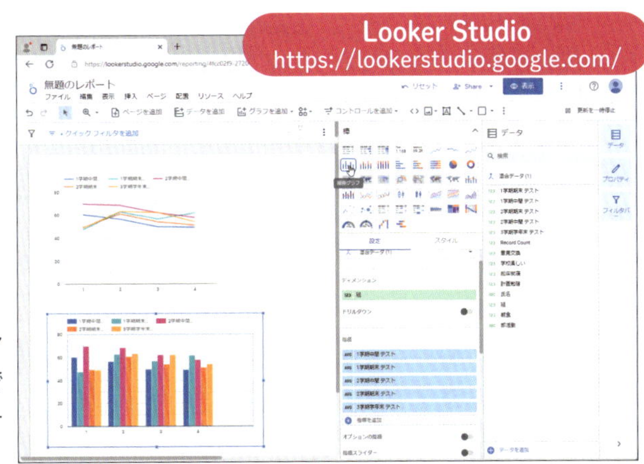

グーグルのBIツール「Looker Studio」は、Googleアカウントでログインすることで、ブラウザ上ですぐ利用できます。本章ではLooker Studioを使って複数のデータを組み合わせたデータ分析を行ってみます。

3 Looker Studioの操作

18_BIツールデータ.xlsx

Looker Studioにアクセスするためには、Googleなどの検索サイトで「Looker Studio」を検索するか、ブラウザのアドレスバーに「lookerstudio.google.com」とURLを入力してください。ブラウザのブックマーク（お気に入り）に登録して、いつでもアクセスできるようにしておくとよいでしょう。

Looker Studioでデータを読み込む方法はいくつかありますが、今回は、クラウドストレージの「Googleドライブ」に保存した「スプレッドシート」のデータを使用します。パソコンに保存されたExcelファイルをGoogleドライブにアップロードして、それをスプレッドシート形式に変換して使うことにします。具体的には、以下の手順で行います。

自分が利用しているGoogleアカウントの「Googleドライブ」にログインします。ここでは、データを管理しやすいように、「新規」ボタンから新しいフォルダを作成し、「Looker Studio」という名前を付けました（❶❷）。そこに、サンプルのExcelファイル「18_BIツールデータ.xlsx」をアップロードします（❸）。パソコン内のフォルダから、ドラッグ・アンド・ドロップすることでアップロードできます。

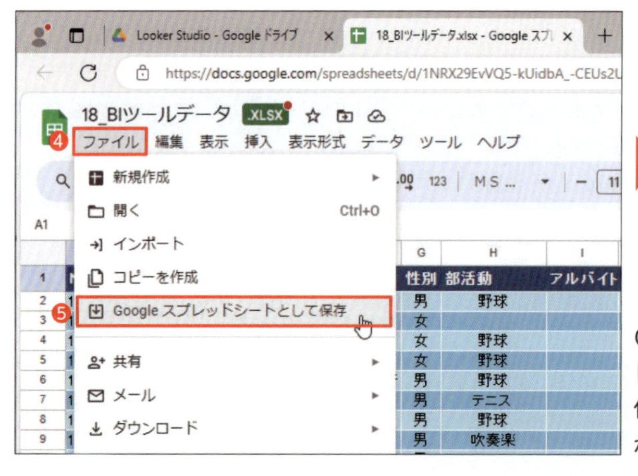

Googleドライブ上で「18_BIツールデータ.xlsx」を開き、「ファイル」メニューから「Googleスプレッドシートとして保存」を選ぶと（❹❺）、スプレッドシート形式のファイルが同じ場所に作成されます（❻）。

データファイルの準備ができたら、Looker Studioの操作を始めましょう。前述の要領でLooker Studioのページを開くと、いくつかのテンプレートが並んだホーム画面が表示されます。

イチから分析を始めるには、「空のレポート」と書かれた「＋」をクリックします。すると、データソースの種類を選ぶ画面が表示されるので、「Googleスプレッドシート」を選びます。

なお、初めて利用するときは、Looker Studioのアカウント設定画面が開き、「国」（日本）の選択と「会社名」（学校名など）の入力を求められます。利用規約を読んでチェックを付け、「続行」をクリックしましょう。また、Googleスプレッドシートへのアクセス許可を求められるので、「承認」をクリックしてください。

Googleスプレッドシートへのアクセスに成功すると、利用可能なファイルが表示されます。今回使用するファイル「18_BIツールデータ」を選択すると、そこに含まれるシート名が一覧表示されます。まずは「全クラス（追加データ）」を選択して、「追加」をクリックしましょう。これで、「全クラス（追加データ）」シートにあるデータがLooker Studioに読み込まれます。

Looker Studioにアクセスして、テンプレートの一覧にある「空のレポート」をクリックします（❶）。すると、データソースを選択する画面が開くので、「Googleスプレッドシート」をクリックします（❷）。利用可能なスプレッドシートのファイルが表示されるので、「18_BIツールデータ」を選びます（❸）。するとシート名が一覧表示されるので、「全クラス（追加データ）」を選択して「追加」をクリックします（❹❺）。

データが読み込まれると、「無題のレポート」という新規レポートが作成され、左側にレポートのレイアウト画面が表示されます。初期設定では表が1つ挿入されていて、右側にはその詳細な設定画面（プロパティ）が表示されています。この設定画面を使って、表やグラフの種類を変更したり、そこに表示される項目を変更したりできます。その項目については、一番右側の画面（データ）に表示されていて、指定したスプレッドシートの1行目に並んでいた項目名が読み込まれています。これらの設定画面について、表示されていないものがある場合は、画面の右上にある「データ」「プロパティ」というボタンを適宜クリックして表示させてください。

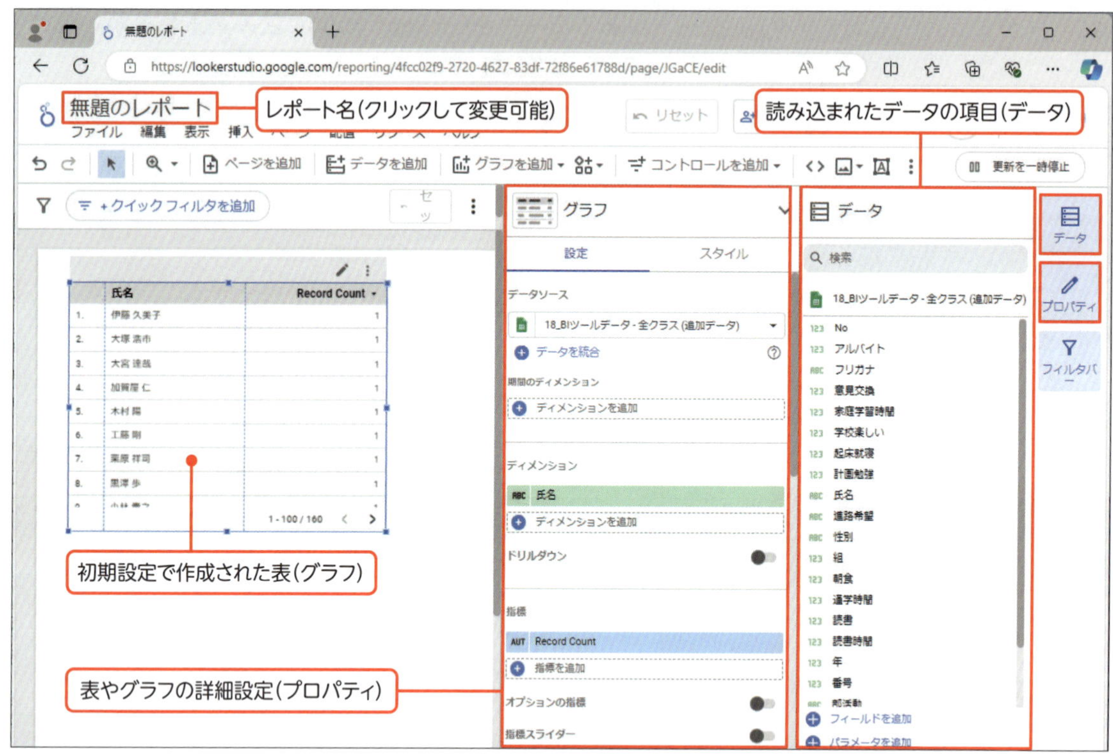

データが読み込まれると、このようなレポートの編集画面になります。左側がレポートをレイアウトする場所で、ここに表やグラフを配置します。上端に「グラフ」と書かれたウインドウが表やグラフの設定画面（プロパティ）です。さらにその右側には、読み込まれたデータが示されています。上部にファイル名とシート名、その下にデータの項目が一覧表示されています。

今回は、もう1つ別のデータを追加して、1つめのデータと統合します。それには、上部のツールバーにある「データを追加」ボタンをクリックします。すると、1つめのデータを読み込んだときと同様の画面が開くので、「Googleスプレッドシート」を選択して、スプレッドシートのファイルを選びます。今回は同じファイル「18_BIツールデータ」に含まれる別のシート「全クラス（元データ）」を選択して、「追加」ボタンをクリックします。

ツールバーの「データを追加」をクリックして「Googleスプレッドシート」を選択します(❶❷)。ここでは、先ほどと同じ「18_BIツールデータ」ファイルを選んで(❸)、「全クラス(元データ)」シートを選びます(❹)。「追加」をクリックします(❺)。

2つめのシートが読み込まれたら、2つのデータを統合して1つにします。それには、画面の右側の「グラフ」の設定画面にある「データを統合」をクリックします。すると、「データの統合」画面が開いて、左側に1つめのデータ(テーブル)の項目などが表示されます。その右にある「別のテーブルを結合する」をクリックすると、データソースの一覧が表示されるので、先ほど読み込んだ「…全クラス(元データ)」を選択します。すると、右側に2つめのデータの項目などが

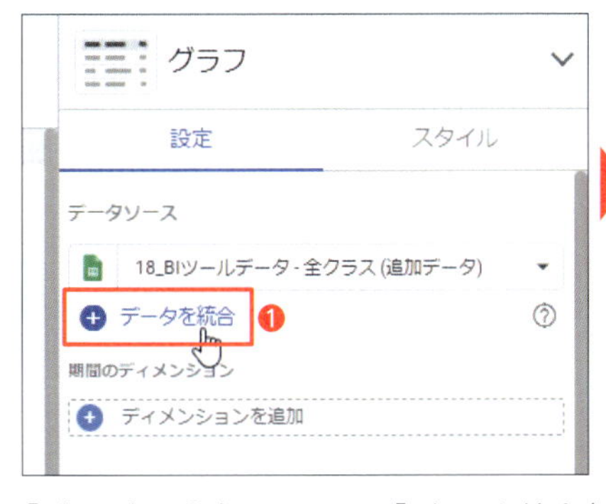

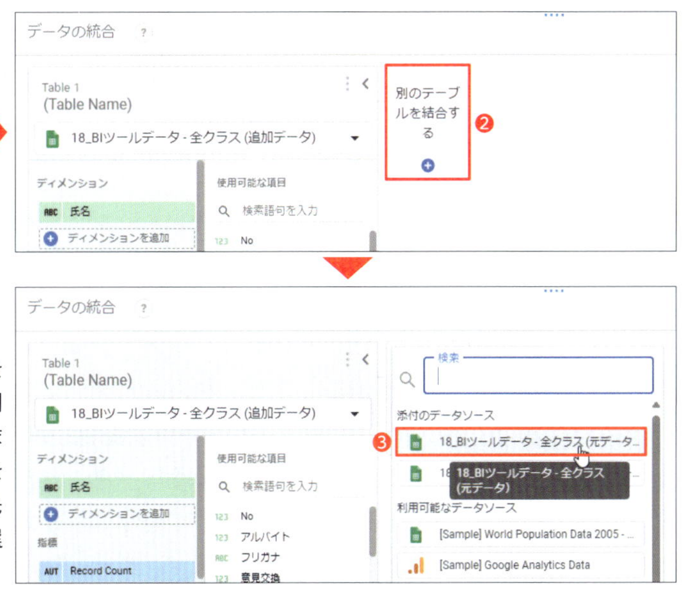

「グラフ」の設定画面にある「データを統合」をクリックすると(❶)、「データの統合」画面が開き、左側に1つめのデータの内容が表示されます。その右にある「別のテーブルを結合する」をクリックして(❷)、データソースの一覧から、先ほど読み込んだ「… 全クラス(元データ)」を選びます(❸)。

表示されます。

ここで、2つのデータから必要な項目をピックアップして、両者を結び付ける設定をします。「ディメンション」という欄には、氏名や部活動などの文字列の項目を追加します。このディメンションに、2つのデータが共通して含む項目を入れることで、2つのデータを結び付けることができます。「指標」の欄には、テストの点数やアンケート項目など数値の要素を追加しましょう。いずれも、項目をマウスでドラッグして各欄にドロップすれば追加できます。

左右に2つのテーブルの内容が表示されました。それぞれデータに含まれる項目が並んでいるので、その中から必要な項目を選んで「ディメンション」欄と「指標」欄に追加していきます。ディメンション欄には文字列の項目、指標欄には数値の項目を追加します。

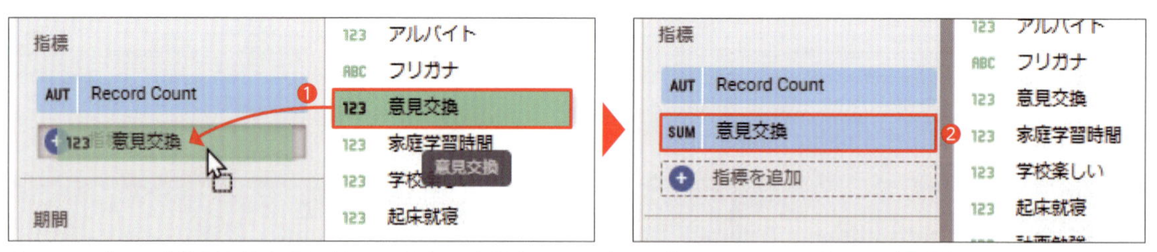

左のテーブルの「使用可能な項目」欄から「意見交換」をドラッグして、指標欄にドロップします（❶❷）。同様に、ほかの必要な項目も追加しましょう。

左の「追加データ」のテーブルには、ディメンション欄に「氏名」と「No」、指標欄に追加で実施したアンケート項目を追加します。右の「元データ」のテーブルには、ディメンション欄に「氏名」と「No」、そして「部活動」を加えます。指標欄には「組」をはじめ、「1学期中間テスト」などのテストの成績を追加します。必要な項目がそろったら、「結合を設定」をクリックし、「左外部結合」が選択されているのを確認して「保存」をクリックしましょう。その後、右下の「保存」をクリックすると全ての設定を保存できるので、「閉じる」を押して画面を閉じます。

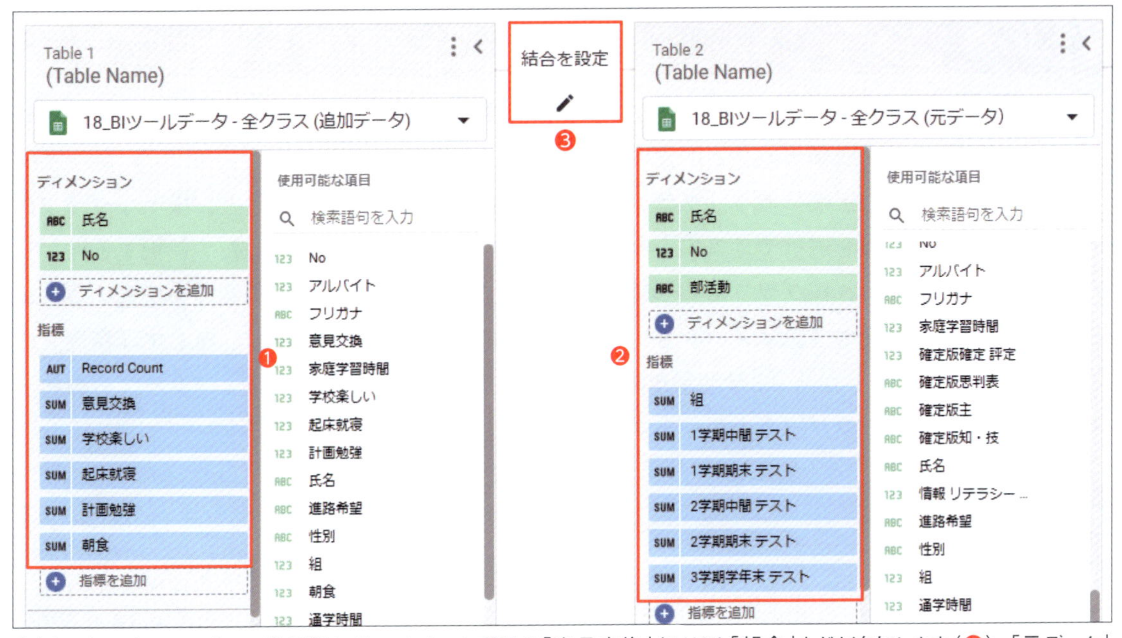

「追加データ」のテーブルの指標欄には、アンケート項目の「意見交換」をはじめ「朝食」などを追加します（❶）。「元データ」のテーブルの指標欄には「組」のほか「1学期中間テスト」などのテスト結果を追加します（❷）。「部活動」の項目もディメンション欄に追加しておきます。図のようにできたら、中央上にある「結合を設定」ボタンを押します（❸）。

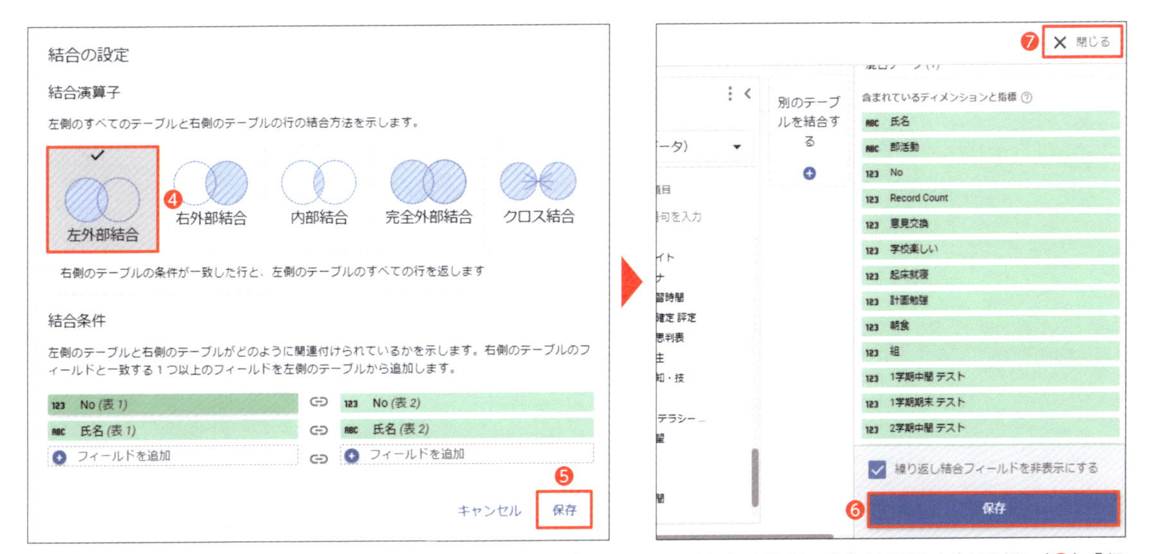

「結合の設定」画面が開きます。今回は一致するデータを結合したいので、結合演算子は「左外部結合」を選択し（❹）、「保存」をクリックします（❺）。これで設定は完了なので、画面右下の「保存」をクリックします（❻）。右上にある「閉じる」をクリックして閉じます（❼）。

ここまでがうまくいくと、次ページの上図のように、一番右の「データ」のウインドウに、2つのテーブルからピックアップした項目が一覧表示されます。これでデータの準備は完了です。

4 例題

前置きが長くなりましたが、ここからが本題です。実際に複数のデータを基にした分析を始めましょう。ここでは、成績データと朝食の関係を表示してみます。

グラフの設定画面の上端にある「グラフ」と書かれた部分をクリックすると、様々なグラフの種類から、好みのものを選択できます。今回は「折れ線グラフ」を選びました。選択すると、レイアウト画面の表が折れ線グラフに切り替わります。さらに、クラスごとの傾向を把握するために、グラフの設定画面の「ディメンション」欄に「組」の項目を追加します。そして「指標」欄に「1学期中間テスト」から「3学期学年末テスト」までの項目を追加すると、4クラス分の各テストの結果を表すグラフが出来上がります。

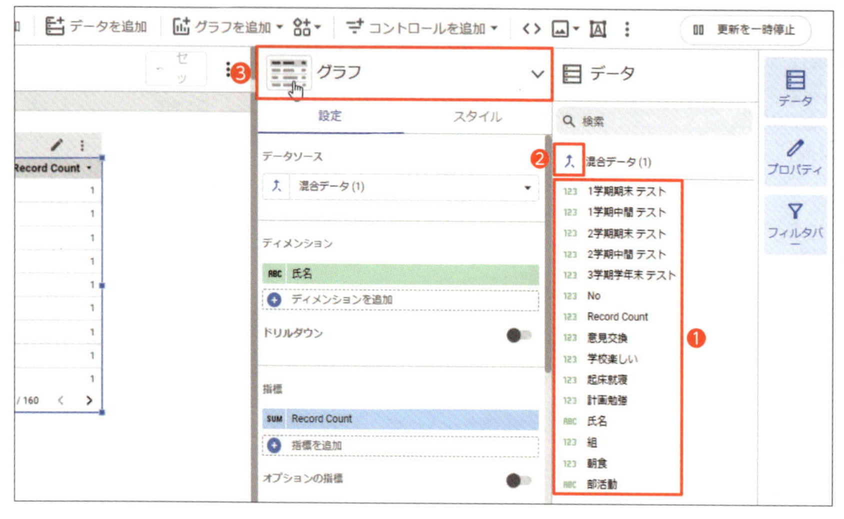

右側の「データ」ウインドウに、2つのテーブルからピックアップした項目が表示されます（❶）。この項目や結合の設定を後から変更したいときは、「混合データ」と書かれた部分の左にあるボタン（❷）をクリックします。設定に問題なければ、「グラフ」と書かれた部分をクリックします（❸）。

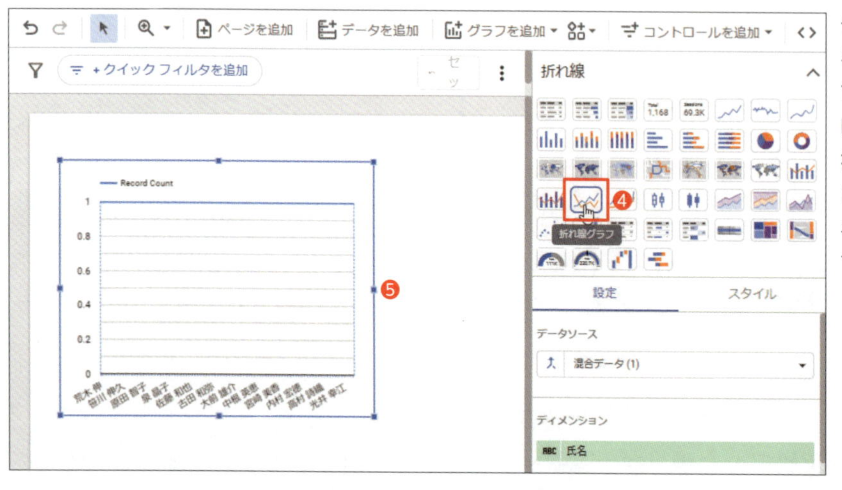

グラフの種類が一覧表示されるので、ここでは「折れ線グラフ」を選択します（❹）。すると、レイアウト画面にあった表が、折れ線グラフに変わります（❺）。ただし、標準では「氏名」の項目がズラリと並ぶので、次に項目を変更します。

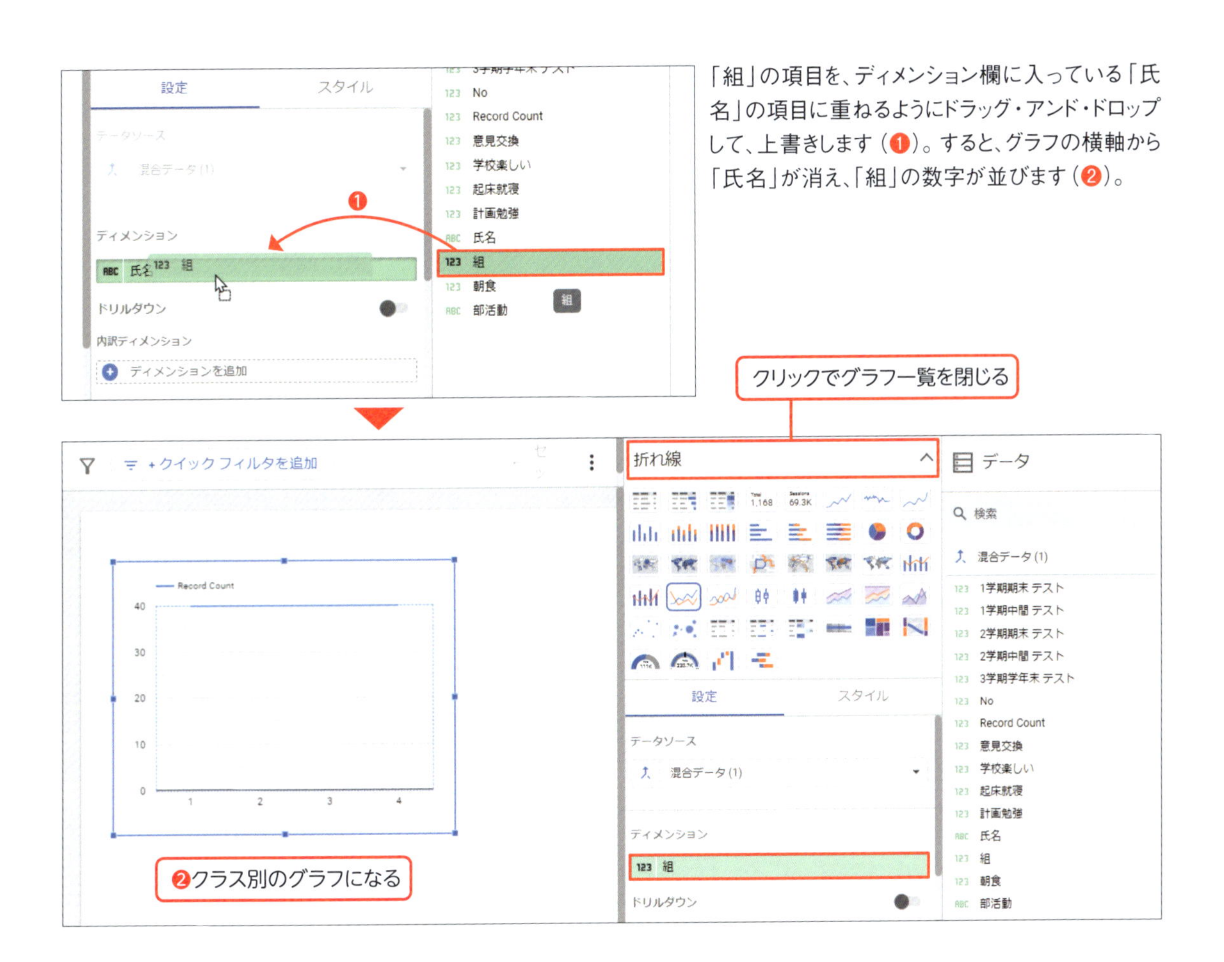

「組」の項目を、ディメンション欄に入っている「氏名」の項目に重ねるようにドラッグ・アンド・ドロップして、上書きします（❶）。すると、グラフの横軸から「氏名」が消え、「組」の数字が並びます（❷）。

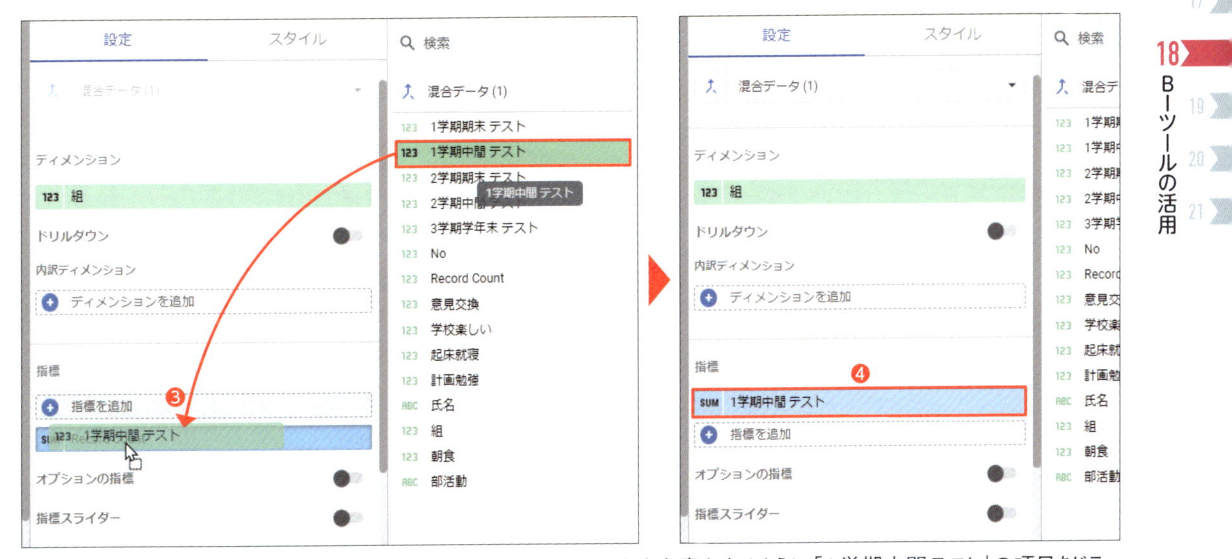

「指標」欄には「Record Count」という項目が入っているので、これを上書きするように「1学期中間テスト」の項目をドラッグ・アンド・ドロップして追加します（❸❹）。さらに、「3学期学年末テスト」までを指標欄に追加します。

ただし、グラフをよく見ると、縦軸の数値が非常に大きくなっていることに気付きます。これは、「1学期中間テスト」などの項目が、標準では「合計」されてしまうためです。指標欄に追加された項目名の左側を見ると、「SUM」（合計）と書かれています。ここでは、クラスごとの平均点を見たいので、合計ではなく平均を表示する設定に変えましょう。

それには、「SUM」と書かれた部分をクリックして、開く画面で「平均値」を選びます。同様に全ての項目で平均値が求められるように設定を変えれば、クラスごとの平均点を表すグラフにできます。

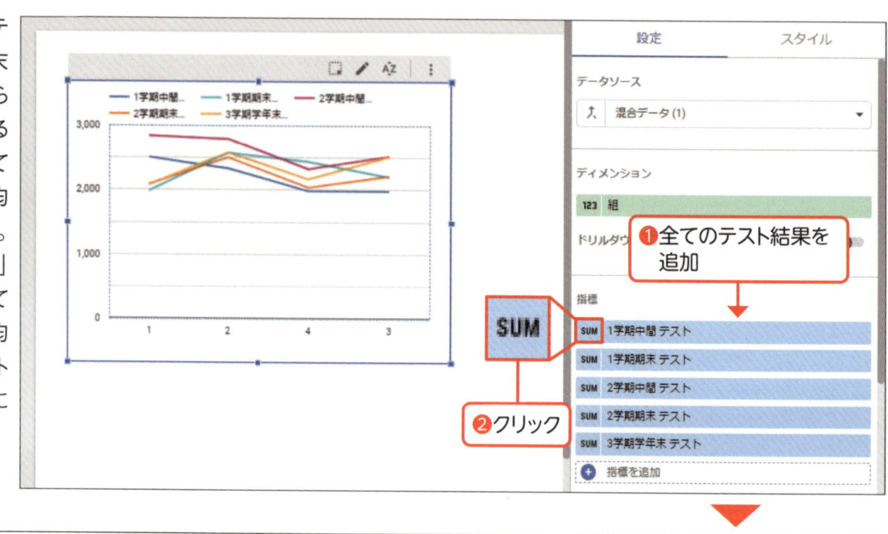

指標欄に「1学期中間テスト」から「3学期学年末テスト」までを追加したら（❶）、各項目の左にある「SUM」をクリックして（❷）、集計方法を「平均値」に変更します（❸）。すると「SUM」が「AVG」に変わります（❹）。全ての項目をそれぞれ「平均値」に変えれば、各テストの平均点をクラスごとに示すグラフになります。

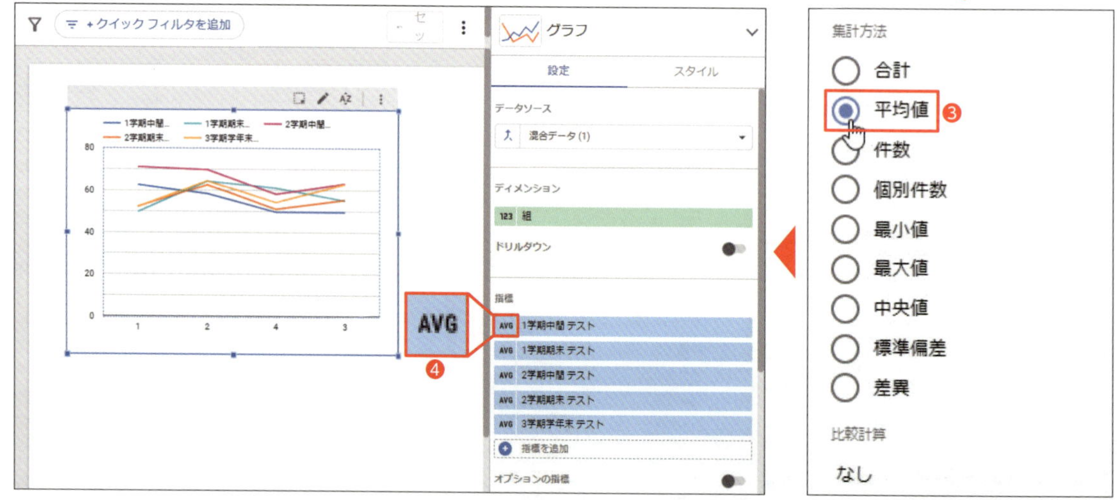

こうして作成したグラフを「複製」して、別のグラフを作成することもできます。複製機能を利用すると、データの読み込みや項目の選択をイチからやり直すことなく、同じデータを再利用できるので効率的です。それには、グラフの右上にある「︙」（その他）をクリックして、開く

メニューから「複製」を選びます。標準では元のグラフに重なって複製されるので、ドラッグ操作で適当な位置に移動してください。「グラフ」の設定画面でグラフの種類を変更し、ディメンション欄や指標欄の項目を入れ替えれば、新たなグラフに作り替えて、別の視点からのデータ分析が可能です。

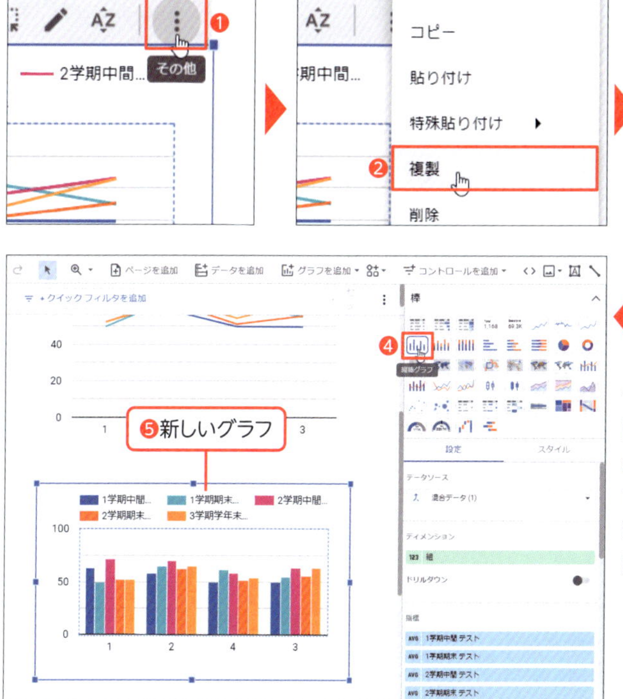

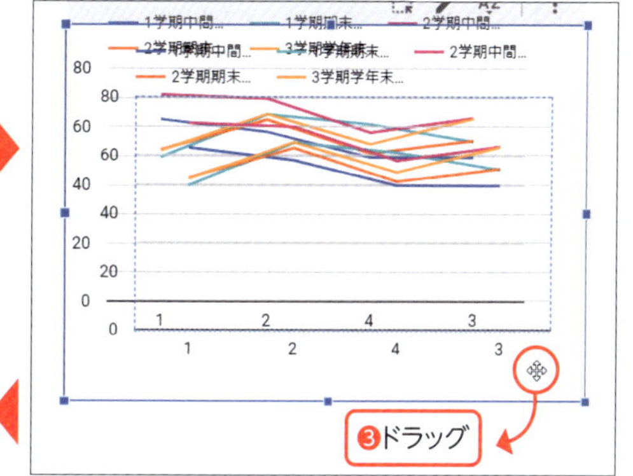

グラフの右上にある「⋮」（その他）をクリックして（❶）、開くメニューから「複製」を選びます（❷）。するとグラフが重なって複製されるので、見やすい場所にドラッグして移動します（❸）。グラフの種類は、「グラフ」の設定画面で変更できます。ここでは「縦棒グラフ」を選びました（❹❺）。

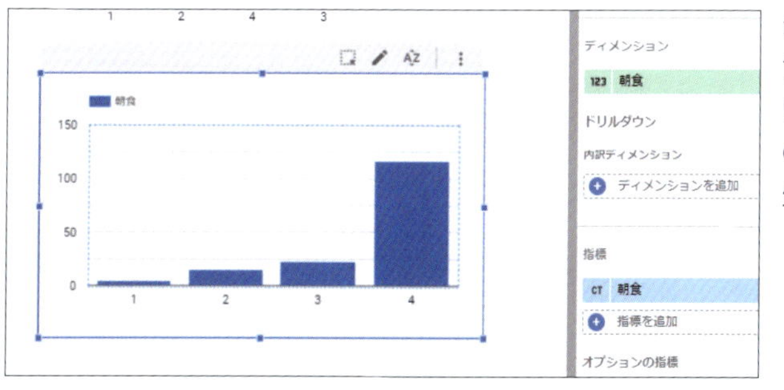

新しいグラフのディメンション欄と指標欄をともに「朝食」に変更したうえで、指標欄の「AVG」の部分をクリックし、集計方法を「件数」に変更します。すると、左のようなグラフに変わり、「食べている」（＝4）と答えた生徒が100人以上いたことがわかります。

次に、BIツールの特徴的な機能である「コントロール」を追加して利用してみましょう。ツールバーにある「コントロールを追加」をクリックすると、「プルダウンリスト」など複数の機能を選択できます。今回は、一番上の「プルダウンリスト」を設置してみます。

メニューから「プルダウンリスト」を選んだ後、レイアウト画面の適当な場所をクリックすると、いずれかの項目名（ここでは「組」）が入った四角い枠が挿入されます。これがプルダウンリストのコントロールで、クリックすると「組」のリストを表示して、クラスを選択できるようになります。今回は「組」ではなく、「部活動」の選択ができるプルダウンリストにしたいので、右側の設定画面に表示された「コントロールフィールド」欄に、「部活動」の項目をドラッグして追加します。すると、四角い枠の表示が「部活動」に変わり、クリックすると部活動の一覧が表示されます。ここで例えば「吹奏楽」だけにチェックを付けると、グラフが吹奏楽部だけの表示になります。複数のグラフの表示をまとめて切り替えられるので便利です。

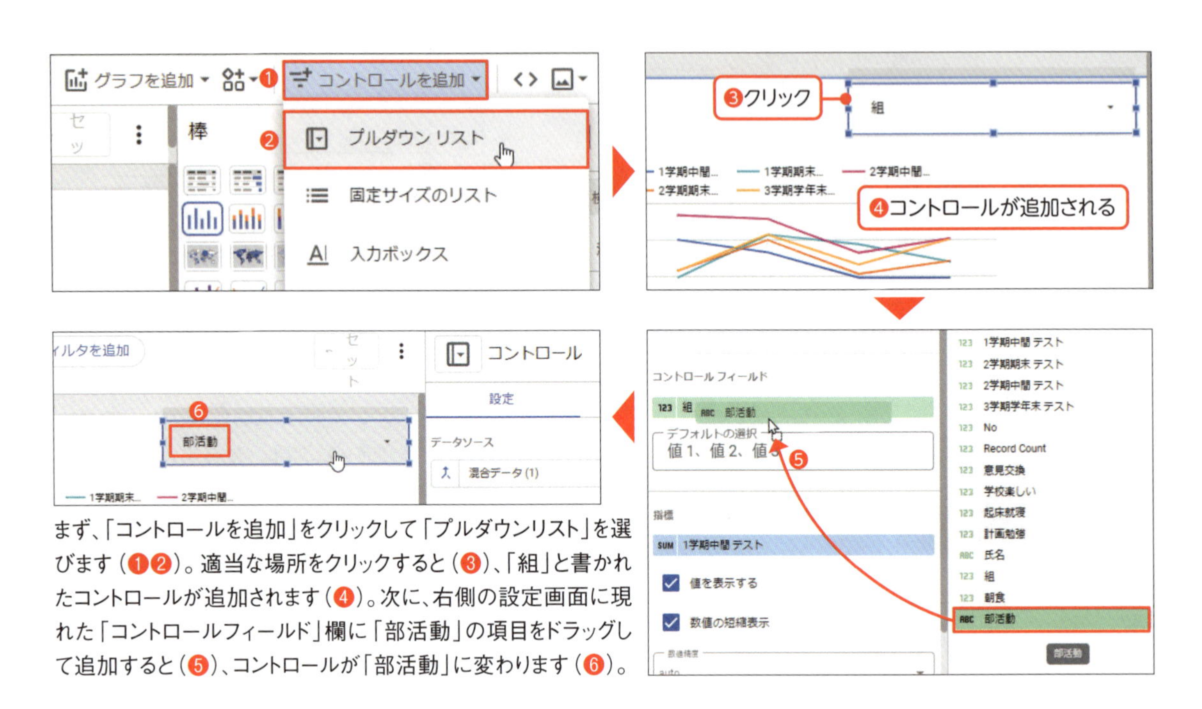

まず、「コントロールを追加」をクリックして「プルダウンリスト」を選びます（❶❷）。適当な場所をクリックすると（❸）、「組」と書かれたコントロールが追加されます（❹）。次に、右側の設定画面に現れた「コントロールフィールド」欄に「部活動」の項目をドラッグして追加すると（❺）、コントロールが「部活動」に変わります（❻）。

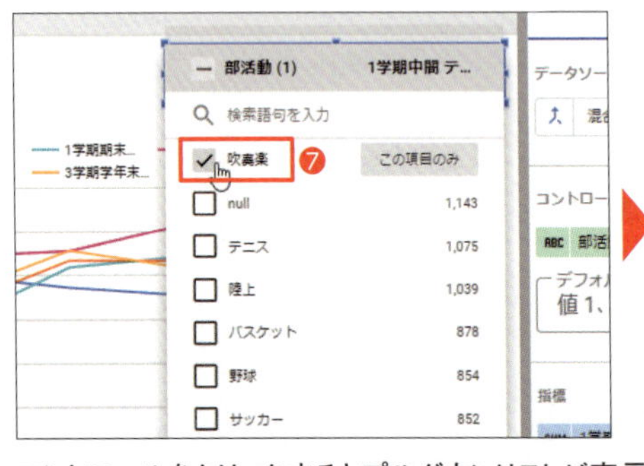

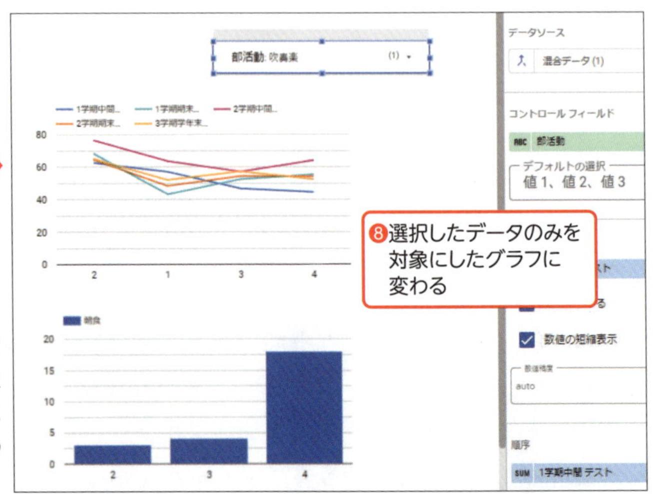

コントロールをクリックするとプルダウンリストが表示されます。例えば「吹奏楽」にだけチェックを付けると（❼）、吹奏楽部の生徒だけを対象にしたグラフに表示が変わります（❽）。複製して作成した朝食の棒グラフも、吹奏楽部だけの表示に変わります。

さらに、作成したグラフにおいて、具体的な数値を知りたいときは、該当する場所マウスポインターを近付けてみましょう。具体的な数値がポップアップ表示されます。

また、グラフの並びは標準で、1学期中間テストの点数順など選択した指標順になっています。クラス順に並べ替えて見やすくするには、グラフの上部にある「並べ替え」ボタンをクリックして、「組」を選びます。最初に選んだときに「降順」になった場合は、もう一度選ぶことで「昇順」にできます。

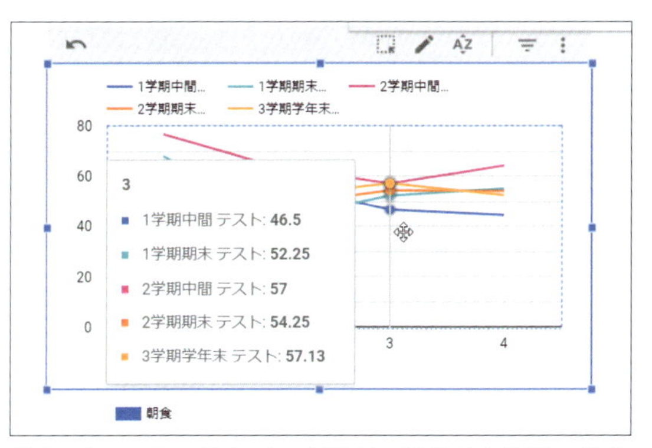

グラフ内にマウスポインターを置くと、近付けた位置の具体的な数値がポップアップ表示されます。図では3組について各テストの平均点が表示されています。

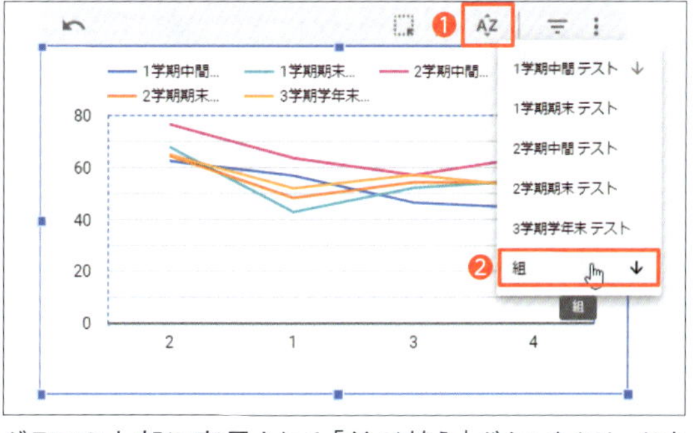

グラフの上部に表示される「並べ替え」ボタンをクリックすると（❶）、メニューから並べ替えの基準にする項目を選べます。「組」を選ぶと（❷）、横軸をクラス番号の降順や昇順に変更できます。

5 まとめ

BIツールの一番のメリットは、様々なデータを統合し、視覚的に捉えることができる点です。複数人で管理しているデータでも、BIツール上でデータを統合できるため、様々な角度から生徒の様子を捉えることができます。例えば、成績データと出席データや毎回の小テストの点数などを結合することで、中間テストまでの取り組みの様子と結果を踏まえた指導をするための根拠となる資料を作ることもできます。ほかにも、部活動の試合ごとのスタッツ（出場時間や得点など）を記録しておくと、1人ひとりの成績や対戦相手ごとの成績を簡単に表示できるようになります。

練習問題 Practice

18_BIツールデータ.xlsx

サンプルとして使った「18_BIツールデータ.xlsx」のExcelファイルには、本章の例題で取り上げた分析では使用していない項目がたくさんあります。それらを利用して、資料からその特徴を読み取る練習を行ってください。この学年の担任になったつもりで取り組んでみてください。

第19章 アンケートの作成と様々な尺度

本章では、教育分野でのデータ収集に不可欠なアンケート作成と様々な尺度の選択方法に焦点を当てます。アンケートを用いたデータ収集の基本原則と、教育研究におけるその重要性、効果的なアンケートを設計するためのステップ、特に質問の種類や回答形式の選択、そして適切な尺度の使用方法について解説します。また、アンケートの信頼性と妥当性を確保するための戦略や、アンケートの設計時に遭遇し得る問題点についても学びます。

こんにちは、百花先生。アンケートの設計において、名義尺度、順序尺度、間隔尺度、比例尺度をどのように利用していますか？ これらの尺度の選択がデータの解析方法に大きな影響を与えるんですよ。

実は、尺度の違いについて、あまり詳しくないんです。具体的にどのような場面でそれぞれの尺度を使用するのが適切なのでしょうか？

良い質問ですね。名義尺度は、性別や国籍のようにカテゴリに分ける場合に使用します。順序尺度は、満足度の高低のように順序はあるものの、間隔が定義されていない場合に適しています。

それでは間隔尺度と比例尺度はどのような場合に使うのですか？

間隔尺度は、温度やIQスコアのように、順序だけでなく間隔も一定であるデータに用います。比例尺度は、収入や体重のように、実際のゼロ点を持ち、比較も可能なデータに適しています。これらの尺度を適切に選択することで、データをより正確に分析できるようになります。

それぞれの尺度には明確な違いがあるんですね。尺度の選択によって、分析できる内容や方法が変わってくることがよく理解できました。

まさにその通りです。適切な尺度を選ぶことで、データの解釈に幅が出ますし、分析結果の信頼性も高まります。アンケート設計時には、これらの尺度の特性をしっかりと考慮することが重要ですよ。

ありがとうございます。尺度の選択にもっと注意を払い、より有意義なデータ収集ができるように心がけたいと思います。

1 アンケートの基本と設計

(1) アンケートの目的と重要性

教育分野において**アンケート**は、生徒の学びや教師の教授法、教育環境に関する貴重なデータを収集するための基本的な手法です。アンケートを通じて、具体的な数値や意見を得ることができ、それに基づいて教育プログラムの効果を評価したり、必要な改善策を講じたりすることが可能となります。

●教育プログラムの評価

アンケートは、特定の教育プログラムやカリキュラムが生徒にどのような影響を与えているかを把握するために不可欠です。プログラム終了後の生徒のフィードバックを集めることで、学習内容の理解度やプログラムの受け入れやすさ、改善点などを明らかにすることができます。

●教育方針の策定支援

教育政策や学校の方針を策定する際、アンケート結果は教育者や政策立案者にとって重要な意思決定支援ツールとなります。生徒や保護者、教職員からの直接的な意見や感想は、教育の質を向上させるための新しい施策を導入するための根拠となり得ます。

●コミュニケーションの促進

アンケートは、学校が生徒やその保護者とコミュニケーションを取る手段としても機能します。定期的にアンケートを実施することで、学校と生徒や保護者との間の意見交換が活発になり、学校運営の透明性が高まります。

●ニーズの特定

教育ニーズは多岐にわたり、生徒1人ひとり、または学校全体のニーズを把握することは、教育資源を効果的に配分するうえで非常に重要です。アンケートにより、生徒や教師の具体的な要望や問題点を集約し、それに応じた対策を講じることができます。

アンケートの設計と実施は、これらの目的を達成するために、慎重に行う必要があります。正確で信頼性の高いデータを収集することが、教育改善への第一歩となります。

(2) 質問の種類（開放型・閉鎖型）と効果的な質問文の作成方法

アンケートを作成する際、質問の種類を選択することは、収集するデータの種類と質を大きく左右します。主に使われる質問のタイプは、**開放型質問**と**閉鎖型質問**の2つです。それぞれの特性を理解し、教育現場での目的に合わせて適切に使用することが重要です。

●開放型質問

開放型質問は、回答者が自由に回答を記述する形式の質問です。このタイプの質問は、回答者の意見や感情、経験を詳細に把握することができ、非常に豊かなデータを提供します。教育的なアプローチとして、以下のような質問文の作成方法が効果的だと考えられます。

•具体的かつ明確な指示

質問が何を求めているのかを明確にし、回答者が理解しやすいように具体的に指示します。

•余地を持たせる

「最も印象に残った授業は何ですか？ その理由も含めて詳しく教えてください。」のように、感想や理由も尋ねることで、より深い洞察を引き出します。

•中立的な表現を用いる

回答にバイアスを与えないよう、質問の中立性を保ちます。

●閉鎖型質問

閉鎖型質問は、選択肢から1つまたは複数を選ばせる形式の質問で、集計が容易で一貫性のあるデータが得られます。特に多くの回答を迅速に分析する必要がある場合に適しています。

•明確な選択肢

全ての選択肢が排他的であることを確認し、回答者が各選択肢を明確に理解できるようにします。

•均等な選択肢のバランス

肯定的なものと否定的なものをバランス良く配置します。

•リッカート尺度の活用

「まったく同意しない」から「完全に同意する」までの尺度を用いることで、意見や態度を数値化します。

●効果的な質問文の作成方法

効果的な質問文の作成は、アンケートの信頼性と妥当性に直接影響を与える重要な要素です。下記を意識した質問文を作成することで、回答者が質問の意図を正確に理解し、その結果、データの質が向上し、アンケート結果の解釈がより信頼できるものになります。

・簡潔さを心がける

質問は、明確でシンプルに保つことが重要です。複雑な質問や二重質問（一度に複数の情報を尋ねる質問）は避け、1つの質問に対して1つの答えが得られるよう設計します。例えば、「授業の内容と教材は理解しやすかったですか？」という質問は、「授業の内容は理解しやすかったですか？」と「使用された教材は理解しやすかったですか？」という2つの質問に分けるべきです。

・専門用語を避ける

質問は、専門用語やジャーゴン（特殊用語・専門用語）を避け、全ての回答者が容易に理解できる言葉を使用することが求められます。例えば、「〇〇理論を適用した教材は役立ちましたか？」ではなく、「授業で使った教材は学びやすかったか？」といった表現のほうが、一般の教師や生徒にとって理解しやすいです。

・仮定を避ける

質問が全ての回答者にとって適切であることを保証するため、特定の前提知識や経験を仮定しないようにします。例えば、「昨年の教育改革についてどう思いますか？」という質問は、全ての教師がその改革について知っていると仮定しています。より適切な形式は、「昨年の教育改革について情報を持っていますか？ もし持っている場合、それについてどう思いますか？」と段階を踏むことで、全ての回答者が質問の文脈を理解しやすくなります。

2 尺度の選択と回答形式

（1）名義尺度、順序尺度、間隔尺度、比例尺度の違いと選択方法

アンケート設計において尺度の選択は、収集するデータの種類や分析方法を決定するうえで重要な役割を果たします。代表的な尺度の種類に、**名義尺度**、**順序尺度**、**間隔尺度**、**比例尺度**があります。

●名義尺度（Nominal Scale）

名義尺度は、データをカテゴリに分類するために使用される最も基本的な尺度です。この尺度では、数値は単なるラベルとして機能し、数値間には数学的な意味はありません。例としては、性別（男性、女性）、血液型（A、B、AB、O）などがあります。名義尺度は、データの種類を区別するために使われ、数量的な比較はできません。

また、名義尺度を選択すべき場面としては、分類が主目的の場合を挙げられます。特定のカテゴリに属する被験者の数を数えることが目的のとき、または属性に基づいてグループ化するときに使用します。

●順序尺度（Ordinal Scale）

順序尺度は、名義尺度に順序やランキングの概念を加えたもので、データ間には明確な順序が存在しますが、間の距離（インターバル）は均等ではありません。例えば、教育満足度を「非常

に不満」「やや不満」「普通」「やや満足」「非常に満足」の5段階で評価する場合が該当します。

また、順序尺度が適しているケースとして、感じ方や意見の程度を表現する必要がある場合があります。データに順序はあるものの、その差異が具体的な数値で表されるわけではない状況に適用します。

●間隔尺度（Interval Scale）

間隔尺度は、等間隔のスケール上にデータを配置し、数値間の正確な差を示すことができます。ただし、この尺度には真のゼロ点が存在しないため、比率（倍率）は意味を持ちません。温度計の摂氏や華氏が典型的な例です。

また、間隔尺度は、データ間の具体的な差異を数値として表現することが重要な場合に適しています。温度や歴史上の年代など、実際の数値差が意味を持つ状況で役立ちます。

●比例尺度（Ratio Scale）

比例尺度は、間隔尺度と同じ性質を持ち、加えて絶対的なゼロ点（存在しない状態を示すゼロ）を持つことが特徴です。これにより、データの比率計算が可能となります。身長や体重、収入などが例として挙げられます。

また、比例尺度は、データの比率が重要になる分析を行う場合、またはゼロが「無」を意味する場合に適しています。物理量や金額など、絶対値が明確な意味を持つケースで役立ちます。

	尺度の種類	特徴	数値の意味	例
質的データ	名義尺度（Nominal Scale）	カテゴリを区別するためだけに数値を使用。数値間に順序や比率はない	数値は単なるラベル	氏名、性別（男=1, 女=2）、血液型（A, B, O, AB）、住所、職業
	順序尺度（Ordinal Scale）	要素間に順序はあるが、間隔は均一ではない	順序に意味があるが、間隔は不定	満足度（非常に不満、やや不満、普通、やや満足、非常に満足）、ランキング、5段階評価
量的データ	間隔尺度（Interval Scale）	間隔が等しく、順序と数値の差に意味があるが、真のゼロ点はない	数値の差に意味があり、加減算が有効	温度（摂氏、華氏）、年（西暦）
	比例尺度（Ratio Scale）	間隔尺度の全ての特性に加え、絶対的なゼロ点がある	数値の比率に意味があり、乗除算が可能	体重、身長、距離、収入

(2) リッカート尺度、セマンティックディファレンシャル尺度の回答形式

アンケートにおける回答形式は、データの収集と分析の質を大きく左右します。特に、**リッカート尺度**と**セマンティックディファレンシャル尺度**は、教育研究や市場調査など様々な分野で広く利用されています。これらの尺度を適切に活用することで、回答者の態度や意見を効果的に測定し、解釈することが可能です。

●リッカート尺度(Likert Scale)

・概要

リッカート尺度は、一連の声明に対して回答者がどの程度同意するかを示すために使用されます。通常、5点または7点のスケールが用いられ、「まったく同意しない」から「完全に同意する」までの選択肢が設けられます。

・適用例

教育分野では、教師の教育方法や授業内容の満足度、学校の施設に対する評価など、多岐にわたる領域で使用されます。

・選択基準

質問が意見や態度を測るもので、回答者に対して感情や意見の強さを数値化してもらいたい場合に適しています。

●セマンティックディファレンシャル尺度(Semantic Differential Scale)

・概要

この尺度は、2つの極端な語句の間で回答者の感情や態度を位置付けるために使用されます。尺度は通常、7点スケールで構成され、「簡単－難しい」「理解できない－理解できた」のような対照的な言葉が用いられます。

・適用例

製品のブランドイメージ、人物の印象評価、サービスの質感など、比較的抽象的な概念を評価する場合に有効です。

・選択基準

特定の対象や概念に対する感情や印象の多面的な評価を得たい場合に適しており、回答者の主観的な印象を定量化する際に利用します。

これらの尺度の選択と適用に際しては、目的に応じた適切な設問設計が求められます。リッカート尺度は意見や態度の強さを直接的に測定するのに対し、セマンティックディファレンシャル尺度はより微妙な感情や印象のニュアンスを捉えるのに適しているといえます。

どちらの尺度も、集めたデータの解析と解釈において有用な洞察を提供し、教育方法の評価や

改善に寄与することができます。

3 アンケートの実施とデータ管理

（1）アンケートの配布、回収、データの整理

①対象者の選定

アンケート調査を行う前に、調査の目的に基づき、適切な対象者を選定する必要があります。この選定プロセスには、対象者がアンケートのトピックに関連する人々であることを確認することが含まれます。以下に代表的な4つの選定方法を示します。

選定方法	説明	例	利点	欠点
単純無作為抽出法（Simple Random Sampling）	各個体が等しい確率で選ばれる無作為抽出。全リストからランダムに選ばれた人が対象	全国の中学生からランダムに1000人を選択する	サンプリングバイアスが少なく、結果が母集団を正確に反映する可能性が高い	大規模な母集団に対して実施が困難でコストが高くなる
系統抽出法（Systematic Sampling）	最初のデータをランダムに選んだ後、定められた規則に従ってサンプルを選択する	学校名簿の1番から始めて、そこから毎10番目の生徒を選択し、アンケートを実施する	実施が簡単で、全体から均等にサンプルを選ぶことができる	名簿などのリストが周期的なパターンを持っている場合、サンプルに偏りが生じるリスクがある
多段抽出法（Multistage Sampling）	複数の段階を経てサンプルを選択する	全国を数個の地域に分け、それぞれの地域から数校を選び、選ばれた学校の中からクラスをランダムに選ぶ	大規模な調査において管理が容易で、各地域や層を適切にカバーできる	各段階で選択バイアスが積み重なる可能性があり、サンプルの代表性が損なわれることがある
層化抽出法（Stratified Sampling）	母集団を事前に定義した層（性別、年齢など）に分け、それぞれから無作為にサンプルを選ぶ	全国の高校生を男女別に層化し、それぞれの層から同数の生徒をランダムに選択する	各層の特性を考慮したサンプリングが可能で、より詳細な分析が行える	層を定義しサンプルサイズを決める際の誤りが結果に大きな影響を及ぼす可能性がある

②配布方法の選択

アンケート調査を配布する方法にも、直接行うものからオンラインまで様々なものがあります。以下にその方法をまとめます。

方法	説明	例	利点	欠点
郵送調査法	アンケートを郵送で対象者に送り、回答後に郵送で返送してもらう方法	全国の教員を対象にした教育政策に関する意識調査	広範囲にわたる対象者に到達可能で、回答者に時間をかけて考えさせることができる	回答率が低いことが多く、郵送費用が発生する
電話調査法	対象者に直接電話をかけてアンケートを行う方法	市内の保護者を対象にした学校満足度調査	即座に回答を得ることができ、回答率が比較的高い	電話対応を拒否されるケースがあり、質問の深掘りが難しい場合がある
オンライン調査法	インターネットを利用してオンラインでアンケートを実施する方法	大学生を対象にしたキャンパスライフに関するアンケート	コストが低く、迅速に大量の回答をデータとして収集できる	インターネットへのアクセスが不均等な場合、サンプルに偏りが生じる可能性がある
留め置き調査法	アンケートを公共の場所や対象者のアクセスが容易な場所に置き、自由に回答してもらう方法	コミュニティセンターで実施する地域住民向け生活満足度調査	コストが低く、参加者が自発的に回答するため、回答意欲が高いことが多い	回収率が不確定で、多くの回答を集められないリスクがある
面接調査法	対面で質問者が直接質問し、回答者の反応を記録する方法	新しい教育プログラムについての教員の詳細なフィードバックを収集する調査	深い情報を収集でき、質問の調整が可能	時間とコストがかかるうえ、面接者のバイアスが結果に影響を与える可能性がある

③データの整理方法

データ分析のためには、アンケートから得られたデータの整理が必要不可欠です。以下に、アンケートデータを整理する主要な流れを示します。

1. データのクリーニング

アンケートの回答が集まった後、最初のステップはデータのクリーニングです。これには、不完全な回答、矛盾する回答、あるいは明らかに誤ったデータ（例えば、年齢が負の数値であるなど）を特定して削除または修正する作業が含まれます。これにより、分析の精度が向上します。

2. データのコーディング

アンケートの回答を分析可能な形式に変換するには、特に開放型の質問に対する回答をコード化する必要があります。名義尺度や順序尺度の質問は、数値やラベルに割り当てることでコード化できます。例えば、リッカート尺度での「まったく同意しない」から「完全に同意する」までの回答は、1から5までの数値に変換されることが多いです。

3.データの入力と整形

手書きのアンケートやオフラインで収集したデータを電子的な形式に入力します。ExcelやGoogle スプレッドシートなどのツールを使用して、データを適切に整形し、分析のためのデータベースを構築します。この段階で、データは各回答者ごとに一意の識別子を持ち、各質問に対応する列に整理されるべきです。

4. 欠損値の処理

回答が欠落している場合の処理方法を決定します。欠損値を除外するか、補完する方法（平均値代入、中央値代入、回帰代入など）を選びます。選択する方法は、分析の種類やデータの特性に依存します。

5. データの検証

データが正しく整理されたことを確認するために、データの一部をサンプリングして検証します。これには、データが調査の設問と一致しているか、適切な形式で入力されているかを確認する作業が含まれます。

これらの流れを適切に実行することで、アンケートから得られたデータは信頼性と有効性を持ち、教育現場での意思決定や研究に役立つ質の高い情報となります。データの整理は時には時間がかかる作業ですが、正確な分析結果を得るためには欠かせませんので必ず行いましょう。

（2）データの管理

アンケート調査を実施した際のデータの管理は、その結果の信頼性と有効性を確保するために非常に重要です。データ管理プロセスは、収集から分析、最終的な報告に至るまでの各段階で慎重に行う必要があります。まず、アンケートが回収されたら、全てのデータは機密性を保ちながら適切に匿名化されます。これには、個人を特定できる情報を削除またはコード化し、データのプライバシーを保護する手順が含まれます。

データの入力にあたっては、エラーを防ぐためにデータ入力作業を少なくとも2人の担当者が独立して行い、その結果を照合するダブルエントリーシステムを採用します。データをデジタル化した後は、セキュリティが強化されたデータベースに保存します。このデータベースは、不正アクセス、データの損失、または破損からデータを保護するために定期的なバックアップとともに適切なセキュリティ措置を施します。

データの前処理では、回答の一貫性をチェックし、明らかな入力ミスや不適切なデータを修正します。外れ値や欠損値の処理もこの段階で行い、必要に応じて適切な統計的手法を用いて補完します。このプロセスを通じて、データの整合性が保たれ、分析の正確性が向上します。

分析段階では、統計ソフトウエアを使用してデータを操作し、教育・研究の目的に沿った分析を行います。この際も、データの機密性を保持しながら、必要な全てのチームメンバーがアクセスできるようにします。最終的な結果は、教育・研究の目的、仮説、そして得られた結論を明確に示す報告書としてまとめます。この報告書は、学術誌や会議での発表、政策立案のための提案書として使用されることがあります。各段階での厳密なデータ管理は、教育・研究の透明性を保ち、その結果の信頼性をさらに強化するために不可欠です。

4 アンケートの設計と実施の課題

(1) 回答バイアス、社会的望ましさ、外れ値の影響

アンケート調査を行う際、特に注意が必要なのが回答バイアス、社会的望ましさ、そして外れ値の影響です。これらはアンケートデータの信頼性と妥当性に直接影響を与える要因であり、結果の解釈に大きなゆがみをもたらす可能性があります。

●回答バイアス

回答者が自身の感情、先入観、または特定の社会的・文化的背景に基づいて意識的あるいは無意識のうちに偏った回答をする現象です。この種のバイアスは、回答者が自分の真の感情や意見をゆがめ、調査の目的に合わせたり、調査を実施している人に対してポジティブな印象を与えたりしようとすることで発生することがあります。例えば、教育機関が行う生徒のウェルビーイングに関する調査で、生徒たちが学校の評価を気にして正直な意見を避けることが考えられます。

●社会的望ましさ

回答バイアスの一形態で、回答者が一般的に社会的に受け入れられる、または望ましいとされる方法で回答する傾向があることを指します。この傾向は、個人が自己のイメージを保護しようとする心理から生じ、時には実際の信念や行動とは異なる回答を引き出すことがあります。例えば、教師に対するクラスの管理方法に関する調査で、一般に肯定的に評価されている教育手法に対して高い支持を示す可能性があります。

●外れ値の影響

外れ値とは、ほかのデータから極端に離れた値であり、アンケート結果に含まれると平均値などの統計的指標が実際のデータの傾向を正確に表現できなくなることがあります。外れ値は、測定誤差、データ入力ミス、または非常に異なる背景を持つ回答者によって生じることがあります。適切なデータ分析を行うためには、これらの外れ値を特定し、その原因を理解したうえで、除外

するかどうかを慎重に決定する必要があります。

これらの要素を適切に管理し、データの分析前に正確なクリーニングと評価を行うことは、アンケート調査の結果の信頼性を保ち、有効なデータに基づいた意思決定や政策立案に不可欠です。正しい手法と注意深いデータの取り扱いによって、調査結果の真実性と有用性を最大限に高めることができます。

(2) 問題点への対処法とデータの解釈の注意点

アンケート調査では、調査時の問題点への対処法とデータの解釈時に留意すべき注意点について理解することが、調査の信頼性と有効性を保証するうえで極めて重要です。問題点として最も一般的なのは、前述した回答バイアス、社会的望ましさ、外れ値の影響です。

これらの問題に対処するためには、まず、アンケートの設計段階で明確で理解しやすい質問を用意することが基本です。質問は被験者が誤解する余地がないようにシンプルかつ具体的である必要があり、二重質問や導入的な質問は避けるべきです。

さらに、アンケートの配布前にパイロットテスト（試験的な調査）を行い、質問の明瞭さと適切性を評価し、必要に応じて修正を加えることが推奨されます。

回答バイアスや社会的望ましさを軽減するためには、匿名性を保証することが有効です。回答者に、自身の回答が特定されることなく、自由に意見を表明できる環境を提供することで、より正直で正確なデータを収集することが可能になります。外れ値に関しては、データ収集後の厳密なデータクリーニングプロセスを通じて、測定誤差や入力ミスによるものなのか、または実際の異常値なのかを判断し、適切な処理を施す必要があります。外れ値がデータに与える影響を評価し、それらが分析結果をゆがめる可能性がある場合は、統計的手法を用いて調整を行うことも考慮すべきです。

データの解釈に際しては、収集されたデータがどの程度母集団を代表しているかを常に考慮することが重要です。サンプルの選定が偏っている場合や、特定のグループが過剰に表現されている場合は、その影響を考慮に入れたうえで解釈を行う必要があります。また、統計的有意性だけでなく、その結果が実際の教育現場や政策立案にどのように適用可能かを評価することも、データの解釈を行ううえで不可欠です。これにより、データに基づく意思決定が、単に数値に依存するのではなく、実際の教育的文脈や現場のニーズに合致する形で行われるようになります。

アンケート調査時の倫理的考慮

教育現場でアンケート調査を実施する際は、倫理的考慮として、教育者、生徒、保護者のプライバシーと権利を尊重することが求められます。

●情報の透明性と同意の自由性

調査を実施する前に、参加者(生徒やその保護者、教職員)に対して調査の目的、どのような情報が収集されるか、そしてどのように利用されるかを明確に伝える必要があります。例えば、学校の機構調査やプログラム評価のためのアンケートでは、回答が教育改善のためにどのように使われるかを示すことが重要です。これにより、参加者は自分の意思で情報提供を決定でき、いつでも参加を辞退する自由を持ちます。

●データの匿名性と機密性の保持

収集されたデータは、個人を特定しないように扱うべきです。例えば、生徒の意見や成績に関するデータは、個人を識別できない形で集計および報告されるべきです。データは安全に保管され、無関係な第三者がアクセスできないようにする必要があります。教育機関内でのデータの共有も、教育研究目的に限定しなければなりません。

●倫理的配慮の実施

特に敏感なトピックを扱うアンケートの場合、参加者が心理的な不快感を感じないよう注意深く設計する必要があります。質問は尊重を持って、教育的な文脈に適した言葉を用いて行われなければなりません。また、教育現場での調査で、特に未成年者が関与する際には、保護者の同意が必要な場合があります。

これらの倫理的考慮は、アンケート結果の信頼性と妥当性を保つだけでなく、参加者との信頼関係を維持し、教育の質を向上させるために不可欠です。

コラム5 column

アンケート調査の実施に関する手続き

教育データを利活用することは、生徒1人ひとりの実態を把握するとともに、学級・学年、そして学校全体の実態を把握し、教育の改善を行うために重要な手段です。教育現場の現状を把握し、教育の改善につなげるためには、教員の感覚のみに頼るのではなく、教育データの適切な利活用が不可欠といえます。しかしながら、教育データの利活用だからといって、何でも許されるわけではありません。教育データの利活用は、守るべき義務と責任を果たしてこそ実現されるべきものであることを忘れてはなりません。

特に、学校において教育データを収集する際に、アンケート調査がしばしば行われます。アンケート調査は、広範なデータ収集が可能であり、インタビューや観察といった調査方法に比べてコスト効率が高いという利点があります。そのため、アンケート調査は教育データを収集するうえで非常に有効な手段の1つといえます。しかし、アンケート調査にはいくつかの手続きがあり、これらを経たうえで調査を実施する必要があります。

1 アンケート調査実施に向けて

アンケート調査の実施にあたっては、調査する質問項目を準備するとともに、次の内容についても事前に準備しておくとよいでしょう。

●アンケート調査の概要・目的・公表方法・集計方法

アンケート調査を行う際は、対象となる生徒やその関係者に対して、調査の概要や目的を明確に説明することが重要です。これには、アンケート調査がどのような教育課題に基づいているのか、またその結果がどのように教育の改善に役立つのかといった具体的な説明も含まれます。

さらに、アンケート結果を公表する予定がある場合には、その公表方法（学校のホームページに結果を掲載するなど）についても事前に計画しておく必要があります。その際には、匿名性が確保されるように、データの集計方法も検討しておくようにしましょう。

●アンケート調査の実施方法

アンケート調査の回答者が中学生であれば、自ら質問内容を読んで回答することができるでしょう。しかし、回答者が小学校の低学年である場合には、質問項目を読み上げるといった支援が必要になります。このように、対象となる生徒の実態に合わせて、実施方法を検討することが重要です。ほかにも、アンケート調査の実施時期や場所、回数、所要時間について、対象となる生徒の発達段階に応じた計画を立案することが大切です。

●アンケート調査によって生じる不利益

アンケート調査の実施によって不利益が生じるかどうかについて、十分に検討するようにしましょう。不利益が予想される場合には、その内容はどのようなものか確認し、対応策を検討することが重要です。また、不利益が生じないとされる場合でも、その根拠を明確に準備しておく必要があります。

2 アンケート調査実施の手続き

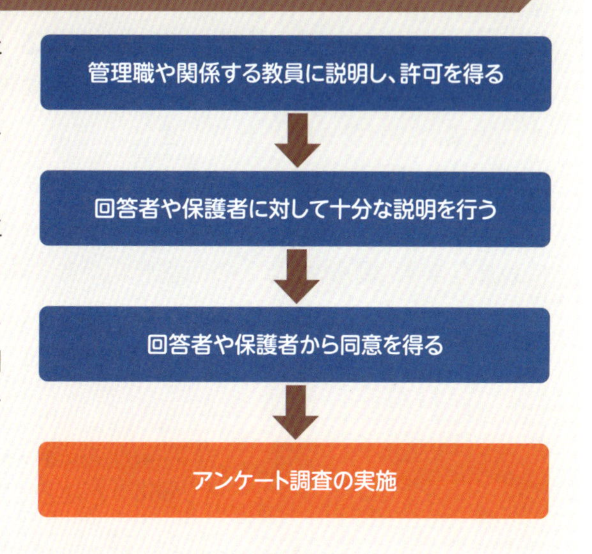

アンケート調査の実施に向けた準備が整ったら、管理職の先生や研究主任の先生、教科の先生、学年の先生など、関係する教員に対して説明を行い、実施の許可を得るようにしましょう。

そのうえで、アンケート調査の対象となる生徒やその保護者に対して、十分な説明をすることが大切です。対象となる生徒やその保護者に説明する際には、アンケート調査の回答は強制されるものではなく、自由意思によって参加するかどうかを選択できる点にも触れます。特に、学校現場においては「アンケート調査に回答しなければならない」といった疑念を抱かれないようにする必要があります。また、説明の際には、専門用語や難解な表現をできるだけ避け、平易な言葉を用いるようにしましょう。

説明を十分に行った後は、生徒やその保護者から正式な同意を得ます。同意の証しとして、同意書に署名をしてもらうことも重要な手続きの1つです。

このように、アンケート調査の実施に際しては、丁寧な手続きを経ることが大切です。そうすることで、対象となる生徒やその保護者は、自分たちの協力がどのように利用されるのかを十分に理解し、不安を抱くことなく安心して協力できるようになります。

●参考資料

・日本学術振興会（2015）「科学の健全な発展のために－誠実な科学者の心得－」
・文部科学省（2024）「教育データの利活用に係る留意事項」

コラム⑥ column

Google Formsを活用しよう

1 Google Formsとは

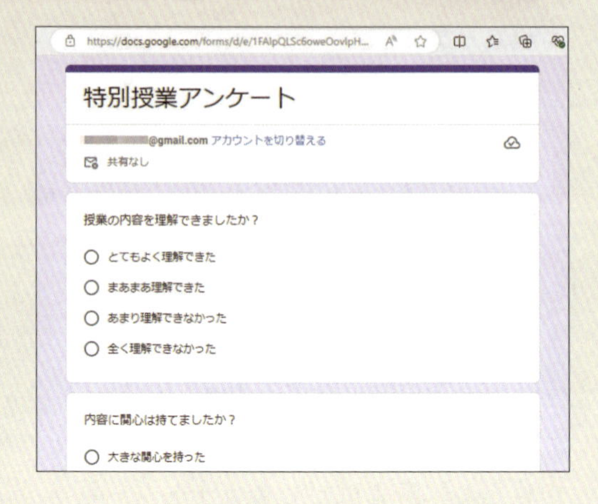

「Google Forms」はグーグルが提供するWebフォーム作成ツールです。単に「フォーム」とも記載されます。回答形式が充実しており、教育現場で効果的な学習や情報収集をサポートする優れたツールです。また、グーグルが提供している「スプレッドシート」などほかのサービスとも連携でき、授業内の対話を深めたり、生徒の理解度を把握したりするために活用することができます。

Google Formsで収集できる回答の形式は、多岐にわたります。例えば、以下の回答形式があります。これらは回答形式として設定できる一般的なものです。また、拡張機能やアドオンを使用して、ほかの回答形式や機能を追加することもできます。

テキスト	ユーザーが自由にテキスト(文字列)を入力することができる回答形式。例えば、名前や自由記述などの入力欄として使う
複数選択「チェックボックス」	ユーザーが提供された選択肢から複数の項目を選択できる形式
単一選択「ラジオボタン」	ユーザーが提供された選択肢から1つだけ選択できる形式
ドロップダウン	ユーザーが選択肢の中から1つをドロップダウンメニューから選択できる形式。クラスや出席番号などを選択させるときに使う
日付	ユーザーが日付を入力することができる形式
時刻	ユーザーが時刻を入力することができる形式
ファイルアップロード	ユーザーがファイルをアップロードすることができる形式。生徒が作成したレポートなどを提出させることができる

2 小テストや定期考査での活用

Google Formsでテストを作成すると、これまでの紙とペンでの試験とは違い、IBT（Internet Based Testing)方式でテストを行うことができます。GIGAスクール構想の下で整備された1人1

台端末を利用し、Google Formsを用いて作成された小テストや定期考査を実施することができます。フォームのリンクを共有したり、埋め込みコードを使用してWebページに埋め込んだりするなど、様々な方法でテストを配布でき、時間や場所にとらわれずに試験を実施できます。

また生徒に「Google Workspace for Education」のアカウントがあり、生徒の端末が学校が管理している「Chromebook」である場合、ロックモードをオンにすることで、生徒はテストを受けている間、ほかのタブやアプリケーションを開けないようにすることもできます。

さらに、Google Formsの設定で「テストにする」をオンにすることで、正しい解答の設定、配点の設定を行うことができます。すると、テストを終了し提出した時点で解答が自動採点され、即時に解答・解説が生徒にフィードバックされるようにできます。これは、教員の採点業務の削減にもつながります。

3 アンケートなどでの活用

学校現場でこれまで紙や電話で行っていた様々なアンケートや問い合わせ、申し込みなどをGoogle Formsで行うことができます。例えば、①欠席・遅刻・早退・その他の連絡、②授業アンケートや学校アンケート、③学校説明会やオープンスクールの申し込みや問い合わせ、などが挙げられます。

①欠席・遅刻・早退・その他の連絡について、具体的に見てみます。学校現場では、「業務時間外の留守番電話対応」や「電子メールなどによる欠席連絡」の取り組みが順次進められていて、欠席連絡システムの導入も進んでいます。学校側がGoogle Formsで「欠席・遅刻・早退・その他の連絡」フォームを作成しておけば、生徒・保護者はQRコードや学校ホームページからフォームにアクセスし、欠席などの連絡をすることができます。入力項目には名前(連絡者)、生徒との関係、学年、クラス、出席番号、生徒名、欠席などの日付、欠席・遅刻・早退の別、理由、連絡先、担任が連絡する場合の都合のいい時間、担任への伝達事項などを設定します。これまでの電話連絡に比べ、教員も、生徒・保護者も自分の都合に合わせてフォームにアクセスし、欠席などの情報を収集・提供することができるようになります。電話対応の場合、朝の時間帯に同時に多くの人からの連絡を受けることは教員にとって大きな業務負担でしたが、フォームによって自動的に処理することで、より柔軟に対応できるようになります。また、回答が自動的にスプレッドシートに集計されるため、手動で集計していた電話連絡に比べ迅速かつ簡単に情報を確認することができます。さらには、ヒューマンエラーやコミュニケーションの不確実性による情報の取り違えや漏れが発生する可能性が大きく減ります。

Google Formsは回答を自動的に集計し、スプレッドシートに保存することができます。本書で学んだ分析方法を活用して試験やアンケートの結果などを分析し、生徒の理解度や弱点、現状を把握して生徒にフィードバックしたり、その後の指導に役立てたりしてみましょう。

コラム❼ column

自由記述の分析

1 自由記述とは

自由記述とは、アンケート調査などにおいて回答者が自分の言葉で意見や感想を記述する形式のことを指します。回答者は固定された選択肢に縛られることなく、自分の考えを自由に表現することができます。自由記述は、定量的なデータと異なり、回答者の深層心理や具体的な意見、感情を理解するために有効です。

一般的には、顧客満足度調査や従業員の意見収集などのフィードバックを得るために、自由記述形式のアンケートがよく用いられます。これにより、サービスや製品に関する具体的な改善点を把握し、職場環境の向上につながる貴重な意見を得たりすることができます。このようにして収集された自由記述データは、企業や組織がより良いサービスを提供するための基盤となり、従業員の満足度やエンゲージメントを高めるための重要な情報源となります。

また、自由記述は教育現場でのアンケート調査においても重要な役割を果たします。例えば、生徒の学習意欲や授業内容に対する理解度、満足度などを把握するために実施されるアンケートでは、自由記述形式の質問が含まれることにより、回答者は具体的な問題点や提案を詳細に記述することができます。一方で、多くの学校現場では、自由記述のアンケートやフィードバックが紙ベースで保存されていることが多いのが現状です。これらのデータを効果的に活用するためには、デジタルデータに変換するか、もしくはGoogle Formsを用いたアンケートの作成なども検討するべきでしょう。

2 自由記述の分析方法

自由記述形式の回答を分析する方法は複数存在します。その中の代表的な手法について、いくつかご紹介します。

（1）内容分析

内容分析では、全ての文章を目視で確認しながら、質問ごとにどのような回答や意見、単語が頻出しているのか、生徒の属性によって回答内容に特徴が存在するのかなどを、表計算ソフト、ワープロソフト、メモなどを用いて集計し、その原因を分析するといった手法が一般的です。例えば、「使用された教材について、特に良かった点や改善してほしい点を教えてください。」という質問の回答に、「工夫」「図」「わかりにくい」などの言葉が含まれる回答が多数存在する場合、図表についての改善が求められていることが想定されます。また、KJ法（川喜田二郎）のように、収集した情報を短いフレーズや単語に要約して書き出すことで、情報を視覚的に整理する手法が存在します。例えば、見た目に関する情報として、「図」「イラスト」などの単語を同じグループに整理することで特徴を俯瞰し、より詳細な分析につなげることが可能です。

（2）テキストマイニング

テキストマイニングは、大量のテキストデータを自動的に処理し、意味のある情報を抽出する技術です。学校現場では、生徒や保護者からのアンケートやフィードバックを効果的に分析するために非常に有用です。テキストマイニングには専門的なテキスト分析ツールを使うのが効率的で、「KH Coder [注]」「Voyant Tools」「NVio」などのツールが存在します。

ここでは代表的なツールとしてKH Coderを紹介します。まず、左下図のような単語頻度分析を行うことで、テキストデータ内で最も頻繁に出現する単語やフレーズを特定し、例えば「授業」「わかりやすい」「難しい」など、頻出するキーワードを抽出することができます。さらに右下図の階層別クラスター分析ではキーワード間の類似性に基づいてグループ化を行いキーワードがどのように似ているかを明確にします。図の例では分析結果として、分かる、欲しい、時間、演習、問題、といった授業の進行と時間管理に関するグループが存在することが明らかになりました。

#	抽出語	品詞/活用	頻度
1	授業	サ変名詞	56
2	内容	名詞	27
⊞ 3	使う	動詞	13
⊞ 4	増やす	動詞	12
5	欲しい	形容詞	12
6	時間	副詞可能	11
7	説明	サ変名詞	10
8	工夫	サ変名詞	8
9	進め方	名詞	8
⊞ 10	分かる	動詞	8
11	実生活	名詞	7
12	役立つ	動詞	7
13	具体	名詞	6
14	資料	名詞	6
15	先生	名詞	6

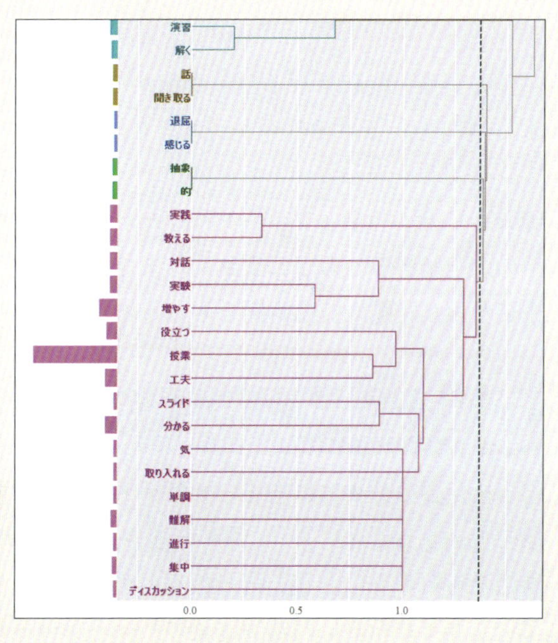

テキスト分析ツール「KH Coder」の画面例。左は単語頻度分析、右は階層別クラスター分析。

以上２つの分析機能のほか、KH Coderの最も特徴的な機能に共起ネットワーク分析があります。共起ネットワーク図は、各キーワードの共起関係を視覚化し、関連性の高いキーワードのネットワークを作成します。

[注] 樋口耕一 2020『社会調査のための計量テキスト分析 ―内容分析の継承と発展を目指して― 第2版』

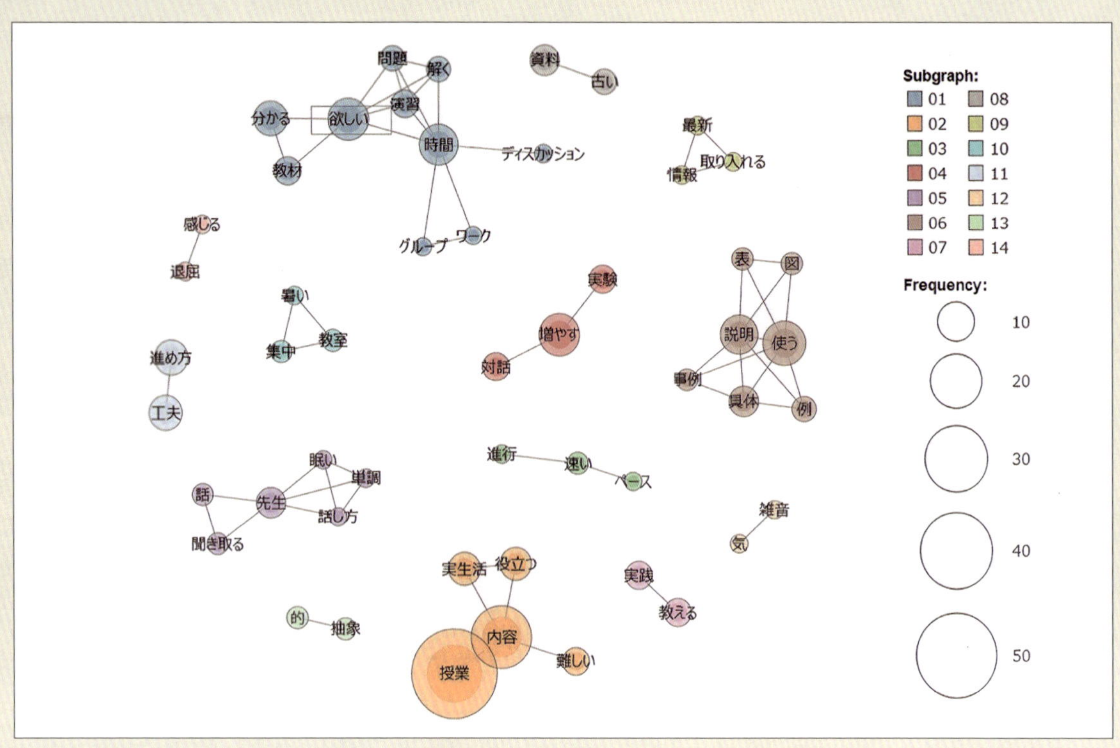

KH Coderによる共起ネットワーク図の例。関連性の高いキーワードのネットワークが描かれます。

上のような共起ネットワーク図からは、例えば以下のような分析が可能です。まず、「授業」と「内容」というキーワードが大きく共起しており、生徒が授業の内容について多くの意見を持っていることを示しています。次に、「先生」と「話し方」というキーワードが共起しており、教師の話し方に関するフィードバックが多いことを示しています。すなわち、教師の説明方法に改善の余地があるかもしれません。また、「時間」と「欲しい」というキーワードが共起しており、生徒が授業時間や質問時間をもっと増やしてほしいと感じていることが読み取れます。

3 自由記述のメリットとデメリット

自由記述の分析には多くのメリットがあります。まず、回答者が自分の言葉で柔軟な意見や感想を記述することにより、深層心理や具体的な考え、感情を理解しやすくなります。定量的なデータよりも質の高い洞察を得られるため、具体的な改善点を把握しやすくなります。また、予期していなかった新しい問題や改善のヒントが得られることもあります。

一方で、デメリットもあります。自由記述のデータは量が多く、分析に時間と労力を要するので、分析の目的を明確にして、何を知りたいのかを事前に定めるなど、効率的に進めなければなりません。また、分析者の主観によって解釈にバイアスが生じるのを防止するため、複数人の分析者でクロスチェックを行うなどの対策も必要です。さらに、自由記述のアンケートなどは、その頻度や分量によっては回答者に疲労感や倦怠感を与え、結果として回答率や回答品質の低下を招く恐れがあります。「アンケート疲れ」といわれる現象を引き起こすことが知られており、頻度や分量には配慮が必要です。

4 自由記述の活用例

実際の活用方法として、以下の事例を紹介します。

（1）授業改善へのフィードバック

ある授業において、生徒からの自由記述形式のフィードバックを分析した結果、頻出語として「授業」「わかりにくい」「説明」が浮かび上がりました。さらに、共起ネットワーク図を確認したところ、「授業」と「わかりにくい」が頻繁に一緒に出現していることがわかりました。これを受けて、学校は授業の説明方法を見直し、ビジュアル教材を多用するなどの改善策を導入しました。その結果、翌年のアンケートでは「授業がわかりやすい」との評価が大幅に向上しました。

（2）学校生活の改善

学校生活の問題に関する分析では、「トイレ」「不便」「改善」が頻出語として現れました。これに基づき、学校はトイレの設備を改善し、清掃頻度を増やすなどの対応を行いました。これにより、生徒の学校生活満足度が向上し、衛生面での評価が改善されました。

（3）保護者との連携強化

保護者からのフィードバックに対する分析では、頻出語として「コミュニケーション」「連絡」「改善」が浮かび上がり、保護者との連携が課題であることが明らかになりました。これを受けて、学校は保護者との連絡手段を見直し、定期的な保護者会やニュースレターの発行を開始しました。これにより、保護者からの信頼度が向上し、生徒の家庭での学習支援も強化されました。

ここに紹介した活用事例は、自由記述を用いたアンケートの分析がどのように学校現場の具体的な課題解決に役立つかを示すものです。しかし、これらはあくまで一例であり、それ以外にも、学習支援体制の強化や生徒のメンタルヘルスのサポートなど、様々な分野で自由記述の分析は有効です。

さらに、論文や書籍、教育実践の中でも、多くの自由記述分析の活用例が報告されています。その応用範囲は多岐にわたります。皆さんの教育活動においても、新たな洞察を得るために自由記述の分析にチャレンジしてみてはいかがでしょうか。

第20章

データの適切な保管・管理・運用

本章では、データの保管・管理・運用について重要な点を確認していきます。パソコンの操作やデータの分析・可視化などのスキルを十分に身に付けると、教員として生徒や保護者に説得力のある説明ができるようになります。そのためには、正確な情報を活用することはもちろん、データの取り扱いをしっかりしておく必要があります。教員はセンシティブな情報も扱うため、適切な保管・管理・運用をすることが求められます。

お疲れさまです、百花先生。もうすぐ個人面談ですね。資料の準備をしているんですか?

はい。生徒の成績を分析した資料を作ったんですけど、印刷したらすごい量になってしまったんです。どこに保管しておいたらいいのかわからなくて……。

確かに個人情報の取り扱いは慎重に行わないといけませんね。扱うデータによって正しい保管方法が決められています。

それは、引き出しの中に入れていたらだめってことですか?

成績表や教務手帳は鍵のかかるロッカーに保管する必要があります。指導要録は金庫に保管して、作業記録簿や帯出簿に書かないと持ち出すこともできないんですよ。なぜだかわかりますか?

あ、教員は個人情報を扱っているし、わかりやすく人に伝えるために作った成績の資料は、本人や保護者以外の人に間違えて見せてしまうとだめですもんね。

正解です。指導要録は公文書で、とっても大事な書類なんです。万が一にも紛失してはいけませんからね。だからといって、データの活用に対して必要以上に慎重になりすぎることもないですよ。

わかりました。細心の注意を払っていれば、データの活用ができるんですね。適切に管理して活用したいと思います。

1 データの保管（情報セキュリティ）

学校には、法令で作成・保管が義務付けられている資料をはじめ、通知表、出席簿、健康診断に関する表簿、入試に関係する資料、個別の指導計画など、多くの個人情報を含む文書があります。紙に印刷したものはもちろん、電子データに関しても適切に管理する必要があります。1人1台端末が配備されている昨今は、情報を記録することや複写することが容易になっています。そのため、正しく情報資産を守ることが求められています。

●情報セキュリティ対策の基本

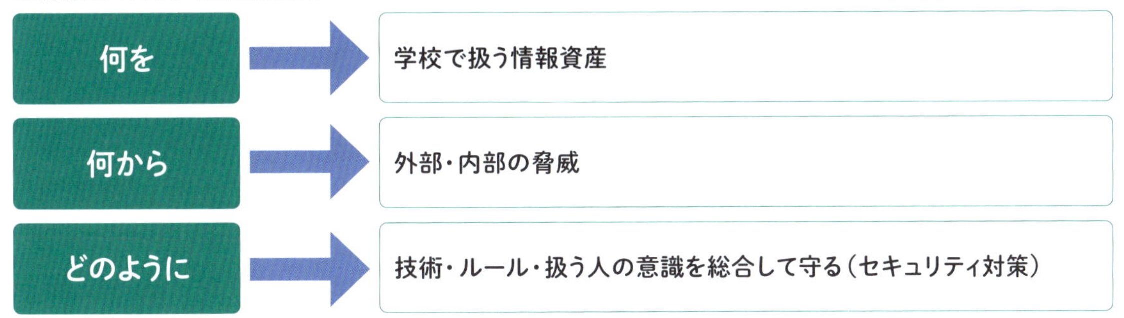

●情報セキュリティの脅威

脅威の原因		想定される脅威
人為による脅威	悪意ある他者	情報資産の窃取・改ざんを目的とした標的型攻撃
	悪意ある関係者（教職員、生徒）	不正アクセスによる成績などの情報の改ざん
	関係者（教職員、生徒）の過失	端末や記録媒体（USBメモリーなど）の紛失
自然災害など		データの消失

※出所：文部科学省「教育情報セキュリティーポリシーに関するガイドライン」ハンドブック（令和４年３月）

これらの情報セキュリティの脅威がある中で、個々の教員が日常業務の中で決められた方法での活用や、決められた保管場所、持ち出し方法を守ることによってリスクを低減することができます。

学校には個人情報を含む文書・データなどが多く存在していることを自覚し、自らの行動を日々セルフチェックする必要があります。セルフチェックリストの一例を次ページに示します。学期ごとなど、一定期間に一度チェックしてみることをお勧めします。

●データ保管に関するセルフチェックリスト

チェック項目	チェック欄
個人情報はどういったものかを理解している	
個人情報を含む文書を利用する際のルールを理解している	
個人情報の収集は、必要最小限にとどめている	
個人情報を収集する際には、取り扱う目的を明らかにしている	
個人情報を目的以外に利用するときには本人・保護者の同意を得ている	
個人情報を含む文書などを校外へ持ち出す際には、適切な手続きを行っている	
指導要録・通知表・定期テストの答案など重要なものは鍵のかかるロッカーなどで保管している	
個人情報を含むファイルをメールで送信する際には、必ずパスワードをかけている	
個人情報を含む文書を封入する際やメールを送信する際には、複数で宛先を確認している	
外部記憶媒体(USBメモリーなど)に個人情報を保存していない	
生徒の写真や動画を教員のスマートフォンで撮影していない	
生徒の写真や動画は個人情報であることを理解している	
テスト答案の返却時、欠席者分は決められた通り保管している	
指導要録の作業記録簿・帯出簿を作業時に記録している	

2 データの管理・運用

学校では、様々な状況でデータが生まれます。データは新しいものがどんどん増えていきます。そして、データを蓄積していくことで、本書で学習した分析やグラフ化、BIツールの活用などが行えます。

学校で情報を集約管理するためのシステムとして、「文部科学省WEB調査システム(EduSurvey)」や、教育委員会単位で導入している校務処理システムがあります。そのほかにも、1人1台端末の配備によって活用が進んだクラウドサービスもあるでしょう。そういった中で、教員としては「どのデータ」を「誰のために」「何のために」「どのように使いたい」のか十分整理したうえで、データの利活用を考える必要があります。そして具体的な利活用の方法が決まったら、望ましい保管方法を選択することが求められます。

具体的かつ簡単な例で考えてみましょう。「授業の終わりに毎回小テストを実施して、その結果を反映した授業作りをしたい」——。そのように考えたときに、やるべきことを整理すると次のようになります。

①どのデータ ➜ 生徒の小テスト結果
②誰のために ➜ 自分（教員自身）のため
③何のため ➜ 授業改善のため
④どのように使いたい ➜ 次の授業計画に反映したい

続いて、それぞれの項目を掘り下げていきます。

①どのデータ

➜ 担当クラスの生徒の小テスト結果だけでいいのか、隣のクラスと比較をしたいのか。全ての小テストを対象にするのか。

②誰のために

➜ 生徒に集約・分析結果を見せる可能性はあるのか。ほかのクラス担任の先生や進路指導の先生に共有する可能性はあるのか。

③何のために

➜ 授業改善以外に活用方法はないのか。

④どのように使いたい

➜ 授業のどこに反映したいのか。本日までの振り返りで、できていなかった箇所を再度説明するのか。追加の演習を用意するのか。

今回は次の条件で進めることに決めました。この条件を踏まえて具体的にどのようにすればよいか考えてみましょう。

項目	条件
①どのデータ	自分の担当する1組の小テスト結果 ベテランの担当する2組の小テスト結果 全ての小テスト結果
②誰のために	自分のため
③何のために	授業改善のため
④どのように使いたい	授業での説明の仕方や生徒への働きかけ方の違いを比較し、授業改善をしたい。小テストの問題同士の正答関係は見ない

まず、データを準備するという観点から考えてみましょう。ベテランの先生が担当する2組のデータを、日々の授業ごとに提供してもらわなくてはなりません。小テストは、CBTで共通のものを行っていたとして、どんな形のデータにすればよいでしょうか。

次の図は、1組と2組の小テスト結果の例です。1が正解、0が不正解を意味します。

年	組	番号	テスト回数	生徒名	Q1	Q2	Q3
1	1	1	1	阿達 貴至	1	0	1
1	1	2	1	足立 文恵	1	0	1
1	1	3	1	伊藤 久美子	1	1	1
1	1	4	1	岩田 ひろみ	0	1	1
1	1	5	1	大塚 浩市	1	1	0
1	1	6	1	大宮 達哉	1	0	0
1	1	7	1	加賀屋 仁	0	0	1
1	1	8	1	川野 龍	1	1	1
1	1	9	1	木村 陽	0	1	0
1	1	10	1	工藤 剛	0	1	0
1	1	11	1	栗原 祥司	1	1	0
1	1	12	1	黒澤 歩	1	1	1

年	組	番号	テスト回数	生徒名	Q1	Q2	Q3
1	2	1	1	秋山 里沙	1	1	1
1	2	2	1	阿部 大介	1	1	0
1	2	3	1	泉 晶子	0	1	1
1	2	4	1	伊藤 美穂	1	1	1
1	2	5	1	岩田 勇気	1	1	0
1	2	6	1	上原 美歩	1	1	0
1	2	7	1	大野 由理	0	0	1
1	2	8	1	大橋 素子	1	1	1
1	2	9	1	尾島 幸利	0	1	0
1	2	10	1	柏木 雅子	0	1	1
1	2	11	1	加藤 隆	1	1	0
1	2	12	1	兼子 香織	1	1	1

これらのデータから、今回の授業改善のために必要な項目はどれになるでしょう。分析に不要な項目を含まないデータとしておくことも、活用するにあたってはとても重要なことです。

今回であれば、右のように、組の情報と問いごとの正誤がわかればよいということになります。掲載した生徒が各クラスの全生徒だとすると、1組ではQ2の正解者が２組に比べて少ないことから、1組を担当する教員としては「自分のQ2に関する説明を改善しよう」とか「次の授業で2組の先生のこんな説明方法を取り入れよう」といった授業改善につなげることが考えられます。

組	Q1	Q2	Q3
1	1	0	1
1	1	0	1
1	1	1	1
1	0	1	1
1	1	1	0
1	1	0	0
1	0	0	1
1	1	1	1
1	0	1	0
1	0	1	0
1	1	1	0
1	1	1	1

組	Q1	Q2	Q3
2	1	1	1
2	1	1	0
2	0	1	1
2	1	1	1
2	1	1	0
2	1	1	0
2	0	0	1
2	1	1	1
2	0	1	0
2	0	1	1
2	1	1	0
2	1	1	1

それでは、2組の先生からどのようにデータの提供を受けて、分析用のデータはどのように保管することが望ましいでしょうか。実運用としては、教員だけがアクセスできる共有フォルダなどが想定されます。情報へのアクセスのしやすさが利活用を進めるうえで必要不可欠ですが、どんなに「良い分析」や「良い提案」を行えたとしても、情報に関する事故を起こすと信頼を取り

戻すことはとても難しくなります。

大学などで実施されるグループワークでは、クラウド利用が進んでおり、それらを活用することが作業効率を向上させ、大きく生産性を高めることは周知の事実です。学校現場でクラウドを活用する際には、「だれがアクセスできるものか」を十分に注意する必要があります。学校には生徒とデータを共有するためのものや教員間で共有するものなど、条件設定が多様なクラウドがあります。今回取り扱うデータは加工されているとはいえ成績に該当するものです。教育委員会や学校ごとに情報取り扱いの指針が決められていますので、それらを十分確認し、わからなければ管理職の先生や、情報取り扱い責任者の先生に確認することが望ましいです。

3 分析だけではないデータ運用上のコツ

学校で取り扱うデータは、生徒・保護者だけのものに限らず多岐にわたります。例えば、進路先に関するデータや、学校行事に来賓としてご参加いただいた方の名簿などもあります。学校でデータ運用を行う際に必要な考え方が、データベースとしてのデータの取り扱いです。

前年度の卒業式に来賓としてお越しいただいた方の名簿を基に、今年度の卒業式の案内を出すといった校務があります。

令和７年２月６日

株式会社 OKU
代表取締役　若杉 祥太　様

波速教育高等学校
校長　古川 健

第１回卒業証書授与式のご案内

余寒の候、益々のご健勝のこととお喜び申し上げます。平素は本校教育活動にご理解とご協力を賜り誠にありがとうございます。

保存している名簿などを基に、このような案内状を印刷して送るケースは多いでしょう。効率的に行うためには、データベースの作り方にも工夫が必要です。

来賓としてご参加いただく方へ案内状を出す際には、相手の所属、役職、名前などを書いた案内文をそれぞれ印刷する必要があります。その際、データベースをデザインする考え方が役に立ちます。案内を出すためには封書に宛名も印刷する必要があるため、次ページのようなデータベースを作成することが一般的です。

	A	B	C	D	E	F	G	H	I	J
1	ID	所属	役職	名前1	名前2	郵便番号	都道府県	住所1	住所2	住所3
2	1	株式会社OKU	代表取締役	若杉	祥太	0640941	北海道	札幌市中央区	旭ヶ丘	×××
3	2	OKU商事	専務	山下	陽介	0600041	北海道	札幌市中央区	大通東	△△△
4	3	浪速物産	理事	杉山	一斉	5340026	大阪府	大阪市都島区	網島町	□□□
5	4	浪速商店	監査役	藤井	正一	5340015	大阪府	大阪市都島区	内代町	○○○
6	5	浪速運輸	人事部長	佐々木	浩之	5340025	大阪府	大阪市都島区	片町	◇◇◇
7	6	浪速配送	人材開発部長	山本	恭子	5340001	大阪府	大阪市都島区	毛馬町	☆☆☆
8	7	おおさか電機	代表取締役	松岡	真一	5340001	大阪府	大阪市都島区	毛馬町	×××

このようなデータベースがあると、Wordの「差し込み文書」機能を用いて、宛名や肩書きなどの情報を1人ひとり変えながら連続して印刷できます。いわゆる「差し込み印刷」です。

具体的には、Wordの「差し込み文書」タブにある「宛名の選択」ボタンから「既存のリストを使用」を選び、データベースのExcelファイルを選択します。すると、「差し込みフィールドの挿入」ボタンのメニューにデータベースの項目名が一覧表示され、そこから項目を選んで挿入することで、文書内に各項目を印刷する場所を設定できます。

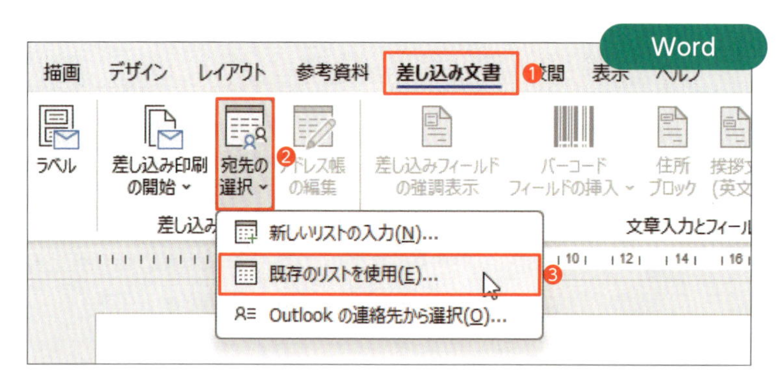

Wordで案内状の内容を作成したら、「差し込み文書」タブにある「宛先の選択」ボタンをクリックします（❶❷）。メニューから「既存のリストを使用」を選び（❸）、データベースとして使う名簿のExcelファイルを指定して読み込みます。シート名やデータを指定する画面が開いたら、必要に応じて選択してください。

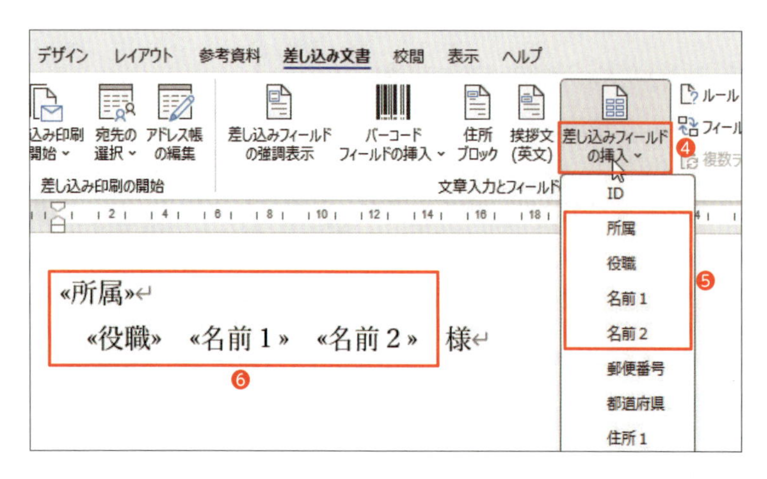

「差し込みフィールドの挿入」ボタンの下半分をクリックすると（❹）、メニューにデータベースの項目名が表示されます。そこから「所属」を選ぶと、文書内のカーソル位置に「≪所属≫」のように入力されます。同様に「役職」「名前1」「名前2」などの項目も挿入しましょう（❺❻）。これらの場所に、データベースから1件ずつデータが差し込まれて印刷されます。なお、「様」の文字は、別途手入力しておきます。

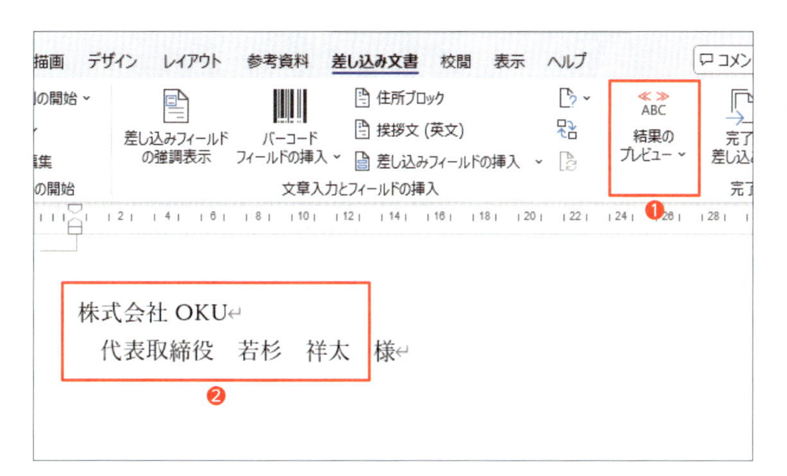

「結果のプレビュー」ボタンをクリックすると、データがどのように差し込まれるかを確認できます(❶❷)。実際に印刷する際は、「完了と差し込み」ボタンをクリックして「文書の印刷」を選びます。

データベース作成の考え方を理解しておくと、ほかの様々な場面でも役立ちます。例えば、Excelの「VLOOKUP」関数を使って郵便番号と住所とをひも付ける作業をしておけば、データの更新が必要になった際に有効です。1つひとつのデータベースにたくさんの項目を持たせてしまうと、データの更新が生じたときに更新漏れが発生する恐れもあります。一方、データベース同士を関数を用いてひも付けし、個々のデータは1つのマスターデータで管理するようにしておくと、運用効率の向上につながります。

さらに、Excelなどでデータを利活用する際は、データを分割することよりも結合することのほうが容易なことも考慮しておくとよいでしょう。B列とC列の値を結合してD列に入れることは、関数を使えば簡単にできます。したがって、データ運用上の効率を考えれば、例えば姓名を「古川健」のようにまとめて入力して管理するよりも、「古川」と「健」に分割して入力して管理するほうが、運用効率は上がります。どうしても同じセルに姓と名を入れたい場合は、「古川　健」のように間にスペースを入れると、後からの分割操作がしやすくなります。

4 まとめ

本章では、情報セキュリティについてと、学校におけるデータの管理・運用について簡単な具体例に即して紹介しました。データの利活用は、様々な問題を解決する手段になります。一方で、保管方法や運用方法を誤れば、学校の信頼を大きく損なう事態にもなります。取り扱いに慎重になりすぎる必要はありませんが、リスクがどこにあるのかを十分に理解したうえで、安全で、かつ効率の良い運用を進めていく必要があります。

第21章 個人情報保護を踏まえたデータの利活用

本章では、データの利活用と個人情報保護との関係を見ていきます。どんなに良いデータ活用ができていても、個人情報の不適切な取り扱いや倫理違反が明らかになれば学校の信用は大きく崩れます。個人情報保護法や、個人情報保護条例といった関係法令、各教育委員会が作成する個人情報の安全管理に関する指針に基づいて取り扱うだけでなく、正しく活用できているかを倫理面からも考慮することが求められます。

百花先生、難しい顔をしてどうかしましたか？

あ、若杉先生。中学校からの引き継ぎ情報と、成績の関係性を分析しようかと考えたのですが……。

そこからどんな分析をして、何につなげようと思ったのですか？

中学校時代の学習と高校での学習到達度に関係性があるのかわかれば、何か学習習慣の改善に役立つかなと思ったんです。

目的をしっかり持って分析を行うことは大切ですね。そして、データを活用して明らかにしたいことや、明らかになったと思ったことが、どんな影響を持つかもしっかりと考える必要があります。

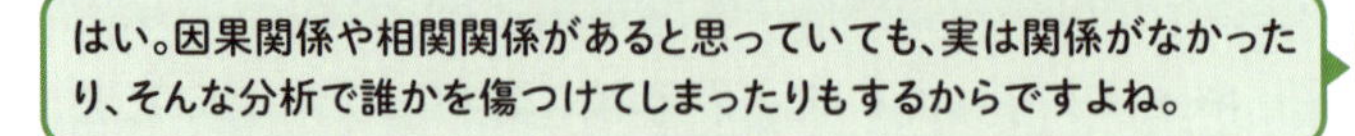

はい。因果関係や相関関係があると思っていても、実は関係がなかったり、そんな分析で誰かを傷つけてしまったりもするからですよね。

その通りです。先生の不用意な発言は学校の信頼を失うだけでなく、生徒の将来を大きく左右してしまうこともあります。だからこそ、慎重さを忘れてはいけません。

そうですね。生徒への影響の大きさは、先生の仕事の魅力でもあり、気を使わないといけないところでもありますね！

1 個人情報保護とは

個人情報保護法では、**個人情報**とは「生存する個人に関する情報であって、当該情報に含まれる氏名、生年月日その他の記述等により特定の個人を識別できるもの」とされています。個人情報には、ほかの情報と容易に照合することができ、それにより特定の個人を識別することができるようになるものも含みます。

具体的には次のようなものです

①本人の氏名
②本人の氏名と生年月日や肩書きなどを組み合わせた情報
③本人を判別できる映像情報
④特定の個人を識別できる音声録音情報
⑤特定の個人を識別できるメールアドレス　など

個人情報のうち、不当な差別、偏見その他の不利益が生じないように取り扱いに特に配慮を要する情報として、個人情報保護法、政令および規則に定められた情報を**要配慮個人情報**といいます。学校では、生徒の支援や指導を行うために要配慮個人情報を取り扱うことがあります。要配慮個人情報は具体的には、「人種」「信条」「社会的身分」「病歴」「犯罪の経歴」「犯罪により害を被った事実」「その他政令・規則で定めるもの」とされています。「その他政令・規則で定めるもの」には、「身体障がい、知的障がい、精神障がい等の障がいがあること」「健康診断その他の検査結果」「保健指導、診察・調剤情報」などがあります。

個人情報の保有・取得には明確なルールがあります。行政機関などは法令（条例を含む）の定めに従い適法に行う事務または業務を遂行するために必要な場合に限り、個人情報を保有することができます。個人情報の利用目的については、当該個人情報がどの事務または業務に供されどのような目的に使われるかを具体的かつ個別的に特定しなくてはいけません。

また、特定された利用目的の達成に必要な範囲を超えて、個人情報を保有してはいけません。そのため、個人情報が保有される個人の範囲および個人情報の内容は、利用目的に照らして必要最小限のものでなければならないとされています。

そして、行政機関などが本人から直接書面（電磁的記録を含む）に記録された当該本人の個人情報を取得するときは、本人が認識することができる適切な方法により、利用目的をあらかじめ明示しなくてはなりません。学校においては、生徒本人は同意したことによって生ずる結果を判断できる能力を有していないという理由で、保護者などの同意が必要になります。

残念なことに、学校における個人情報の紛失や流出などが報道されることがあります。近年は、ICT（情報通信技術）を活用したアンケート調査での個人情報の流出や、メールの誤配信による個人情報の流出があります。ICTを活用した業務においては、設定ミスによる流出が起きやすくなっています。作業を複数人で確認するなど事故が生じない仕組み作りが大切です。

2 第三者への情報提供

学校では、大学の先生などの専門家に協力を依頼し生徒の支援や指導を行うことが多くあります。そんなときの情報共有の際や、生徒情報を研究対象として提供してほしいといわれた場合、学校はどのようなことに気を付ければいいのでしょうか。

個人情報を加工したデータを提供する場合を考えてみましょう。個人情報保護法には、**仮名加工情報**と**匿名加工情報**と定義されているデータがあります。

仮名加工情報は、ほかの情報と照合しない限り特定の個人を識別することができないように個人情報を加工した、個人に関する情報をいいます。仮名加工情報の作成元となった個人情報などを保有していることにより、その仮名加工情報が「他の情報と容易に照合することができ、それにより特定の個人を識別することができる」状態にある場合には、その仮名加工情報は「個人情報」に該当します。仮名加工情報は、当初設定した利用目的と関連性を有すると認められる範囲を超える利用目的の変更が可能です。ただし、原則として第三者への提供は禁止されています。

一方、匿名加工情報は、特定の個人を識別することができないように個人情報を加工し、その個人情報を復元できないようにしたものを指します。仮名加工情報と異なり、個人が一切特定できない程度まで加工されたものであるため、個人情報には該当しません。そのため、本人の同意を得ずに第三者に提供することが可能です。

個人情報に由来するデータの取り扱いは、各都道府県や各教育委員会で方針を定めている場合もあるため、確認のうえ進める必要があります。しかし、怖がるだけでは何もできません。正しいルールを理解したうえで利活用を進めていくとよいでしょう。

3 ELSIを踏まえた利活用

ELSIとは、倫理的・法的・社会的課題（Ethucal, Legal and Social Issues）の略称で、新しい科学技術を開発して社会に適応する際に生ずる技術的課題以外のあらゆる課題のことです。日本では主に、生命科学分野において研究されてきています。教育データの利活用に関しても、今まさに様々な議論がなされ、研究者が研究を進めているところです。1人1台端末の配備によるCBT（Computer Based Testing）の導入など学校や生徒を取り巻く環境が急速に変化したことにより、データの収集が容易になりました。個人情報保護法において、本人の同意を前提に保有個人情報の目的外使用が定義されていますが、教育データの主体は生徒であり、収集側が学校となることが大多数です。その場合、本人や保護者が不利益を感じるようなことがあったとしても、利活用をやめてほしいと言えないことが想定されます。法的に適切な加工をした情報を取り扱っていたとしても、社会的に受け入れられない場合も考えられます。意図しない分析結果から不利益が生じていると主張されることも考えられます。

国の議論においても、教育データを利活用する EdTech（EducationとTechnologyを組み合わせた造語，エドテック）に関して、「教育データの利活用に関する有識者会議（第13回）」では滋賀大学の加納圭教授から「EdTechのELSI論点101」が資料として示されました。教育データの利活用を望ましい形で進めるためにもELSIを踏まえた利活用が必要不可欠です。

4 まとめ

学校は生徒の人格形成や社会で活躍できる力を育むことが求められています。そのため、保護者や地域、社会から大きな期待を受けており、教員に求められることはとても大きなものがあります。それに伴って、教員の生徒への言葉かけや指導支援に対する注目度は非常に高いことを十分に理解しておく必要があります。教育データの利活用において説得力のある指導や支援を行ったとしても、社会的に誤解を生じる可能性のあるデータの収集や活用を行うと信頼を一気に失うことになります。この章での学びをきっかけに、教育データの利活用をためらうのではなく、立ち止まって考えるものとしてください。

コラム8 column

教育データの利活用実践例

1 学習面における活用

教育データの利活用で最初に思い付くのは、学習面での活用ではないでしょうか。テストの点数について、代表値を用いて集団の理解度を分析し、その結果を指導・支援に生かすといったことは、多くの学校で実践されています。文部科学省が公開している「教育の質の向上に向けた効果的なデータ連携・活用のポイントと学校改善事例集」[注]には、様々なデータ連携・活用の事例が紹介されていますので、参考にするとよいでしょう。

その中から、ここでは渋谷区の例を紹介します。渋谷区では、生徒の学習理解度や成績などを集約して教員が確認し、データを教職員間で共有することにより、個に応じた指導を学校全体で連続性を持って実現しています。生徒に配備されているタブレット端末を家庭学習においても活用しており、授業動画の視聴やドリルの実施などが行われています。宿題配信機能を使って学習する内容を教員が指定します。生徒の学習状況などを基に、家庭学習を含めて、個に応じたきめ細かい学習指導が実践されています。

●渋谷区の事例

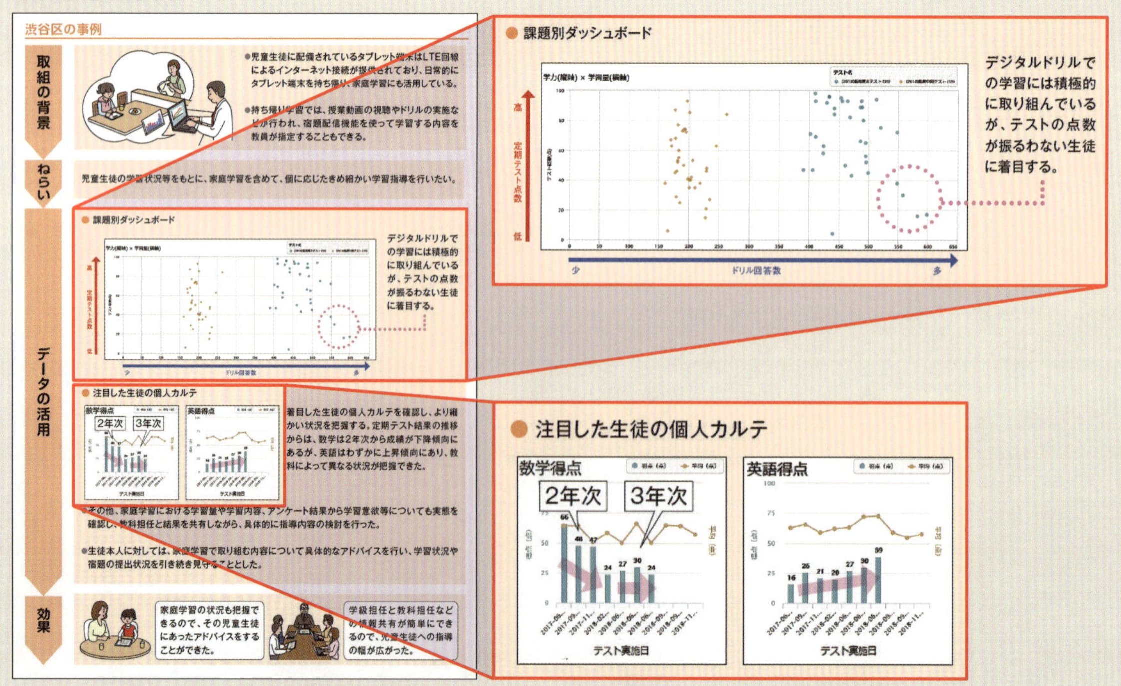

[注]文部科学省委託 平成30年度 次世代学校支援モデル構築に関する調査研究(https://www.mext.go.jp/content/1387543_02.pdf)

着目した生徒の個人カルテを確認し、傾向を把握し対応を検討します。例えば数学が２年生になってから下降傾向にある一方、英語はわずかに上昇傾向があるなど、教科によって異なる状況が把握されます。加えて、家庭学習の状況やアンケート結果から学習意欲などの実態も確認し、教科担任と結果を共有し具体的な指導の検討実践につなげます。定量的なデータを用いて共有することで、情報共有が容易になり、生徒への指導の幅が広がることにつながります。

2 教員の指導改善での活用

教員が指導内容と生徒の学習状況を関連付けて、授業に改善を加え続けることは必要不可欠です。生徒と直接関わる時間を大切にしたい教員が効率良く授業改善を行うためには、指導情報に基づく授業改善が有効です。前出の事例集では、奈良市の例が紹介されています。

奈良市では教員集団の学び合いの促進と深化に取り組んでおり、経験年数の少ない教員が行う授業にベテラン教員が助言者として定期的に入り授業研究を一緒に行っています。授業の中で、授業者、助言者、生徒に対して授業の目当てや授業での学びに関するアンケート調査を実施しています。

授業に関するアンケート結果から、授業における生徒の理解状況、授業者・助言者の評価が可視化されます。このことにより、客観的な評価から授業の振り返りを行うことができます。振り返りを踏まえて授業改善を行うことで、生徒の状況に基づき、授業をこのように改善し、こんな効果があったといった一連の授業研究の内容を教員研修などで共有することが可能です。

●奈良市の事例

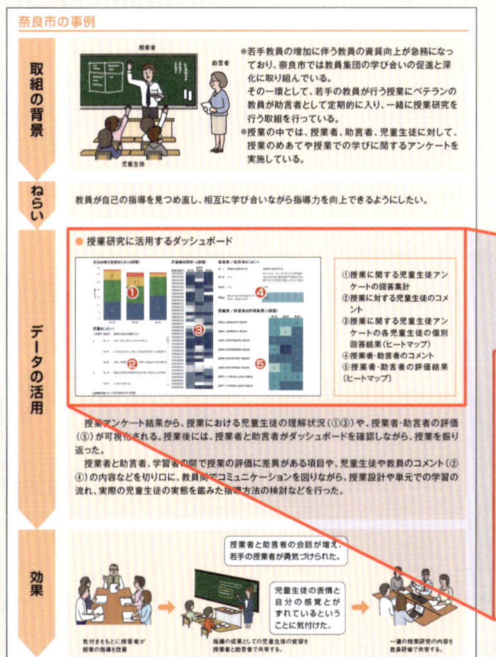

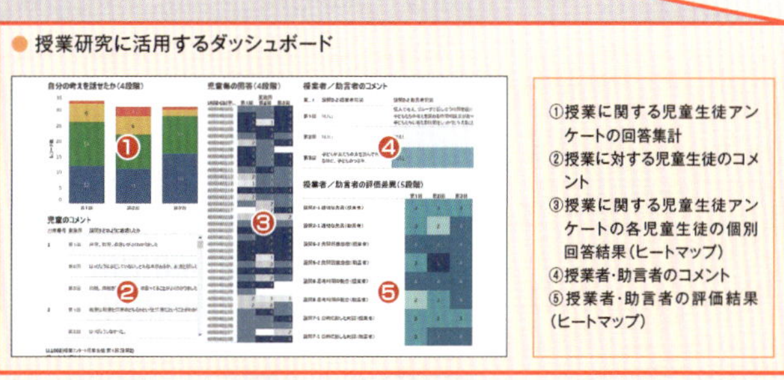

付録❶
appendix

Excelの基本と覚えておきたい操作

本書では、教育現場で必要になる教育データ分析の取り組みを、Excelで実践するノウハウを解説しています。しかしながら、読者の皆さんの中には、Excel自体の使い方がわからなかったり、その操作に戸惑っていたりする方がいるかもしれません。そこで、巻末の付録として、Excelの基本操作と、覚えておきたい機能を紹介します。

1 Excelの画面構成

まずは、Excelの画面を構成する主な要素とその名称を確認しておきましょう。上部にあるボタンやメニューが配置されたタブを「リボン」と呼びます。縦横に並んだマス目の1つひとつを「セル」と呼び、ここにデータを入力します。操作対象となっているセルを「アクティブセル」と呼びます。セルは、上端に並ぶ「A」「B」「C」…という「列番号」と、左端に並ぶ「1」「2」「3」…という「行番号」でその位置を示します。例えばB列の2行目に位置するセルは、「セルB2」や「B2セル」などと呼びます。

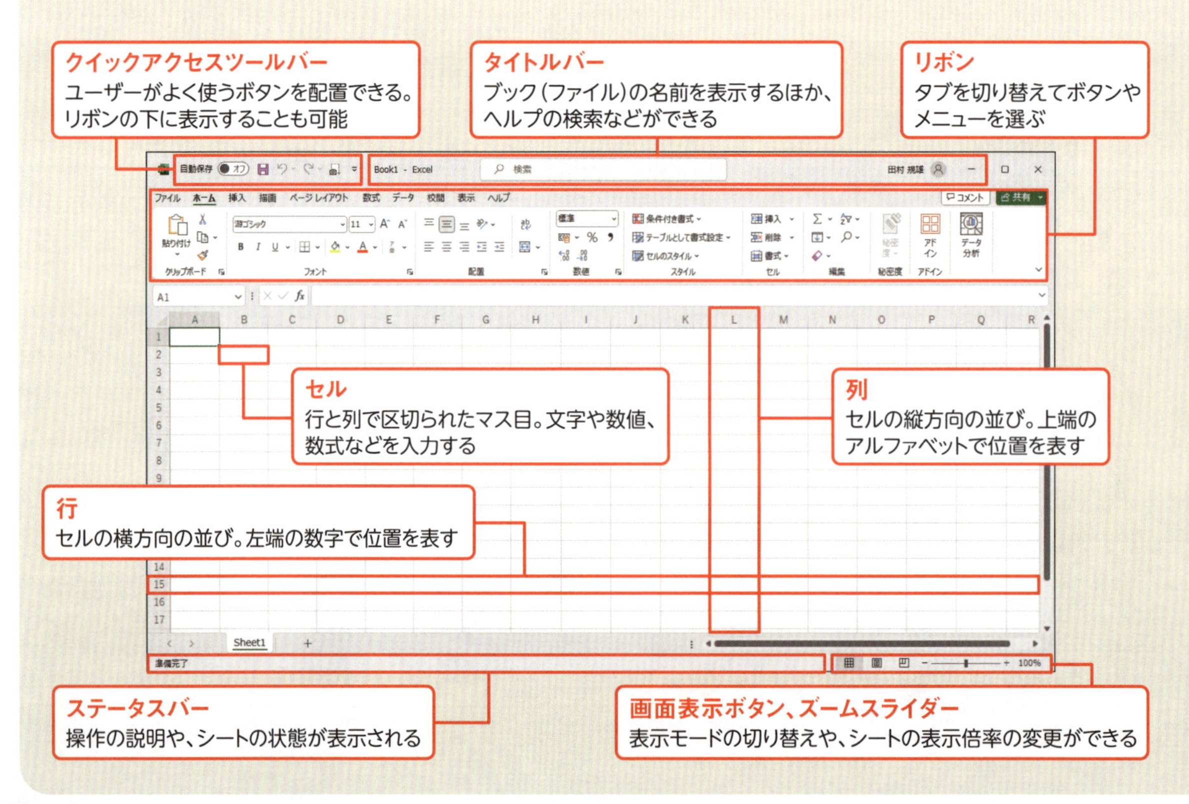

Excelではファイルを「ブック」と呼び、その中に1枚、あるいは複数の「シート」を含むことができます。1つのシートには、104万8576行、1万6384列のセルが並んでいます。シートは、画面下にあるタブ（シート見出し）をクリックすると切り替えられます。タブの右側にある「+」マークをクリックすると、新しくシートを追加できます。

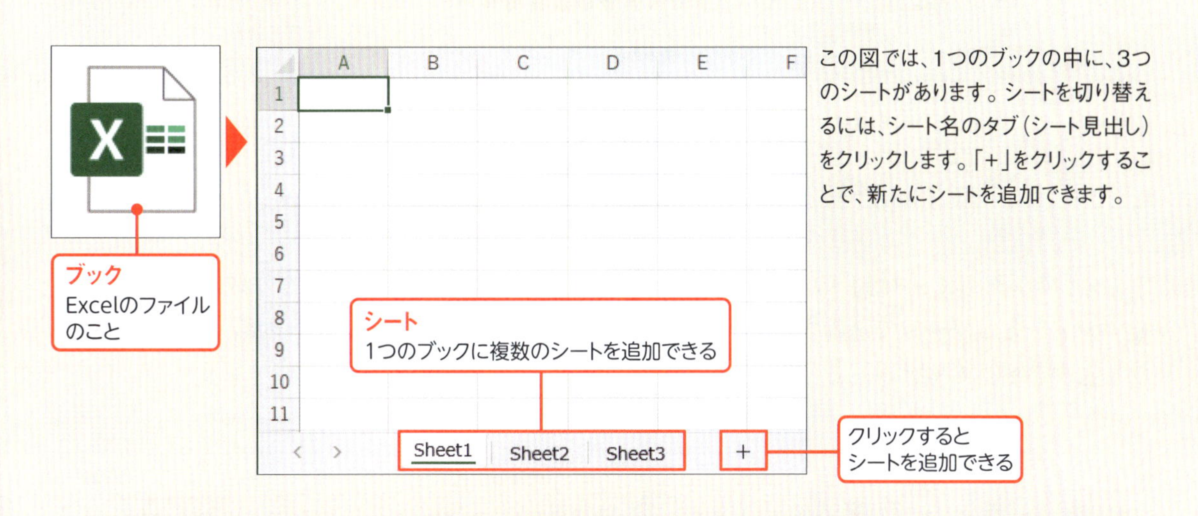

この図では、1つのブックの中に、3つのシートがあります。シートを切り替えるには、シート名のタブ（シート見出し）をクリックします。「+」をクリックすることで、新たにシートを追加できます。

2 シート操作の基本

Excelのシートには、標準で「Sheet1」のような名前が付いています。このシート名は自由に変えられるので、わかりやすいシート名に変更しましょう。また、シートのタブの色を変更することも可能です。シートの数が増えたときには、タブの色で分類しましょう。

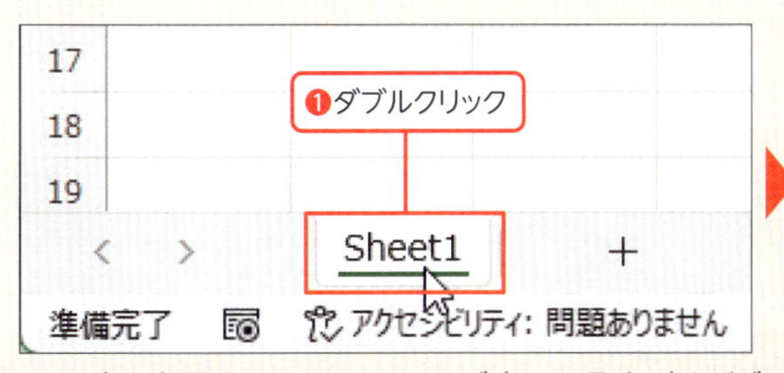

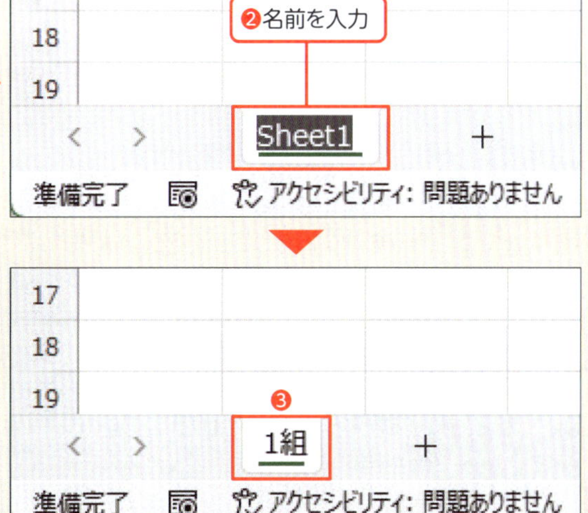

シート名を変更するには、シートのタブ（シート見出し）をダブルクリックします（❶）。するとシート名の文字が選択されて編集可能な状態になるので、そのまま新しい名前を入力してください（❷❸）。ただし、同じブック内の複数のシートに同じ名前を付けることはできません。また「:」「¥」「?」など、シート名に使えない文字もあります。

シート名のタブには色を付けることもできます。それにはシートのタブを右クリックして（❶）、メニューから「シート見出しの色」を選び（❷）、色を選択します（❸）。ブック内に多くのシートがあるとき、分類ごとにシートを色分けして整理すると便利です。

1枚目のシートに「1組」の表を作成した後、同じ体裁の「2組」用の表を作成する場合は、1組のシートをコピーして流用するのが効率的です。シートのコピーや移動、削除も、シートのタブを右クリックすると現れるメニューから行えます。

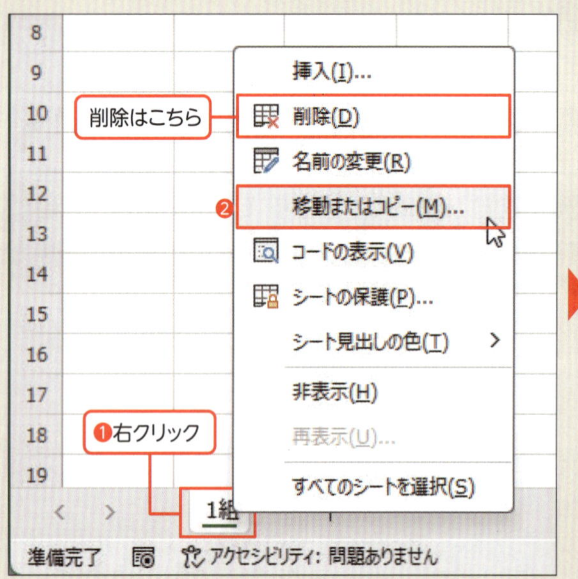

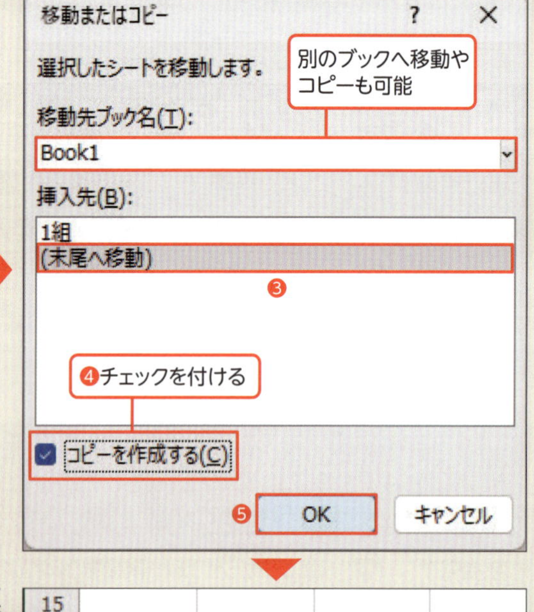

シートを丸ごとコピーするには、シートのタブを右クリックし（❶）、「移動またはコピー」を選びます（❷）。すると、移動先を指定する画面が開くので、「（末尾へ移動）」を選択し（❸）、「コピーを作成する」にチェックを付けて（❹）、「OK」を押すと（❺）、一番右にシートがコピーされます（❻）。元のシート名に「（2）」などと数字の付いた名前になっているので、ダブルクリックしてシート名を変えましょう。なお、❸で「（末尾へ移動）」ではなく、既存のシート名を選ぶと、そのシートの左側にコピーが作成されます。

3 オートフィル

Excelでは月や曜日、連続した番号など、一定のパターンに従ったデータをセルに自動的に入力することができます。これを「オートフィル」機能といいます。

先頭のデータを入力したセルを選択し、セルの右下隅にマウスポインターを合わせて行方向や列方向にドラッグすると、簡単に連続データを入力できます。先頭のセルの値が「数値」の場合は、オートフィル操作によって同じ数値がコピーされますが、右下に表示される「オートフィルオプション」のメニューを利用すると「連続データ」に変更できます。

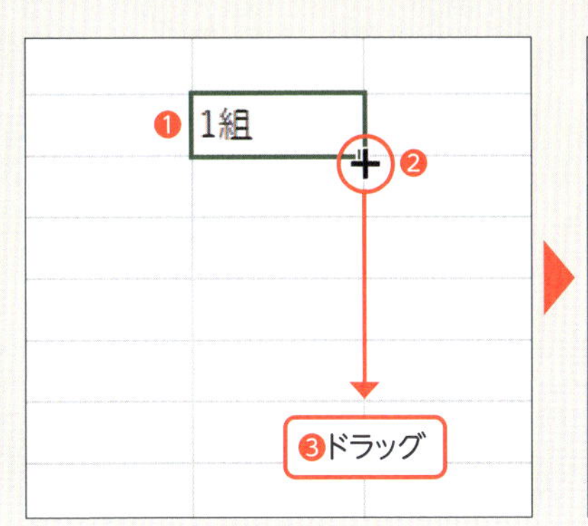

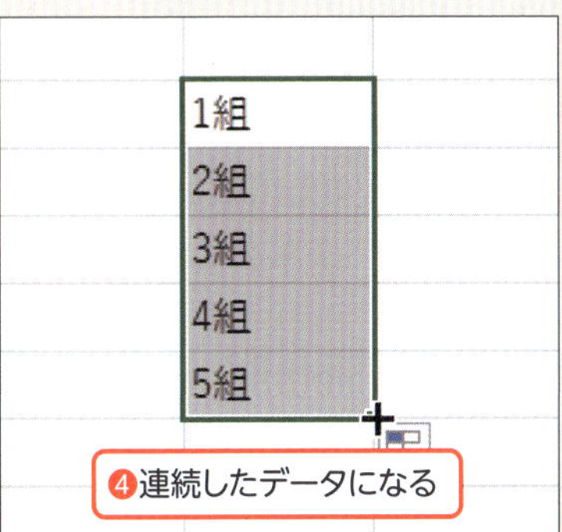

「1組」とセルに入力し、このセルを選択します（❶）。セルの右下隅にあるフィルハンドル（小さな四角）にマウスポインターを合わせると、ポインターが「＋」に変わります（❷）。この状態で下方向にドラッグすると（❸）、「2組」「3組」…と連続データが入力されます（❹）。

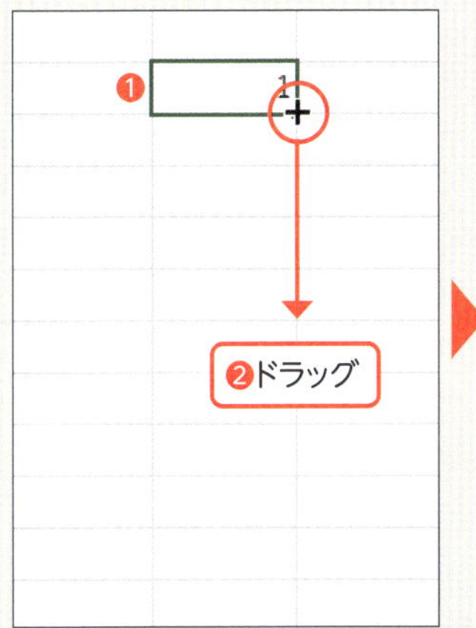

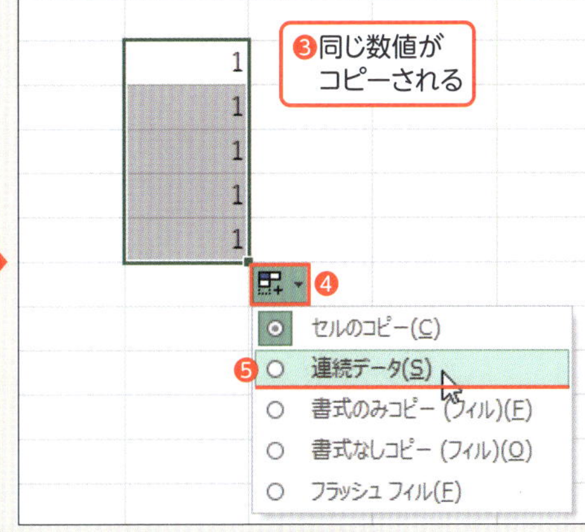

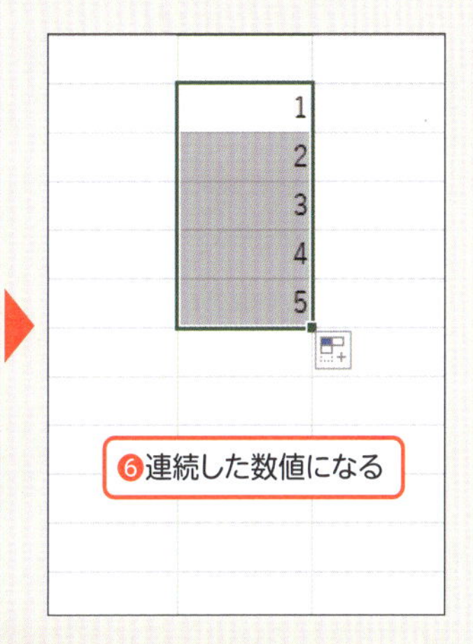

「1」とセルに入力し、そのセルを選択します（❶）。セルの右下隅にあるフィルハンドルにマウスポインターを合わせて、下方向にドラッグすると（❷）、「1」「1」「1」…と同じ数値がコピーされます（❸）。その後、右下に表示される「オートフィルオプション」のボタンをクリックしてメニューを開き（❹）、「連続データ」を選択すると（❺）、入力されていた数値が「2」「3」「4」…のように連続した数値に変わります（❻）。

ワンポイント

先頭セルのデータの種類によって、オートフィル機能で自動入力される内容は変わります。数値の場合は、同じデータが入力されますが、「1組」のように数値と文字列の組み合わせの場合は、数値部分が連続データになります。

4 列幅の自動調整

表を作成したとき、セルの横幅に文字列が収まらず、溢れたり隠れたりしてしまうことがあります。反対に、文字数が少なくて余白ができ、間延びした見栄えになってしまうこともあります。そのような場合、列幅を調整しましょう。列番号の境目をドラッグすると、列幅を自由に変えられますが、表全体の列幅を自動調整する方法を知っておくと便利です。表全体を、必要な情報を表示しつつコンパクトにまとめることができます。

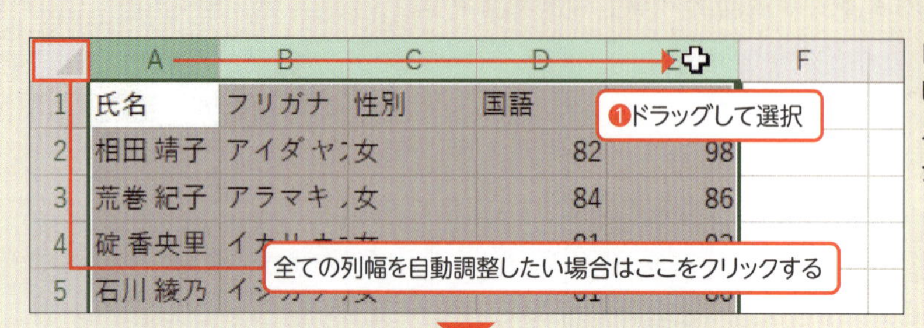

自動調整したい列の列番号をドラッグして列を選択します（❶）。全てのセルの列幅を自動調整したい場合は、シートの左上の角をクリックします。

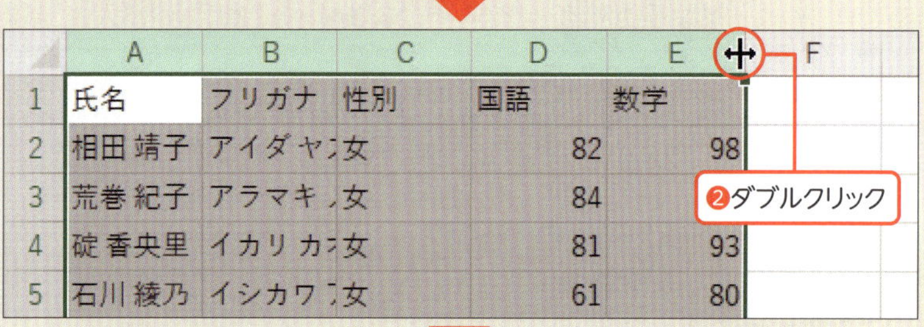

いずれかの列番号の右端にマウスポインターを合わせ、左右に矢印の付いた形にポインターが変わったら、ダブルクリックします（❷）。

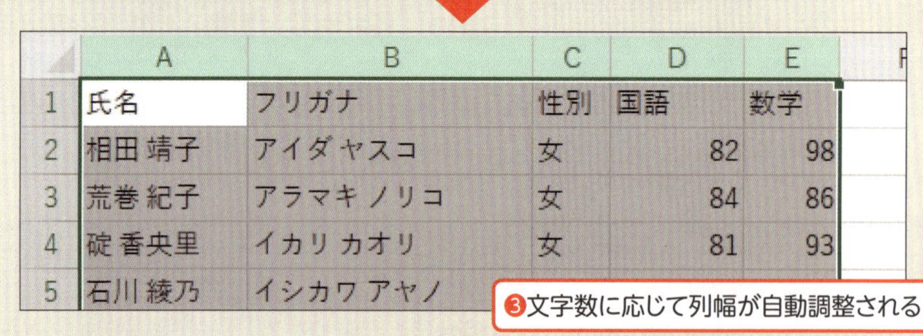

A列とB列は幅が広がり、C列は幅が狭まるなど、各列の最大文字数に合わせて列幅が自動調整されます（❸）。

5 シートの保護

重要なデータが保存されたブックでは、うっかりミスでデータを消してしまったり、書き換えてしまったりすると大変です。また、数式が入っているセルに数値を直接入力されて、数式が消えてしまうようなことも避けなければなりません。

そのようなブックで、シートの内容を変更されないようにするには、入力・編集して構わないセル以外は触れないように「保護」しておくと安全です。数式を削除・変更されたり重要なデータを削除されたりすることがなくなります。それには、①変更してよいセルの「ロック」を外す、②シート全体を「保護」する、という2つのステップで設定します。

下図の例では、期末テストのセルのみを入力可能にし、それ以外のセルは編集されないように保護する場合を考えます。まず、期末テストのセルを選択して「セルの書式設定」画面を開き、「保護」タブの「ロック」を外しましょう。そのうえで、「校閲」タブにある「シートの保護」ボタンをクリックします。必要に応じて、パスワードや、ユーザーに許可する操作を指定して「OK」ボタンを押します。すると、ロックを外したセル以外を編集しようとしたときに、警告のメッセージが表示されて、編集できなくなります。

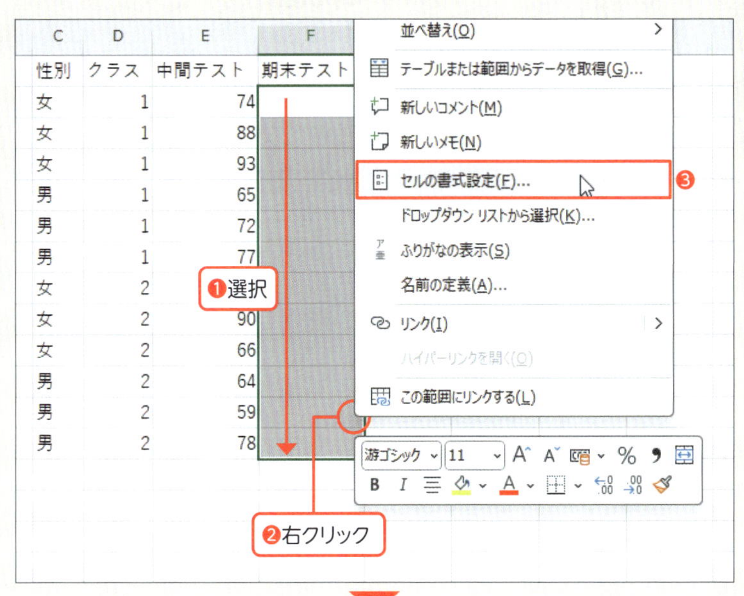

まず、入力や編集を可能にしたいセル(ここでは「期末テスト」の入力欄)を選択して(❶)、右クリックします(❷)。開くメニューから「セルの書式設定」を選びます(❸)。

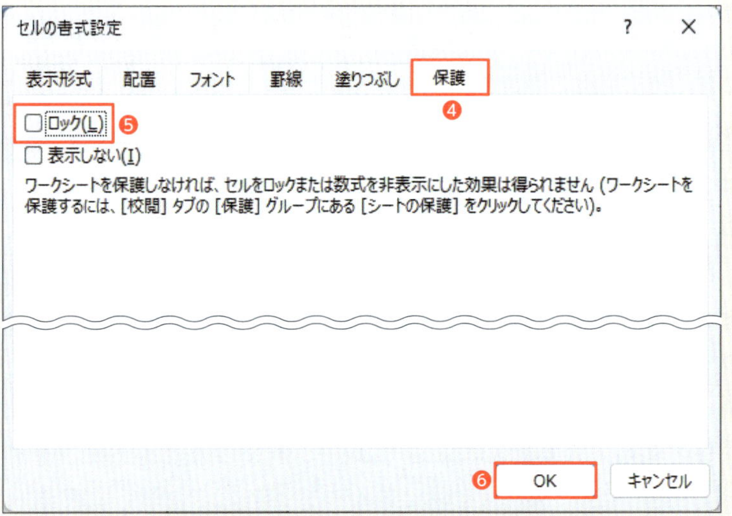

開く画面の「保護」タブに「ロック」という欄があります(❹❺)。標準では全てのセルでチェックが付いていて、シートを保護したときにロックされる設定になっています。そこで、入力したいセルについては、このロックを解除しておきます。チェックを外したら、「OK」を押します(❻)。

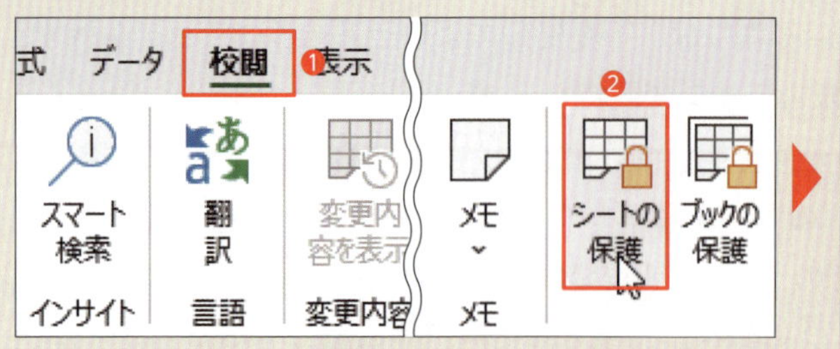

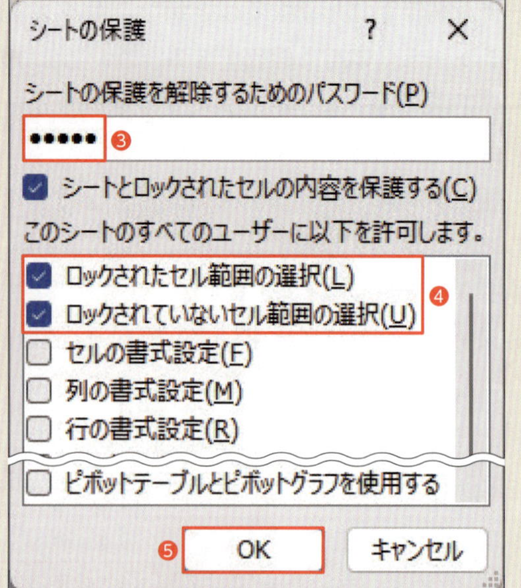

シートを保護するには、「校閲」タブ（❶）にある「シートの保護」ボタンをクリックします（❷）。すると右のような画面が開くので、必要に応じてパスワードを設定します（❸）。パスワードを設定しないと、全てのユーザーが保護を解除できてしまいます。下の欄では、保護した状態でもユーザーに許可する操作を選択します。「ロックされていないセル範囲の選択」にチェックを付けておかないと、入力欄の選択もできなくなるので注意しましょう（❹）。「OK」ボタンを押すと、シートが保護されます（❺）。なお、パスワードを設定した場合は、確認のため、パスワードを再度入力する画面が開きます。

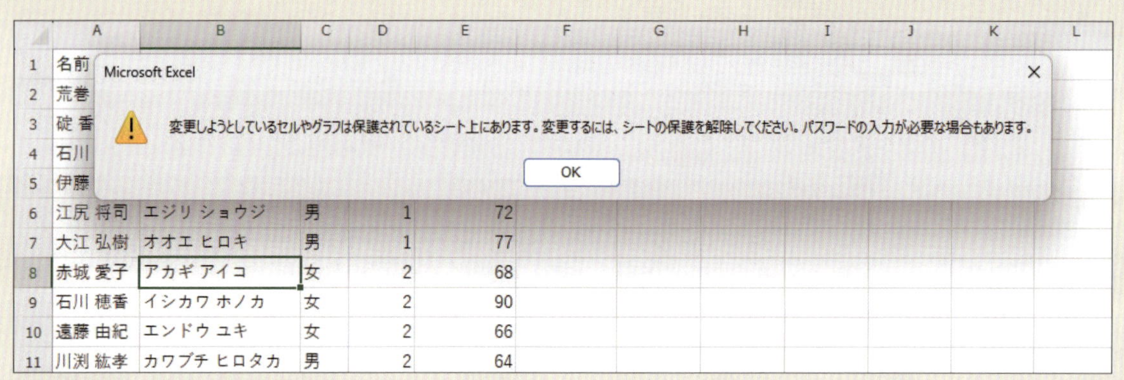

保護されたシートで、ロックを外していないセルを編集しようとすると、このような警告のメッセージが表示されます。シートの保護を解除するには、「校閲」タブにある「シート保護の解除」ボタンをクリックします。

6 アドインの有効化

Excelでは、「アドイン」と呼ばれる拡張機能を追加して利用することができます。本書でも、教育データの分析に便利なものとして、「分析ツール」というアドインをたびたび利用しています。このデータ分析ツールには、分散分析、F検定、ｔ検定、ｚ検定、回帰分析などの統計的および工学的分析機能が含まれているので、教育データの分析に欠かせません。

「分析ツール」アドインはExcelに標準で付属していますが、初期状態では無効になっているため、あらかじめ有効化しておかないと利用できません。ここでは、「分析ツール」アドインを有効にする手順を解説します。

アドインを有効にするには、「ファイル」タブをクリックすると開くメニューから「オプション」を選びます。「オプション」の項目が見当たらない場合は、「その他」を選ぶと「オプション」の項目が表示されます。

「Excelのオプション」画面が開いたら、左側で「アドイン」を選択。右下に現れる「管理」欄で「Excelアドイン」を選んで「設定」ボタンを押します。すると、標準でインストールされているアドインが一覧表示されるので、「分析ツール」にチェックを付けて、「OK」を押します。すると、「データ」タブに「データ分析」というボタンが表示され、ここから各種のデータ分析ツールを利用できるようになります。

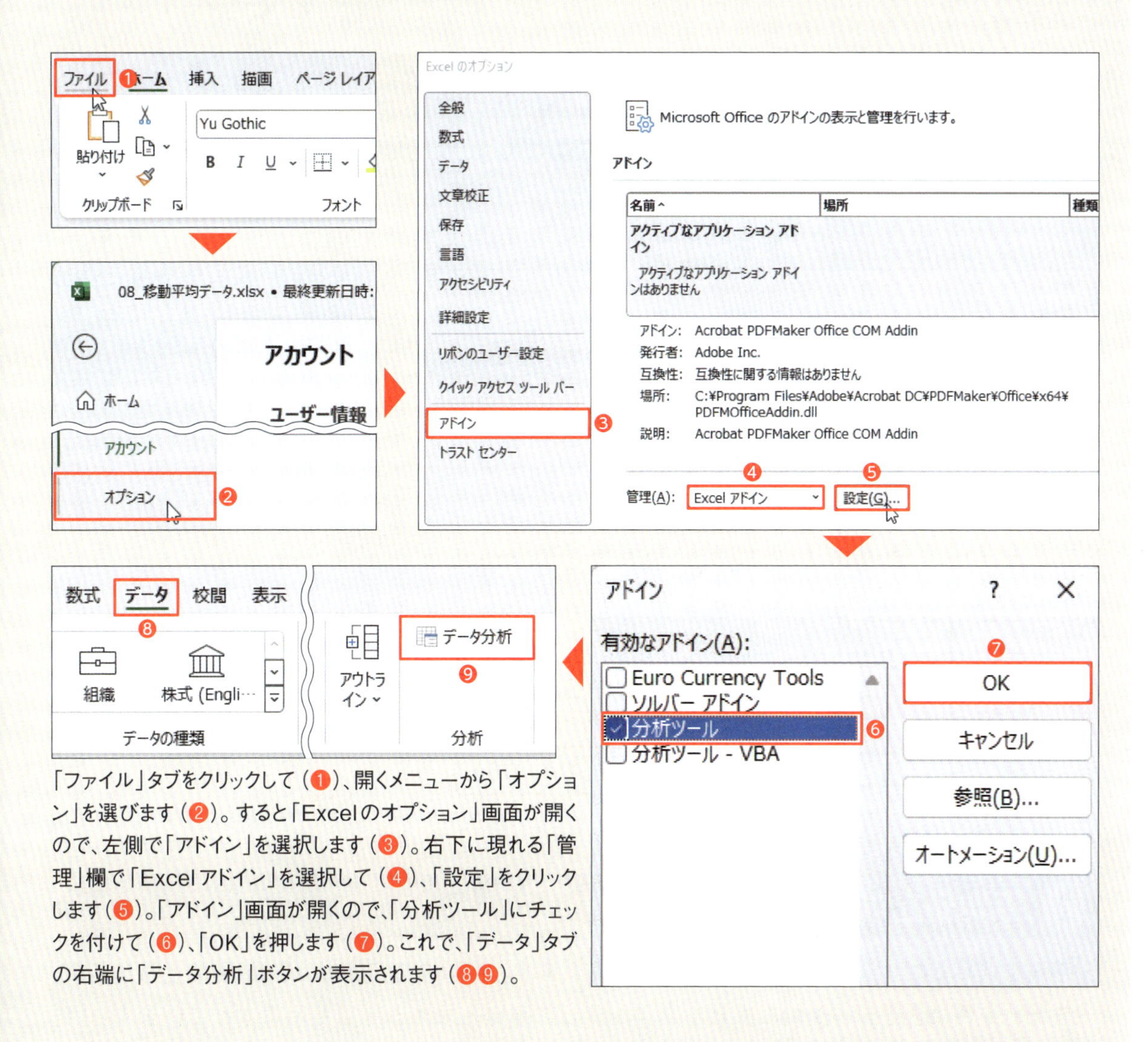

「ファイル」タブをクリックして(❶)、開くメニューから「オプション」を選びます(❷)。すると「Excelのオプション」画面が開くので、左側で「アドイン」を選択します(❸)。右下に現れる「管理」欄で「Excelアドイン」を選択して(❹)、「設定」をクリックします(❺)。「アドイン」画面が開くので、「分析ツール」にチェックを付けて(❻)、「OK」を押します(❼)。これで、「データ」タブの右端に「データ分析」ボタンが表示されます(❽❾)。

なお、「分析ツール」が不要になった場合は、上記と同じ手順で「アドイン」の一覧画面を開き、「分析ツール」のチェックを外して「OK」ボタンを押せば、無効化できます。

付録❷
appendix

教員に役立つExcelの基本関数

Excelの「関数」は、教育データの集計や分析に不可欠な道具の1つです。数式の一部として機能するため、「＝」に続けて関数名を入力し、続くかっこ内に必要な引数（ひきすう）を指定して使うのが一般的です。引数の中に、別の関数を入れ子にして組み合わせることもできます。ここでは、教員の皆さんにぜひ覚えておいてもらいたい基本関数を紹介します。

1 合計を求める

関数のうち、最も基本的なものが「**SUM**」関数でしょう。引数に指定したセルやセル範囲の数値を合計することができます。

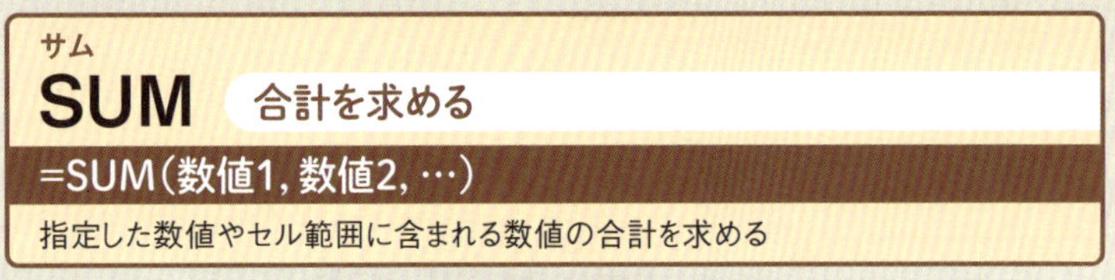

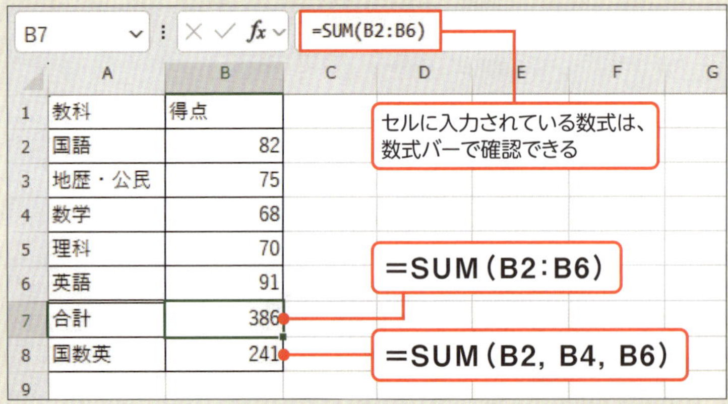

SUM関数を使うと、引数に指定したセルやセル範囲、数値を合計することができます。セルB2～B6の範囲を合計する場合は、「＝SUM(B2:B6)」のように数式を入力します。セルB2、B4、B6のように離れたセルの数値を合計したい場合は、「＝SUM(B2, B4, B6)」のように各数値を「,」(カンマ)で区切って引数に指定します。

2 平均値を求める

平均を求めるには、「**AVERAGE**」関数を使います。引数の指定方法はSUM関数と同じです。

また、条件に合うデータのみをピックアップして平均を求める関数も用意されています。「男子のみの平均」のように、条件を1つだけ指定したい場合は「**AVERAGEIF**」関数、「1組の男子の平均」のように、複数の条件を指定したい場合は「**AVERAGEIFS**」関数を使います。「IF」

は「もしも～なら」という意味を持ちますが、AVERAGEIFを使うと、「もしも～なら平均を求める」という計算ができるわけです。またAVERAGEIFに複数形の「S」を付けたAVERAGEIFS関数は、条件を複数指定して平均を求めることができます。

アベレージ
AVERAGE 平均値を求める

=AVERAGE(数値1, 数値2, …)

指定した数値やセル範囲に含まれる数値の平均値を求める

アベレージイフ
AVERAGEIF 条件に合うデータの平均値を求める

=AVERAGEIF(範囲, 条件, 平均対象範囲)

「範囲」の値が「条件」に合致するデータを検索し、該当するデータの「平均対象範囲」に含まれる数値の平均値を求める

アベレージイフエス
AVERAGEIFS 複数の条件に合うデータの平均値を求める

=AVERAGEIFS(平均対象範囲, 条件範囲1, 条件1, 条件範囲2, 条件2, …)

「条件範囲1」の値が「条件1」、「条件範囲2」の値が「条件2」…のように複数の条件でデータを検索し、全てに該当したデータの「平均対象範囲」に含まれる数値の平均値を求める

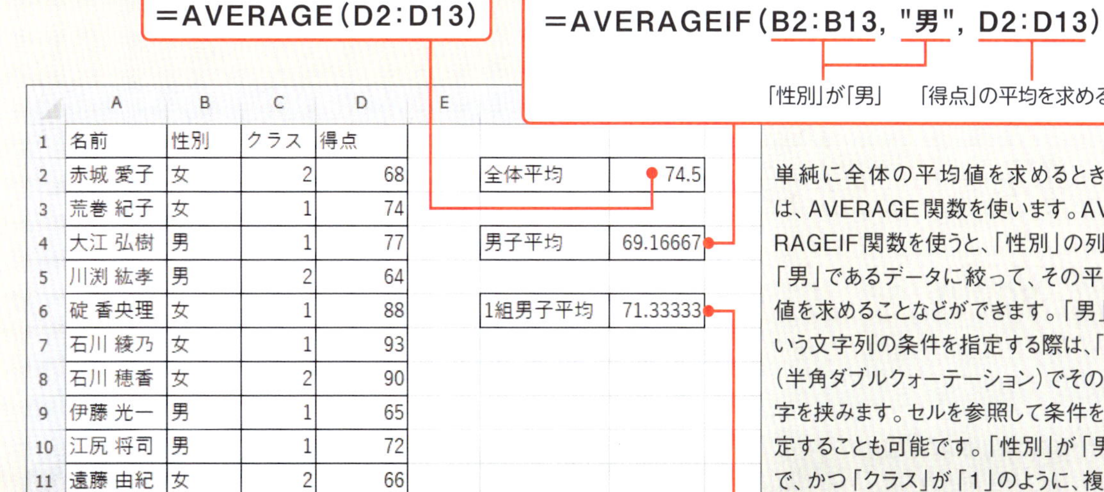

	A	B	C	D	E	F	G
1	名前	性別	クラス	得点			
2	赤城 愛子	女	2	68		全体平均	74.5
3	荒巻 紀子	女	1	74			
4	大江 弘樹	男	1	77		男子平均	69.16667
5	川渕 紘孝	男	2	64			
6	碇 香央理	女	1	88		1組男子平均	71.33333
7	石川 綾乃	女	1	93			
8	石川 穂香	女	2	90			
9	伊藤 光一	男	1	65			
10	江尻 将司	男	1	72			
11	遠藤 由紀	女	2	66			
12	北村 直樹	男	2	59			
13	窪田 英明	男	2	78			
14							
15							

単純に全体の平均値を求めるときには、AVERAGE関数を使います。AVERAGEIF関数を使うと、「性別」の列が「男」であるデータに絞って、その平均値を求めることなどができます。「男」という文字列の条件を指定する際は、「"」(半角ダブルクォーテーション)でその文字を挟みます。セルを参照して条件を指定することも可能です。「性別」が「男」で、かつ「クラス」が「1」のように、複数の条件を指定したいときは、AVERAGEIFS関数を使います。

3 指定した桁数での端数処理

平均点などを求めたときに、小数点以下の端数が生じることがあります。「小数点第2位で四捨五入したい」といった場合に便利なのが「**ROUND**」関数です。また、端数を切り捨てたいときには「**ROUNDDOWN**」関数、切り上げたいときには「**ROUNDUP**」関数を使います。

●引数「桁数」の指定方法

桁数の指定	処理する位	123.4567の場合
−2	十の位	100
−1	一の位	120
0	小数点第1位	123
1	小数点第2位	123.5
2	小数点第3位	123.46
3	小数点第4位	123.457

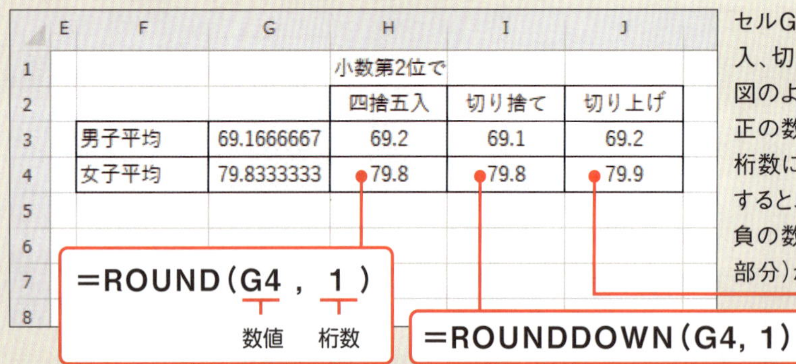

セルG4の平均点を小数点第2位で四捨五入、切り捨て、切り上げをするには、それぞれ図のような関数式を使います。引数「桁数」に正の数を指定すると、小数点以下が指定した桁数になるように端数を処理します。0を指定すると、結果が整数になるように処理します。負の数を指定すると、小数点の左側（整数部分）が処理されます。

4 順位を求める

テストの得点を基に生徒に順位を付けることがあります。そんなときに利用するのが、「**RANK.EQ**」関数です。引数「数値」に順位を求めたい人の得点、「範囲」に比較対象にする得点全体の範囲を指定することで、降順（大きい順）の順位を求めることができます。3番目の引数「順序」として0以外の数値（例えば1）を指定すると、昇順（小さい順）の順位を求められます。同順位の人がいた場合は、その人数分だけ、次の順位が飛ばされます。例えば3位が2

人いた場合は、次の順位は5位になります。

1人目の生徒の順位をRANK.EQ関数で求めたら、その式をほかの行にもコピーすることで、全員分の順位を素早く求められます。その際、引数「範囲」については参照を固定する必要があるので、「$」記号を付けて絶対参照にしてからコピーしましょう（245ページ参照）。

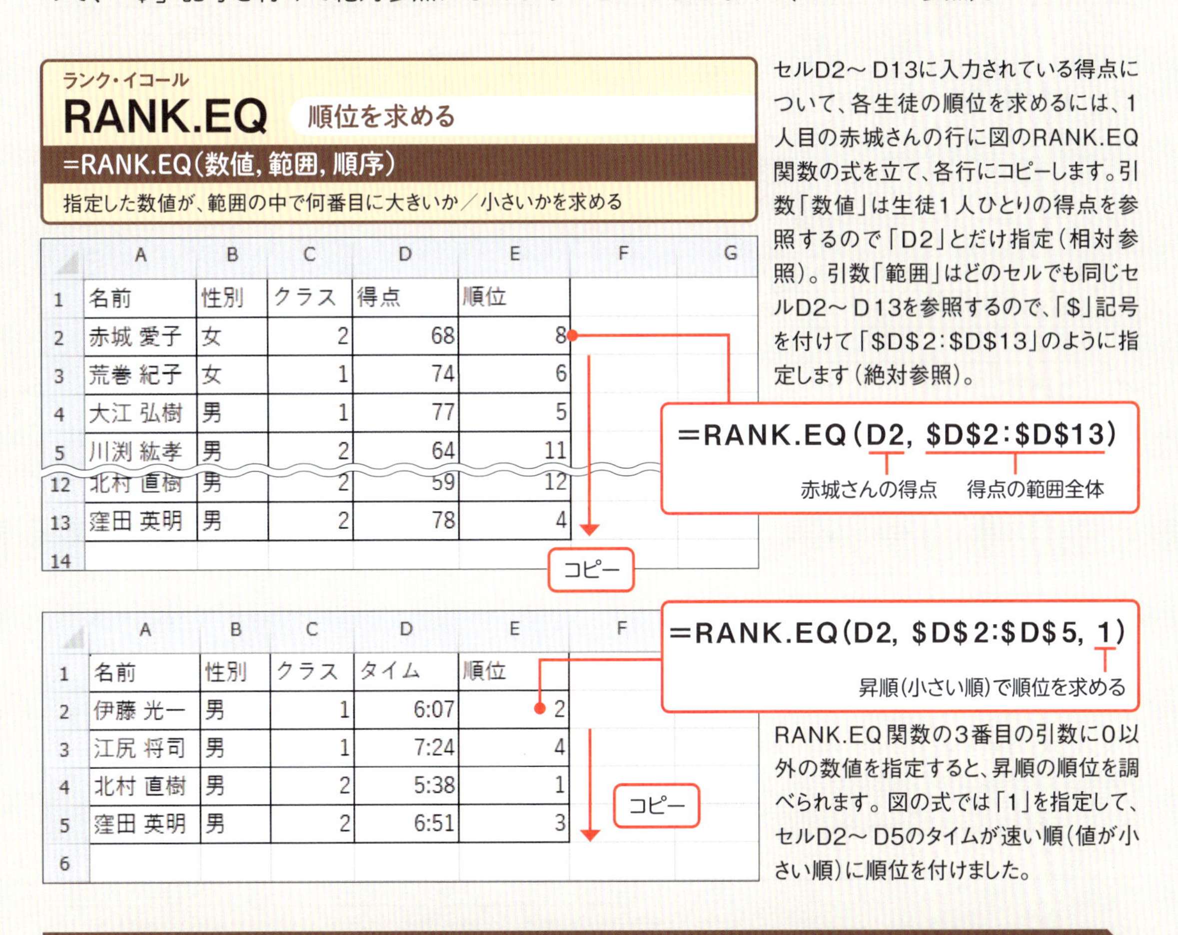

	A	B	C	D	E
1	名前	性別	クラス	得点	順位
2	赤城 愛子	女	2	68	8
3	荒巻 紀子	女	1	74	6
4	大江 弘樹	男	1	77	5
5	川渕 紘孝	男	2	64	11
12	北村 直樹	男	2	59	12
13	窪田 英明	男	2	78	4
14					

セルD2～D13に入力されている得点について、各生徒の順位を求めるには、1人目の赤城さんの行に図のRANK.EQ関数の式を立て、各行にコピーします。引数「数値」は生徒1人ひとりの得点を参照するので「D2」とだけ指定（相対参照）。引数「範囲」はどのセルでも同じセルD2～D13を参照するので、「$」記号を付けて「$D$2:$D$13」のように指定します（絶対参照）。

	A	B	C	D	E
1	名前	性別	クラス	タイム	順位
2	伊藤 光一	男	1	6:07	2
3	江尻 将司	男	1	7:24	4
4	北村 直樹	男	2	5:38	1
5	窪田 英明	男	2	6:51	3
6					

RANK.EQ関数の3番目の引数に0以外の数値を指定すると、昇順の順位を調べられます。図の式では「1」を指定して、セルD2～D5のタイムが速い順（値が小さい順）に順位を付けました。

5 データを数える

データ分析においては、データの数を調べたいケースも多くあります。Excelには、データの種類ごとに数を調べる関数が用意されています。

数値データのみを数えるには「**COUNT**」関数、文字列や数値、数式が入ったセル（空欄以外のセル）を数えるには「**COUNTA**」関数、空白のセルを数えるには「**COUNTBLANK**」関数を使います。そのほか、特定の文字が入っているセル、特定の大きさ以上の数値が入っているセルなどと条件を指定して該当するセルを数えられる「**COUNTIF**」関数もあります。COUNTIF関数は条件を1つしか指定できませんが、「**COUNTIFS**」関数を使うと、複数の条件を指定して、その全てを満たすデータを数えることができます。

カウント
COUNT 数値を数える

=COUNT(値1, 値2, …)

指定した値や範囲のうち、数値のセルのみを数える

カウントエー
COUNTA 空欄以外を数える

=COUNTA(値1, 値2, …)

指定した値や範囲のうち、空欄でないセルを数える

生徒の人数は、COUNTA関数を使って「名前」列(セルA2～A10)を数えればわかります。「得点」列(セルD2～D10)をCOUNT関数で調べれば、得点が入力されたセルの数から、受験者数がわかります。同じ範囲をCOUNTBLANK関数で調べれば、空白セルの数から未受験者数がわかります。

カウントブランク
COUNTBLANK 空欄を数える

=COUNTBLANK(範囲)

指定した範囲のうち、空白のセルを数える

	A	B	C	D	E	F	G	H
1	名前	性別	クラス	得点				
2	赤城 愛子	女	2	68		人数合計	9	
3	荒巻 紀子	女	1	74				
4	大江 弘樹	男	1			受験者数	7	
5	川渕 紘孝	男	2	64				
6	碇 香央理	女	1	88		未受験者	2	
7	石川 綾乃	女	1	93				
8	石川 穂香	女	2					
9	伊藤 光一	男	1	65				
10	江尻 将司	男	1	72				

=COUNTA(A2:A10)

=COUNT(D2:D10)

=COUNTBLANK(D2:D10)

カウントイフ
COUNTEIF 条件に合うセルを数える

=COUNTEIF(範囲, 検索条件)

「範囲」の値が「検索条件」に合致するセルを数える

カウントイフエス
COUNTIFS 複数の条件に合うデータを数える

=COUNTIFS(検索条件範囲1, 検索条件1, 検索条件範囲2, 検索条件2, …)

「検索条件範囲1」の値が「検索条件1」、「検索条件範囲2」の値が「検索条件2」…のように複数の条件に当てはまるデータを数える

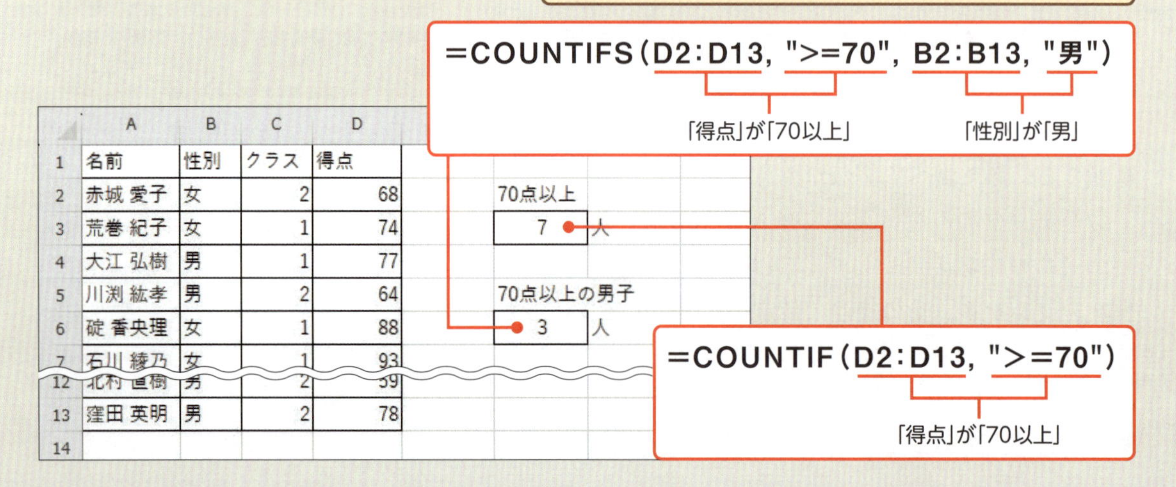

	A	B	C	D
1	名前	性別	クラス	得点
2	赤城 愛子	女	2	68
3	荒巻 紀子	女	1	74
4	大江 弘樹	男	1	77
5	川渕 紘孝	男	2	64
6	碇 香央理	女	1	88
7	石川 綾乃	女	1	93
12	北村 直樹	男	2	59
13	窪田 英明	男	2	78
14				

COUNTIF関数やCOUNTIFS関数で条件を指定するときは、右表のような書き方で引数に指定します。AVERAGEIFなどの関数でも同様です。

なお、COUNTIFS関数は「AND条件」でデータを検索するので、指定した複数の条件全てが満たされるデータのみを数えます。

●条件の指定方法

条件の意味	入力例	条件の意味	入力例
～と等しい	"国語"	～より大きい	">100"
～で終わる	"*国語"	～以下	"<=100"
～を含む	"*国語*"	～より小さい	"<100"
～と異なる	"<>国語"	セルA1と等しい	A1
～以上	">=100"	セルA1より小さい	"<"&A1

6 複数のセルで掛け算をする

複数のセルの値を掛け合わせたいときに便利なのが、「**PRODUCT**」関数です。引数に指定したセルやセル範囲に含まれる値を、全て掛け算した結果を求められます。

ポイントは、対象範囲内に空欄や文字列のセルが存在した場合も、その影響がないところです。「＊」記号を使った掛け算の式では、空欄のセルや文字列のセルがあると、意図しない結果になることがあります。場面に応じて関数と数式を使い分けるとよいでしょう。

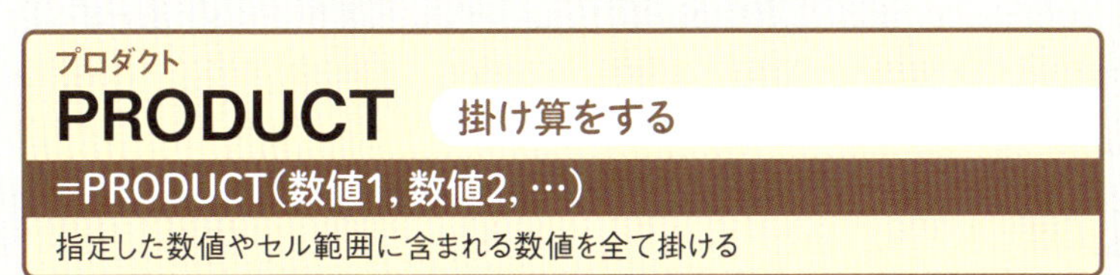

PRODUCT関数を使うと、引数に指定したセルやセル範囲、数値を掛け算した結果を求められます。引数に「C2,C3」のように指定すれば、セルC2とセルC3を掛けた結果が求められます。範囲内に空欄や文字列のセルがあっても、無視して計算できるのが便利なところです。

	A	B	C	D	E	F
1	名前	性別	考査素点	掛け率		
2	赤城 愛子	女	84	0.5	42	
3	荒巻 紀子	女	76		76	
4	大江 弘樹	男	68	欠試	68	
5						

=PRODUCT(C2,D2)

コピー

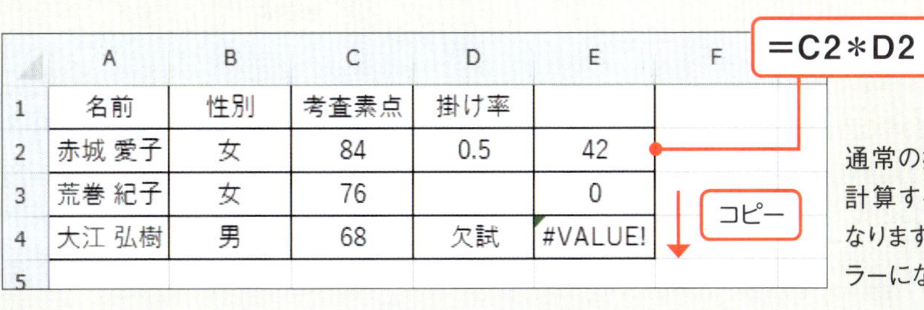

	A	B	C	D	E	F
1	名前	性別	考査素点	掛け率		
2	赤城 愛子	女	84	0.5	42	
3	荒巻 紀子	女	76		0	
4	大江 弘樹	男	68	欠試	#VALUE!	
5						

通常の掛け算の式は空欄を0と見なして計算するので、空欄があると結果が0になります。また文字列のセルがあるとエラーになります。

7 今日の日付を基に年齢を計算する

Excelには「今日の日付」や「現在の日時」を自動表示する関数があります。「**TODAY**」関数と「**NOW**」関数です。いずれも引数は不要ですが、かっこは付ける必要があります。なお、これらの関数で日付や時刻を表示すると、ファイルを開いたときなど数式が再計算されるたびに日付や時刻が更新されるので、シートの作成日時など、記録として残しておきたい日時の情報には使わないようにしましょう。

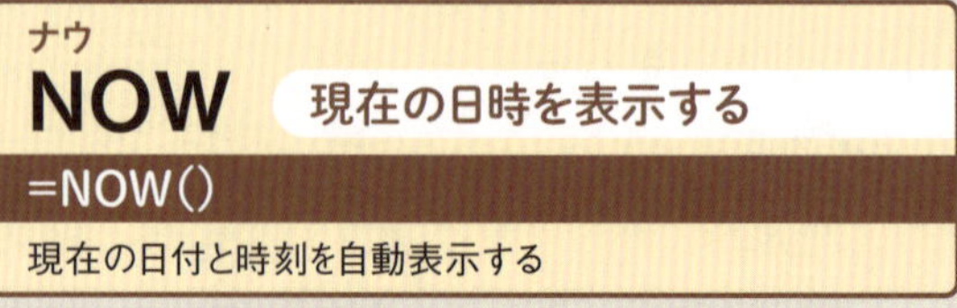

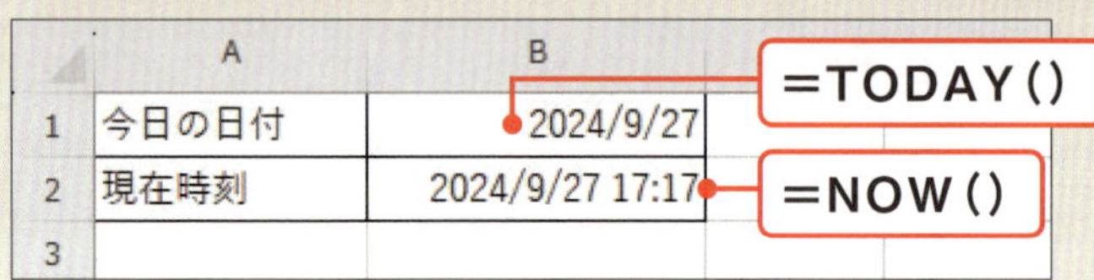

TODAY関数を使うと今日の日付、NOW関数を使うと現在の日付と時刻を自動表示できます。引数は不要です。日付や時刻の表記は、セルの表示形式によって「9月27日」「令和6年9月27日 17時17分」などと変更することもできます。

このTODAY関数と「**DATEDIF**」関数を組み合わせると、生年月日や入学日を基に、今日時点の年齢や在籍日数などを自動計算できます。引数「開始日」に生年月日、「終了日」に今日の日付を指定し、「単位」を「"Y"」にすると、今日時点までの年数、すなわち年齢を求めることができます。なお、便利なDATEDIF関数ですが、公式にはサポートされていない関数です。

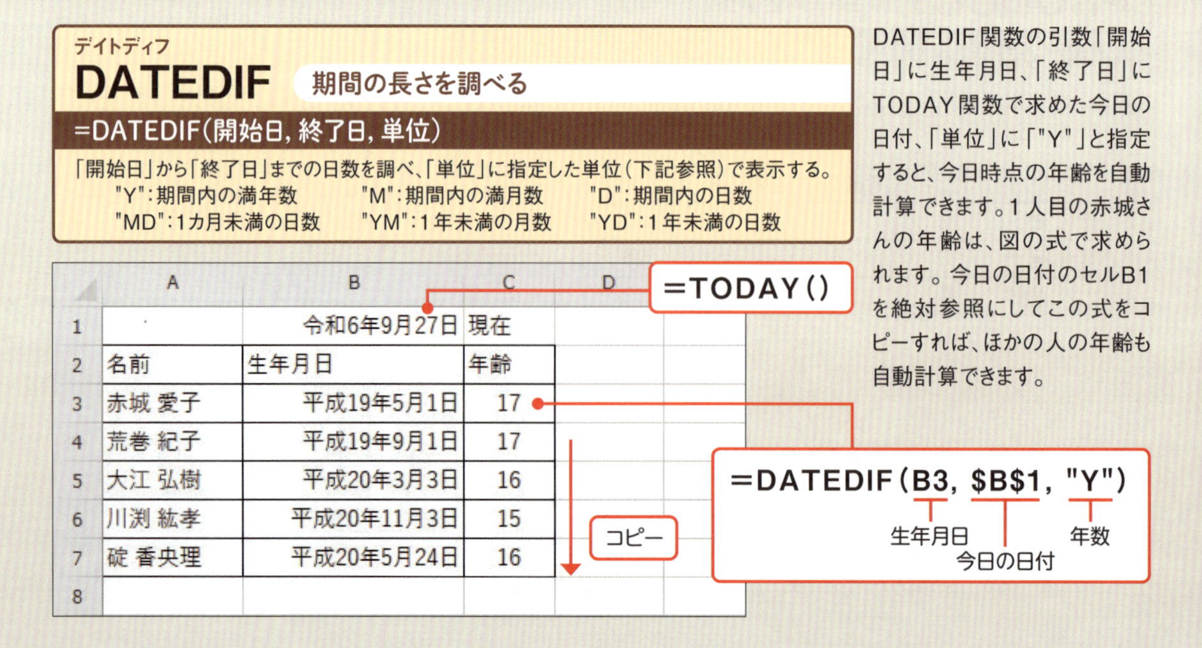

DATEDIF関数の引数「開始日」に生年月日、「終了日」にTODAY関数で求めた今日の日付、「単位」に「"Y"」と指定すると、今日時点の年齢を自動計算できます。1人目の赤城さんの年齢は、図の式で求められます。今日の日付のセルB1を絶対参照にしてこの式をコピーすれば、ほかの人の年齢も自動計算できます。

同様に、引数「開始日」に入学日を指定して単位を「"D"」にすると、今日までの在籍日数を計算できます。また、単位を「"YM"」にすると年数を省いた残りの月数、「"MD"」にすると月数を省いた残りの日数を求められるので、下のような式で、「○年○カ月○日」という表示の仕方もできます。文字列演算子「&」(アンパサンド)を使って、「"」で囲んだ文字列を間に挟んで表示しているのがポイントです。

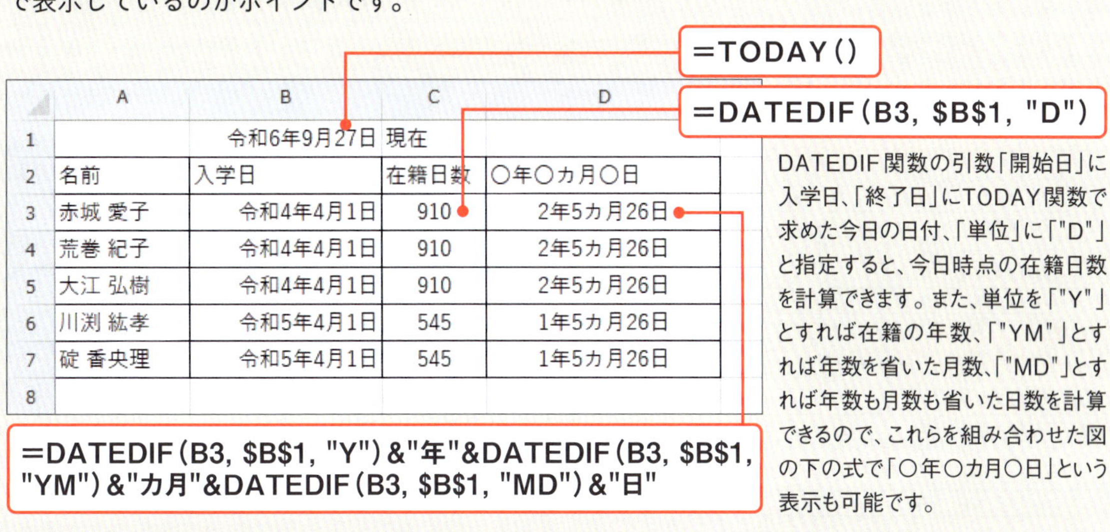

	A	B	C	D
1		令和6年9月27日	現在	
2	名前	入学日	在籍日数	○年○カ月○日
3	赤城 愛子	令和4年4月1日	910	2年5カ月26日
4	荒巻 紀子	令和4年4月1日	910	2年5カ月26日
5	大江 弘樹	令和4年4月1日	910	2年5カ月26日
6	川渕 紘孝	令和5年4月1日	545	1年5カ月26日
7	碇 香央理	令和5年4月1日	545	1年5カ月26日
8				

DATEDIF関数の引数「開始日」に入学日、「終了日」にTODAY関数で求めた今日の日付、「単位」に「"D"」と指定すると、今日時点の在籍日数を計算できます。また、単位を「"Y"」とすれば在籍の年数、「"YM"」とすれば年数を省いた月数、「"MD"」とすれば年数も月数も省いた日数を計算できるので、これらを組み合わせた図の下の式で「○年○カ月○日」という表示も可能です。

8 データベース(別表)を検索して該当データを表示する

名簿に記入されたテストの成績などを検索して、特定の生徒のデータだけを表示したいことがあります。生徒番号を入力すると、該当する生徒の名前やクラス、得点、順位などを自動表示する——そんなデータベースのような仕掛けを実現できるのが「**VLOOKUP**」関数です。

ブイルックアップ
VLOOKUP 別表を検索してデータを取り出す

=VLOOKUP(検索値, 範囲, 列番号, 検索方法)

「範囲」の左端の列で「検索値」を探し、それと同じ行の「列番号」で指定した列からデータを取り出して表示する。数値の範囲を検索するときは「検索方法」を「TRUE」と指定し、文字列などを完全一致で検索するときは「検索方法」を「FALSE」と指定する

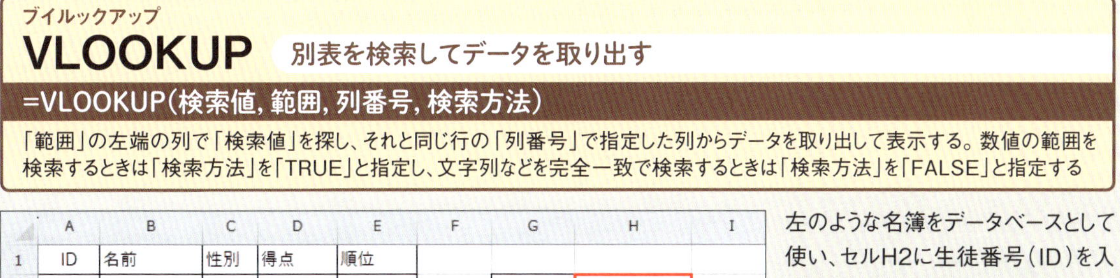

	A	B	C	D	E	F	G	H
1	ID	名前	性別	得点	順位			
2	101	荒巻 紀子	女	74	6		ID	104
3	102	大江 弘樹	男	77	5			
4	103	碇 香央理	女	88	3		名前	石川 綾乃
5	104	石川 綾乃	女	93	1		性別	女
6	105	伊藤 光一	男	65	10		得点	93
7	106	江尻 将司	男	72	7		順位	1
8	201	赤城 愛子	女	68	8			

左のような名簿をデータベースとして使い、セルH2に生徒番号(ID)を入力するだけで、セルH4〜H7に名前、性別、得点、順位を自動表示するような仕組みを作ります。

まずはセルH4に名前を自動表示するVLOOKUP関数の式を考えてみましょう。セルH2に入力するIDを名簿で検索するので、引数「検索値」にはセルH2を指定します。「範囲」には名簿データ全体（ここではセルA2～E13）を指定します。ここに名簿の見出し行を含める必要はありません。「列番号」を「2」とすれば、2列目にある名前を取り出して表示できます。この「列番号」は、シートの何列目にあるかではなく、「範囲」に指定したセル範囲の何列目にあるかを数字で指定することに注意してください。IDなどを完全一致で検索するときは、「検索方法」を「FALSE」と指定します。

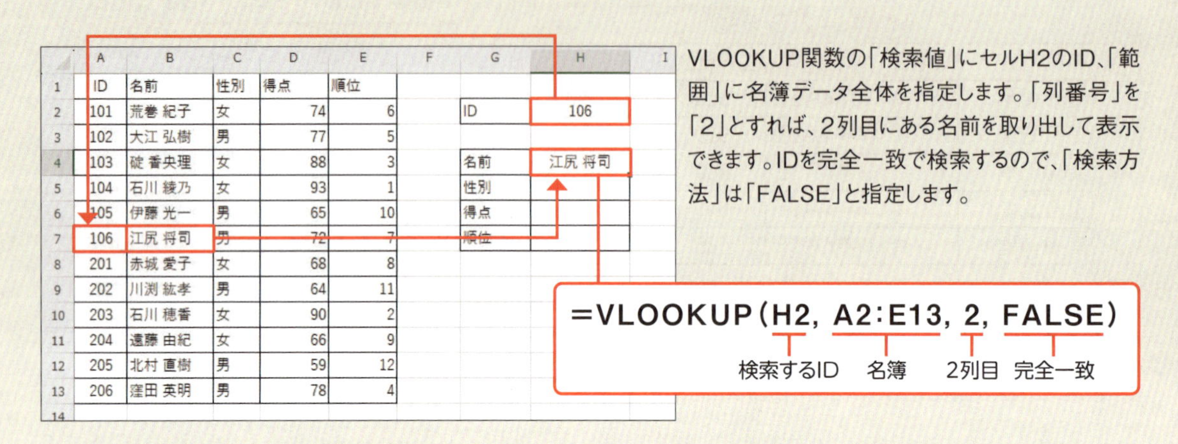

	A	B	C	D	E	F	G	H
1	ID	名前	性別	得点	順位			
2	101	荒巻 紀子	女	74	6		ID	106
3	102	大江 弘樹	男	77	5			
4	103	碇 香央理	女	88	3		名前	江尻 将司
5	104	石川 綾乃	女	93	1		性別	
6	105	伊藤 光一	男	65	10		得点	
7	106	江尻 将司	男	72	7		順位	
8	201	赤城 愛子	女	68	8			
9	202	川渕 紘孝	男	64	11			
10	203	石川 穂香	女	90	2			
11	204	遠藤 由紀	女	66	9			
12	205	北村 直樹	男	59	12			
13	206	窪田 英明	男	78	4			

VLOOKUP関数の「検索値」にセルH2のID、「範囲」に名簿データ全体を指定します。「列番号」を「2」とすれば、2列目にある名前を取り出して表示できます。IDを完全一致で検索するので、「検索方法」は「FALSE」と指定します。

上図の式で名前を自動表示できたら、同様のVLOOKUP関数式で、ほかの項目も自動表示できます。「検索値」の「H2」と、「範囲」の「A2：E13」の部分を絶対参照にして数式をコピーした後、「列番号」の部分だけを「3」「4」「5」と変更していくのが効率的です。

	A	B	C	D	E	F	G	H
1	ID	名前	性別	得点	順位			
2	101	荒巻 紀子	女	74	6		ID	106
3	102	大江 弘樹	男	77	5			
4	103	碇 香央理	女	88	3		名前	江尻 将司
5	104	石川 綾乃	女	93	1		性別	江尻 将司
6	105	伊藤 光一	男	65	10		得点	江尻 将司
7	106	江尻 将司	男	72	7		順位	江尻 将司
8	201	赤城 愛子	女	68	8			

セルH4の式を編集して、「検索値」と「範囲」の部分に「$」記号を追加して絶対参照にします。そのうえでセルH7までコピーすると、全てのセルに該当する名前が表示されます。

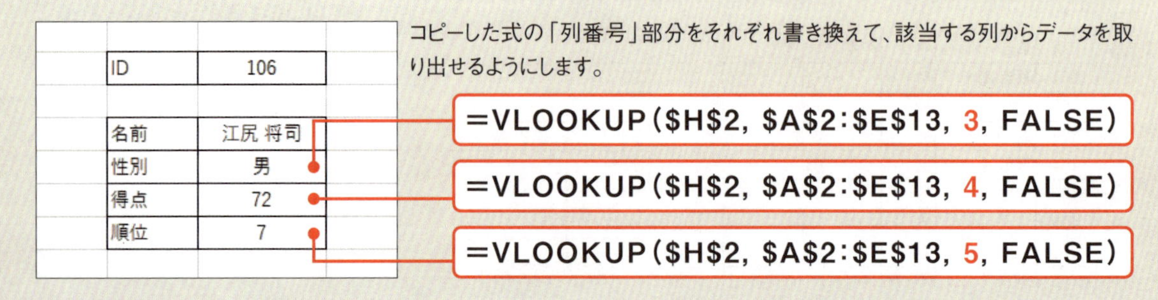

ID	106
名前	江尻 将司
性別	男
得点	72
順位	7

コピーした式の「列番号」部分をそれぞれ書き換えて、該当する列からデータを取り出せるようにします。

なお、IDを入力するセルH2を消去して空欄にすると、VLOOKUP関数はエラー「#N/A」を表示します。このエラー表示を避けたければ、数式がエラーになった場合はセルを空白にするように、「IFERROR」関数を組み合わせるなどの工夫をするとよいでしょう。

9 「相対参照」と「絶対参照」

最後に、これまでの数式でもたびたび利用してきた「**相対参照**」と「**絶対参照**」の仕組みを再確認しておきましょう。

Excelの数式で、単に「B3」のようにセルを指定すると相対参照になります。これは、数式をコピーしたときに、参照先が相対的に変わる仕組みです。1行目に入力した数式を2行目以降にコピーして、同じ計算を繰り返すような場合に便利です。

しかし、参照先が1行ずつずれてしまっては困る場合もあります。例えば下図のように、合計を表すセルB8を参照して、割合を求めるようなケースです。1行目に「=B3/B8」のように式を立て、これをコピーすると、合計を参照する「B8」の部分も「B9」「B10」…とずれていってしまい、正しく計算できなくなります。

このようなときに「B8」の部分が変化しないように固定するには、「$」記号を付けて「$B$8」のように指定します。これが絶対参照です。

そのほか、行だけを固定してコピーしたいときは「B$8」、列だけを固定してコピーしたいときには「$B8」のように指定する方法もあります。これを「**複合参照**」と呼びます。場面に応じて使い分けてください。

相対参照

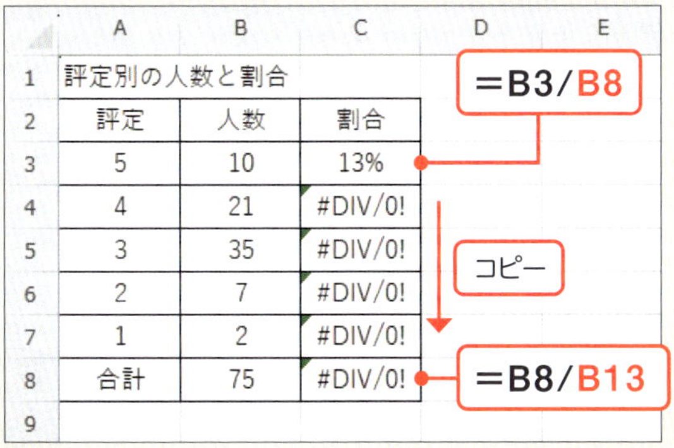

	A	B	C	D	E
1	評定別の人数と割合				
2	評定	人数	割合		
3	5	10	13%		
4	4	21	#DIV/0!		
5	3	35	#DIV/0!		
6	2	7	#DIV/0!		
7	1	2	#DIV/0!		
8	合計	75	#DIV/0!		
9					

=B3/B8

コピー

=B8/B13

セルC3の式を下の行にコピーすると、「B3」の部分も「B8」の部分も1行ずつずれていきます。すると、割り算の分母が空欄のセルを参照してしまい、「0で割った」という意味のエラーが表示されます。

絶対参照

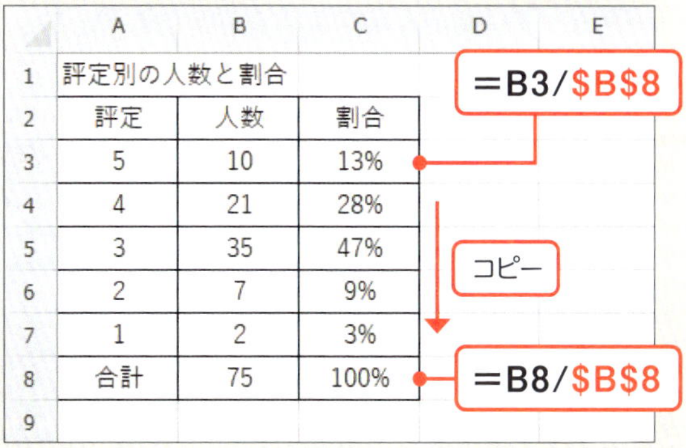

	A	B	C	D	E
1	評定別の人数と割合				
2	評定	人数	割合		
3	5	10	13%		
4	4	21	28%		
5	3	35	47%		
6	2	7	9%		
7	1	2	3%		
8	合計	75	100%		
9					

=B3/$B$8

コピー

=B8/$B$8

分母の「B8」の部分に「$」記号を付けて絶対参照にすると、コピーしてもこの部分は固定されたまま変化しません。分子の「B3」だけが1行ずつ変化するので、各行で正しく割合を計算することができます。

索引

【ハ】

【マ・ヤ・ラ】

【Excel関数】

■著者一覧

若杉 祥太　大阪教育大学・大学院　博士（学術）　日本教育情報学会副会長
（第1～8章、第14～15章、第19章、コラム①）

納庄 聡　大阪教育大学・大学院　博士（教育学）　日本教育情報学会評議員
（第16～18章、コラム④）

増田 高行　大阪教育大学附属高等学校池田校舎　博士（理学）
（第9～13章）

古川 健　大阪府教育庁教育振興室
（第20～21章、コラム⑧）

木原 裕紀　大阪府教育庁教育振興室　教職修士（専門職）　日本教育情報学会評議員
（コラム②⑥、付録①②）

今澤 宏太　大阪教育大学附属天王寺中学校　修士（教育学）
（コラム⑤）

松岡 亮輔　株式会社トワール　修士（教育学）
（コラム⑦）

宋 赫　韓国京畿道教育庁ジンマル小学校
（コラム③）

Excelで学ぶ
教員のための教育データ分析

2024年11月25日 第1版第1刷発行

編　著　若杉祥太
著　者　納庄 聡、増田高行、古川 健、木原裕紀、今澤宏太、松岡亮輔、宋 赫
編　集　田村規雄
発 行 者　浅野祐一
発　行　株式会社日経BP
発　売　株式会社日経BPマーケティング
〒105-8308　東京都港区虎ノ門4-3-12

装　丁　山之口正和＋齋藤友貴（OKIKATA）
本文デザイン　桑原 徹＋櫻井克也（Kuwa Design）
制　作　会津圭一郎（ティー・ハウス）
印刷・製本　TOPPANクロレ株式会社
ISBN978-4-296-20524-0

本書籍に関するお問い合わせ、ご連絡は下記にて承ります。
https://nkbp.jp/booksQA